Atividades para o Desenvolvimento do Raciocínio Lógico-Matemático

Atividades para o Desenvolvimento do Raciocínio Lógico-Matemático

UMA METODOLOGIA CENTRADA NA CRIANÇA

Alberto B. Sousa
Psicólogo Clínico e Doutor em Ciências da Educação

ATIVIDADES PARA O DESENVOLVIMENTO DO RACIOCÍNIO LÓGICO-MATEMÁTICO

AUTOR
Alberto B. Sousa

EDITOR
EDIÇÕES ALMEDINA, S.A.
Rua Fernandes Tomás nºs 76, 78, 80
3000-167 Coimbra
Tel.: 239 851 904 · Fax: 239 851 901
www.almedina.net · editora@almedina.net

DESIGN DE CAPA
FBA.

PRÉ-IMPRESSÃO
G.C. – GRÁFICA DE COIMBRA, LDA.
Palheira Assafarge, 3001-453 Coimbra
producao@graficadecoimbra.pt

IMPRESSÃO
PENTAEDRO, LDA.
Março, 2012

DEPÓSITO LEGAL
341220/12

Toda a reprodução desta obra, por fotocópia ou outro qualquer processo, sem prévia autorização escrita do Editor, é ilícita e passível de procedimento judicial contra o infractor.

 GRUPOALMEDINA

BIBLIOTECA NACIONAL DE PORTUGAL – CATALOGAÇÃO NA PUBLICAÇÃO
SOUSA, Alberto B. de
Actividades para o desenvolvimento do Raciocínio
lógico-matemático : uma metodologia Centrada na
criança. - (Ciências da educação e pedagogia)
ISBN 978-972-40-4771-3
CDU   371.3
      159.922
      159.955
      51

À Professora Doutora Constance Kamii, por todo o apoio, incentivo e preciosas sugestões que me deu nas minhas investigações no campo da psiconeurologia do raciocínio lógico e pela sua ideia de criar um método baseado nelas, para ser aplicado pelos professores às suas crianças, não no ensino de matemática, mas no desenvolvimento das capacidades intelectuais que permitem e alicerçam a assimilação-acomodação-compreensão daquela.

INTRODUÇÃO

> "Todo o ato de inteligência implica um conjunto de operações cognitivas, que não chegam a funcionar verdadeiramente senão na medida em que tenham sido previamente desenvolvidas por atos de raciocínio; as operações não são, com efeito, mais do que um produto de interiorização e coordenação de ações mentais, de tal modo que sem as operações mentais não poderia haver inteligência" (Piaget, 1975).

As operações são mentais.
As operações matemáticas são apenas a sua representação escrita.

A sociedade escolar atual coloca a Matemática em grande plano, tendo-se desenvolvido diversas metodologias para o seu ensino, objetivando-se para a transmissão de conhecimentos, a aprendizagem de conceitos e o saber fazer contas.

Apesar de todos estes esforços didáticos, as dificuldades dos alunos nas disciplinas de matemática são em número demasiado elevado, crescendo de ano para ano, o que significa que estas metodologias não estão a ser eficazes.

Efetuando-se uma revisão bibliográfica sobre as metodologias e procedimentos didáticos existentes, constata-se que são demasiadamente empíricos e mecanicistas, centrando-se no ensino dos conteúdos da Matemática em si, olvidando quase por completo os mecanismos psicológicos com os quais a criança apreende e raciocina.

Há um grande abismo a separar o ensino da matemática do modo como a criança desenvolve as suas capacidades de raciocínio lógico-matemático. Os autores dos manuais de matemática parecem ignorar por completo os estudos psiconeurológicos do desenvolvimento do raciocínio.

O saber Matemática, o ser bom matemático, não chega para a saber ensinar. É necessário conhecer profundamente os mecanismos intelectuais de quem é ensinado, como aprende, quando aprende e como apreende, utilizando metodologias que tenham em consideração o desenvolvimento das capacidades intelectuais da criança.

A evolução programática do ensino da matemática não se pode basear nos conteúdos desta, mas nos diferentes estádios de desenvolvimento cognitivo da criança e das capacidades existentes em cada um. É impossível aprender hipóteses e probabilidades por crianças que ainda não atingiram o estádio piagetiano das operações formais; é desastroso tentar ensinar a fazer contas a crianças do estádio pré-operatório, pois que ainda não possuem organizada a sua função semiótica; é impensável tentar ensinar algarismos a crianças do estádio sensório-motor.

Matemática e Raciocínio, são diferentes. A Matemática é uma ciência, enquanto o Raciocínio é uma capacidade da pessoa. A primeira é a ciência dos números, a segunda é uma competência da mente.

A inteligência existe independentemente da matemática, mas esta não pode existir sem aquela. Quanto menor for a inteligência maiores serão as dificuldades em matemática. Quanto maiores forem as capacidades intelectuais, melhor será a compreensão e operacionalização da matemática.

O homem já era inteligente muitos milénios antes de, na Grécia, ter inventado a Matemática. E foi graças à sua inteligência que a inventou.

A matemática não tem nada a ver com a inteligência. É apenas um processo de utilização de símbolos convencionais (algarismos) que o homem inventou para simplificar o registo dos seus pensamentos.

A própria inteligência do homem, sempre em evolução, cria constantemente novas formas matemáticas para a representação do seu raciocínio, numa constante procura de maior simplificação e eficácia: dos algarismos gregos para os romanos, a invenção do zero, os algarismos árabes, os atuais, já se utilizando modos binários e hexadecimais nos computadores e estando-se a prever novas e mais sofisticadas formas de representação das operações da mente humana.

INTRODUÇÃO

É a inteligência que cria tudo isto. Interessará mais, por isso, o desenvolvimento das capacidades intelectuais do que o mero saber matemático.

Como o desenvolvimento das capacidades intelectuais sucede apenas até cerca dos doze anos de idade (estádio piagetiano das operações formais), haverá que se procurar conjugar todos os esforços educacionais para que nos escalões etários anteriores se promovam atividades diretamente objetivadas para o desenvolvimento do Raciocínio Lógico-Matemático.

Em vez de se tentar ensinar precocemente matemática a crianças que ainda não possuem capacidades cognitivas para a aprender, haverá que se procurar ajudar o auto-desenvolvimento das suas capacidades de raciocínio. Terá, depois, toda a sua vida para aprender matemática. Para o desenvolvimento do raciocínio terá apenas os poucos anos da infância.

É no Jardim de Infância e no 1º ciclo do ensino básico que se deverá, não ensinar matemática, mas promover atividades para o desenvolvimento do raciocínio que lhe permitirá mais tarde apreender e compreender a Matemática.

> O objetivo não é a Matemática, mas o desenvolvimento do Raciocínio.

Piaget (1941, 1959) estudou o desenvolvimento cognitivo da criança, tendo demonstrado que este se processava numa sequência de estádios cada vez mais complexos (sensório-motor, pré-operatório, operações concretas e operações formais), desde o nascimento até à idade de doze anos.

As investigações que efetuou sobre o raciocínio lógico-dedutivo (que ele designou por lógico-matemático, tendo o cuidado de chamar a atenção de que se referia a uma matemática interna, intelectual, do pensamento) revelaram que a movimentação que a criança efetua, as brincadeiras com cubos, berlindes e caricas e a resolução mental de problemas que efetua, convergem para que no último estádio possua a capacidade de poder efetuar todas as operações mentais do raciocínio do adulto.

Revolucionou também o conceito de ensino-aprendizagem, demonstrando não ser um processo behaviorista extrínseco à pessoa, mas uma capacidade intrínseca de assimilação-acomodação-apreensão. Aprender será apreender e compreender, não devendo haver um ensino por parte do professor, mas uma auto-apreensão-compreensão por parte do aluno. O professor não ensina; motiva, incentiva e estimula o aluno a auto-descobrir, a pesquisar, a experimentar, a inventar e a criar.

Na sequência destes estudos, C. Kamii (1990a, 1990b), educadora, psicóloga e discípula de Piaget, desenvolveu vários estudos sobre metodologias de desenvolvimento do raciocínio ligadas à matemática.

H. Gardner (1985), na sua teoria da Inteligências Múltiplas, inclui uma Inteligência Lógico-Matemática, considerando-a também como uma capacidade cognitiva a desenvolver e não um mero ensino da matemática tradicional.

Mais recentemente, A. Damásio (1989, 1993, 1994, 1995), um eminente neurologista português a trabalhar na Universidade de Boston, mostrou o modo como a cognição, as emoções e os sentimentos funcionam a nível neuropsicológico, corroborando com as suas investigações laboratoriais os estudos de Piaget.

Não há, pois, qualquer razão para que não se utilizem todos estes conhecimentos científicos para basear uma metodologia educacional direcionada para o desenvolvimento das capacidades de raciocínio lógico.

Depois de termos organizado uma metodologia baseada nestes conhecimentos científicos, objetivada para o desenvolvimento do raciocínio lógico da criança de 3 a 7 anos de idade (estádio pré-operatório), usando como técnicas educacionais atividades de movimento, de manipulação de objetos e de resolução mental de problemas, efetuou-se a sua aplicação, durante quatro anos, a cerca de uma centena de alunos de diferentes jardins-de-infância e de escolas do 1º ciclo do ensino básico, com diferentes educadores e professores.

Após vários ajustes e reformulações efetuadas pela análise da sua aplicação prática, chegou-se a uma metodologia que, depois de validada experimentalmente por alguns investigadores, tem sido utilizada com êxito em algumas escolas.

Nos três primeiros capítulos do presente livro referimos os princípios científicos nos quais a nossa metodologia se alicerça: as características e estruturas básicas do raciocínio lógico e os estudos piagetianos.

O quarto capítulo descreve a estratégia metodológica utilizada para ajudar a criança no auto-desenvolvimento do seu raciocínio.

Nos capítulos seguintes procurou dar-se uma série de exemplos das múltiplas atividades que o educador e professor podem efetuar com as suas crianças, para a resolução de problemas através da movimentação corporal (3-4 anos), através da manipulação de objetos (4-5 anos) e através do pensamento (5-6 anos).

No oitavo capítulo abordamos uma forma de raciocínio de que nos apercebemos na nossa prática com as crianças e que designámos por "raciocínio duplo", embora tenhamos verificado só ser atingido por crianças de 6-7 anos que tenham nos anos anteriores efetuado toda a sequência metodológica de movimento-objetos-pensamento.

O último capítulo é dedicado à transição do pensamento para a representação matemática, usando-se o desenho para estabelecer a relação entre os processamentos mentais e os procedimentos aritméticos.

I
Características do Raciocínio Lógico

Raciocínio e Matemática
Qualquer professor atento se apercebe que à medida que vão avançando na idade, as crianças parecem apresentar, de um modo geral, cada vez maior dificuldade em realizar mentalmente cálculos matemáticos.

Por volta dos 5-6 anos de idade a criança consegue efetuar mentalmente operações simples de adição mas, pelos 8-9 anos já tem que recorrer ao papel e lápis para executar as mesmas operações, mas nem deste modo consegue realizar multiplicações sem ter automatizado primeiro a tabuada. Na adolescência, raros são os alunos que se atrevem a efetuar raízes quadradas, mentalmente ou no papel, necessitando de recorrer à máquina de calcular.

Considerando-se em alguns meios académicos a Matemática como uma forma de raciocínio, esperar-se-ia que, com a idade e a evolução escolar, houvesse um aumento da capacidade de resolução mental de problemas de matemática e não o contrário.

Noutras situações, em que apresentámos às crianças problemas do tipo *"– Quanto custam 3 metros de tecido, se cada metro custar 1 euro?"*, verificámos que muitas vezes a resposta era quase aleatória, dizendo *"– É multiplicar!"* (ou *"– É dividir!"*).

Interrogando-as sobre o modo como chegaram àquela conclusão, reparamos que foi por mero mecanicismo, atuando sem compreender o que estavam a fazer. Em vez de uma elaboração mental lógica, havia um recurso à memorização e ao emprego automatizado de fórmulas estereotipadas, o que se afasta do processo cognitivo designado por raciocínio lógico.

> Por que motivo é que a capacidade de resolver mentalmente problemas não acompanha o natural desenvolvimento cognitivo? Porque recorre a criança ao uso de automatismos em vez de racionalizar os problemas que lhe são apresentados?

Para procurar respostas para estas interrogações, entrevistámos, apresentando-lhes diferentes problemas para resolução mental, várias crianças, de 6 a 10 anos de idade, que nos foram indicados pelos seus professores como *"muito boas"* e *"muito fracas"* em matemática.

Também aqui obtivemos resultados completamente opostos ao que esperávamos. As *"muito boas"* apresentavam bastante dificuldade na resolução mental de problemas e embora fossem de facto muito boas a efetuar as operações com papel e lápis, quando interrogadas sobre como tinham pensado para chegar ao resultado, não sabiam responder, mostrando que agiam por automatismo e não por compreensão.

As *"muito fracas"*, pouco hábeis nas técnicas de fazer contas com o papel e lápis, mostravam-se, porém mais empenhadas em utilizar o seu raciocínio na resolução dos problemas que lhes eram apresentados.

Como à ideia comum de *"muito boa"* em matemática algumas pessoas associam a ideia de *"muito inteligente"*, para verificar se nesta amostra de crianças haveria ou não diferenças de QI, aplicou-se-lhes o teste Matrizes Progressivas Coloridas de Raven e a prova de Aritmética da W.I.S.C.

Não se encontraram diferenças significativas entre as médias obtidas pelos dois grupos, no teste de Raven. Na prova de Aritmética, porém, verificaram-se diferenças a um nível quase significativo, mas em que as *"muito boas"* apresentaram uma média mais baixa que a do outro grupo.

Como as Matrizes Progressivas Coloridas se baseiam na perceção de imagens e têm correlação com o *fator g*, dos resultados obtidos poder-se-ia inferir a não existência, nestes campos, de diferenças intelectuais entre os dois grupos. Na prova de Aritmética, porém, como se trata da resolução mental de problemas, a diferença encontrada, em benefício das *"muito fracas"* em matemática, levou-nos a levantar a seguinte questão:

> Será que a Matemática considerada pelos professores é diferente da capacidade de raciocínio lógico considerada pela Psicologia? Ou seja, a Matemática escolar atua numa dimensão diferente da cognição?

Para analisar esta questão aplicámos a prova de Aritmética da W.I.S.C. a uma amostra de 160 alunos dos primeiros quatro anos de escolaridade, estudando a correlação entre os resultados obtidos nesta prova e as classificações em Matemática atribuídas pelos professores no último período escolar.

Não se obtiveram correlações, tanto no estudo geral como considerando-se apenas os alunos que tinham classificação escolar de *"bom"* e *"muito bom"*, o que nos levou a considerar a *existência de uma diferenciação entre o Raciocínio (capacidade cognitiva) e a Matemática enquanto disciplina curricular.*

A constatação desta diferenciação faz com que se tenha de colocar completamente de lado as ideias empíricas de que a Matemática é aquilo que o professor ensina e que é aprendendo matemática que se desenvolve a inteligência.

Será mais provável o contrário: *a criança aprende a matemática escolar que lhe é ensinada porque tem capacidades intelectuais para tal.* A dificuldade dos deficientes mentais em aprender matemática, fazem-nos crer nesta probabilidade.

Nestas circunstâncias, poderemos, em princípio, aceitar os seguintes postulados como respostas hipotéticas às questões inicialmente colocadas:

– Parece haver uma grande diferença entre o Raciocínio e a Matemática;
– A Matemática não desenvolverá as capacidades intelectuais, sendo, porém, estas capacidades (que se desenvolverão por outros mecanismos) que permitirão a aprendizagem daquela;
– As classificações escolares de *"muito bom"* e *"muito fraco"* referem-se apenas à Matemática, onde se preferenciam os automatismos e as operações com papel e lápis;
– A insistência nestas preferências, não apelando diretamente ao cálculo mental, poderá ser um eventual fator impeditivo do desenvolvimento das capacidades de raciocínio.

O estudo das diferenças entre a Matemática e a capacidade de Raciocínio Lógico, bem como o modo como a criança pensa quando resolve problemas mentalmente, são o objeto dos capítulos que se seguem.

Consideramos o Raciocínio como referindo-se à resolução mental de problemas, situando-se portanto no campo da Psicologia, como *capacidade intelectual*, como forma de pensamento, um raciocínio lógico-associativo.

A Matemática será a técnica que procura registar aquele raciocínio, simbolizando-o no papel através de grafismos (algarismos, contas), situando-se no campo do *ensino-aprendizagem de conceitos*, de algo que é elaborado pela sociedade de modo externo ao indivíduo e que se lhe pretende transmitir.

A primeira apresenta-se bem estudada pela psicologia, com trabalhos iniciados por Piaget (1941, 1959, 1967, 1968, 1974a, 1974c), que a designa por *raciocínio lógico-matemático* e desenvolvidos pelos seus continuadores (Gelman e Galistell, 1978; Kamii, 1982, 1990a, 1990b; Kuyk, 1991; e outros).

A Matemática, porém, apenas se refere ao que se escreve no papel, debruçando-se exclusivamente sobre as metodologias de ensino, pouco ou nada existindo em relação ao modo como os alunos a aprendem.

O raciocínio passa-se na mente; a matemática passa-se no papel. O raciocínio é comum a todo o ser pensante, a matemática difere consoante a simbologia utilizada para representar esse raciocínio no papel (numeração árabe, hebraica, indiana, chinesa, etc.).

O elevado número de classificações negativas que aparecem nas pautas escolares de Matemática é um indicador de uma provável diferenciação significativa entre o que é ensinado e o que é aprendido, mostrando claramente a falência das didáticas empregues.

Os poucos trabalhos que procuraram estudar a aprendizagem da matemática (Bourbak, 1957; Stavaux, 1960; Moraes, 1961; Mialaret, 1975) mantiveram-se numa posição magistercentrista, abordando apenas os modos de ensinar, observando somente se os alunos aprenderam mais ou menos com esta ou aquela metodologia, passando ao lado do *como apreendem* e *o que compreendem* os alunos o que lhes é ensinado.

Nesta contextualização, levantam-se as seguintes interrogações:

> O que vem a ser esta capacidade intelectual
> que permite a resolução mental de problemas?
> O que é e como funciona o pensamento para efetuar esta ação?
> Como se processa o desenvolvimento do raciocínio lógico?

> Em que convergem e divergem o Raciocínio e a Matemática? Porque é que parece que a segunda inibe o pleno desenvolvimento da primeira, com o avançar da idade dos alunos?

Para procurar encontrar resposta a estas questões, efetuámos uma revisão bibliográfica analisando o que a investigação científica nos tem proporcionado nestes campos.

O Pensamento

Desde a Antiguidade que o homem se tem preocupado com o estudo do pensamento, o elemento racional que o coloca acima do animal e que lhe permite o seu desenvolvimento como espécie, estudos estes que têm levantado várias polémicas por se tratar de um campo eminentemente subjetivo, que escapa a qualquer forma de análise direta, só podendo o seu funcionamento ser inferido através das suas consequências.

Descartes considerava-o como consciência humana, dizendo: *"– Por pensamento entendo tudo aquilo que está em nós de um modo tal que disso somos conscientes, e a palavra pensamento designa tudo aquilo de que temos consciência"*, atribuindo-lhe, portanto, um sentido lato que inclui as sensações, as perceções, a imaginação, os desejos, a vontade e o raciocínio.

Por volta do século XIX começou a considerar-se o pensamento numa dimensão mais estreita, abrangendo apenas as operações conscientes, particularmente aquelas que constituem o conhecimento humano e que não existem no animal e, no século XX, considerou-se o pensamento como o elemento principal da cognição, como a capacidade de efetuar juízos, de proceder a operações mentais e de criar ideias (Lafon, 1973).

Matamala (1980), depois de uma exaustiva recolha das opiniões de cerca de meia centena de autores, procurando uma posição eclética, formulou a seguinte definição de pensamento:

> *"– É um processo complexo, próprio dos seres humanos, interno (embora possua descrições de comportamento), cujo estímulo nem sempre se acha presente, e que, de certa maneira, gera e controla o comportamento observável, sendo acompanhado na sua atuação por processos neurológicos."* (Matamala, 1980:184).

Embora não negando o pensamento e aceitando a sua importância, o behaviorismo rejeitou-o enquanto objeto de estudo por não poder ser observado e medido diretamente.

A gestalt considerou-o em termos de uma reestruturação repentina de dados da experiência, uma iluminação súbita, um insight, que o faz aproximar mais do raciocínio criativo do que do raciocínio lógico.

Piaget (1967, reedição de 1996) considera o pensamento como uma continuação do gesto, como uma ação interiorizada, dando como exemplo a criança que procura abrir uma caixa com gestos descoordenados, que de repente para e observa a caixa atentamente, abrindo-a em seguida. Terá atingido mentalmente a solução, fazendo a síntese dos seus gestos em pensamento para deste modo deduzir o sistema de abertura da caixa.

Será interessante chamar a atenção para que este momento de paragem da atividade motora para uma reflexão, que internamente não é estática, já tinha sido objeto de estudo de alguns neurologistas (Allers e Scheminsky, 1926; Max, 1935; Jacobson, 1938; Davis, 1940; Courts, 1942; Freeman, 1948; citados por Hofstaetter, 1966), que efetuaram registos elétricos dos impulsos nervosos e das contrações musculares que acompanham o curso do pensamento.

A posição cartesiana de um pensamento predominando sobre a existência – *"Penso, logo existo"* –, sofreu entretanto uma inversão completa, tendo os estudos de Wallon (1996), de Piaget (1967), de Fonseca (1991) e de Damásio (1995) mostrado que *é através da existência, mais concretamente da ação motora, que se desenvolvem as estruturas neuropsicológicas que permitem a organização dos esquemas do pensamento.*

Embora tenha sido objeto de uma vasta quantidade de estudos, a realidade é que a ciência atual ainda está longe de conhecer por completo todas as possibilidades do pensamento. O *Pensamento Lateral*, por exemplo, só começou a ser estudado por De Bono (1989) muito recentemente e parece terem-se iniciado há pouco tempo experiências de transmissão de pensamento entre gémeos idênticos, em tarefas simples de escolha de cartões de cores, e que estão a agitar as posições mais céticas.

Os tipos de pensamento mais conhecidos da psicologia são, descritos sumariamente, os seguintes:

1 – *Pensamento primitivo:* eminentemente instintivo, sensório-motor, sincrético e atuando por automatismos. Existe nos animais superiores da escala antropomórfica e em alguns de ordem mais inferior. É ativado pela necessidade e baseia-se na aprendizagem por reflexo condicionado.

2 – *Pensamento mágico*: denominado assim por se encontrar ligado a processos de superstição e magia. Por exemplo, pensar que ver um gato preto ou passar por baixo de uma escada traz azar, que bater na madeira ou fazer figas afasta malefícios, etc.
3 – *Pensamento intuitivo*: não seguindo uma linha condutora mas emergindo de processos emocionais, de um *"sentir que"*. As premonições e a intuição feminina são os exemplos clássicos.
4 – *Pensamento criativo*: estudado por Guilford (1950, 1960) e por Torrance (1960, 1976), entre outros, em que a ideia surge de repente, como um insight, brotando no consciente de uma forma organizada e terminada. O *"Eureka"* de Arquimedes.
5 – *Pensamento lateral*: forma de pensamento em que se procura a solução de problemas através de métodos não ortodoxos ou de elementos que são normalmente ignorados pelo pensamento lógico. Há como que uma negação da normal sequência do raciocínio para se procurar a solução por outro ângulo. É mais considerada a exceção do que a regra, por exemplo.
6 – *Pensamento Lógico, ou Raciocínio*: ato de pensamento que segue um caminho lógico pelo qual se conclui que uma ou várias premissas implicam a verdade, a probabilidade ou a falsidade de uma outra premissa.

Poderá ser:

– *Raciocínio Dedutivo*: em que se consideram os dados gerais para se chegar a uma conclusão particular;
– *Raciocínio Indutivo*: em que se consideram os dados particulares para se chegar a uma conclusão geral.

Está presente o princípio da causalidade, estabelecendo que a causa precede sempre o efeito, mesmo que essa conexão nem sempre apareça seguindo uma ordem temporal.

É este último tipo de pensamento, que Piaget designou por *raciocínio lógico-matemático* porque é a base de todas as operações matemáticas mentais, que constitui o campo do que inicialmente designámos por matemática cognitiva. Algo subjetivo, que funciona internamente em termos de apreensão, compreensão e elaboração intelectual, em oposição à matemática curricular, externa, sociocultural, simbólica e transmissível, dependente do papel-e-lápis.

> Enquanto o raciocínio é uma capacidade a desenvolver,
> a matemática curricular é constituída por conceitos a aprender.
> A primeira é condição para se poder efetuar uma boa
> aprendizagem da segunda.
> *Poderá, porém, ser possível tornar esta numa forma de ajuda
> ao desenvolvimento da primeira?*

Esta questão e o *modo como proceder* para atingir esse fim, são as grandes questões do presente trabalho, mas que deixamos por agora em suspenso, para analisarmos o modo como se processa o pensamento.

As Imagens Mentais

Como é que o homem pensa? Quando a criança detém a sua atividade motora para efetuar um raciocínio, o que é que se está a passar no interior da sua mente?

Esta questão é muito antiga, tendo suscitado bastantes controvérsias até meados do século XX.

Por exemplo, enquanto Platão (República) formulava a teoria da identidade do pensamento, Aristóteles considerava uma diferenciação: *"as imagens são para a alma racional aquilo que as sensações são para a alma sensitiva"* (Da Alma, III, 7).

As teorias da psicolinguística, que encaravam o pensamento como um "falar interno", encontraram em Mueller (1887) uma nova elaboração, referindo que o desenvolvimento do pensamento estará intimamente relacionado com o desenvolvimento da capacidade linguística.

Watson (1925) foi mais longe, escrevendo: *"A minha teoria defende que os hábitos musculares aprendidos na linguagem expressa são responsáveis pela linguagem implícita e interna (pensamento)... por outras palavras, a partir do momento em que o problema de pensar é posto ao indivíduo, é suscitada uma atividade... sob a forma de organização verbal implícita."*

Procurando estudar a fenomenologia desta *"fala interior"*, Pick (1913, referido por Hofstaetter, 1966) aceita que tal se passa no adulto mas refere que na criança é o desenvolvimento do pensamento que lhe permite a compreensão da fala.

Os surdos-mudos e as pessoas afásicas mostram possuir intactas as suas capacidades de pensar.

Hansen e Leherman (1895), Curtis (1899), Courten (1902), Thorson (1925), Rounds e Poffenberger (1931, citados por Hofstaetter, 1966), apesar das suas tentativas, não foram concludentes em mostrar a existência de *"descargas internas dos órgãos de fonação"* durante o ato do pensamento.

Os defensores da teoria de que o pensamento são imagens mentais, representações que se imaginam e se sucedem mentalmente, de modo semelhante aos sonhos e devaneios, encontraram em Binet um dos seus primeiros grandes defensores no campo da psicologia. Na sua obra *"Étude Expérimentale de l'Intelligence"*, Binet aponta como exemplo a situação em que uma pessoa ao ler está a criar no seu pensamento uma série de imagens, fazendo mentalmente como que uma encenação teatral sem sequer disso se aperceber.

Binet (1903), Woodworth (1907) e Moore (1915), citados por Hofstaetter (1966), verificaram que o pensamento não consiste exclusivamente numa sucessão de imagens mnésicas, pois que quando surgem, aparecem mais frequentemente sem que haja necessariamente imagens anteriores que levaram àquelas.

Estas imagens mentais distinguem-se das imagens visuais por não possuírem características sensoriais, sendo puramente intelectuais.

Deve-se à escola de Wuerzburg (Buekler, Messer e Husserl) os principais trabalhos sobre as relações entre pensamento e imagem, tendo utilizado a introspeção e o método experimental.

Dos seus trabalhos, poderemos resumir as seguintes conclusões:

- Contrariamente à opinião comum, o verdadeiro pensamento não se caracteriza por um grau elevado de consciência. O sonho e os delírios têm imagens que se organizam de modo inconsciente.
- Poderão existir pensamentos em que as imagens tomam a forma de palavras, mas são sempre representações e não uma fala interior.
- Também há pensamentos sem imagens, mas o pensamento é sobretudo com imagens. Muitas vezes a compreensão sucede antes de se ter formulado o raciocínio havendo, portanto, um pensamento sem formulação prévia, mas sempre sem palavras.
- De um modo geral, o pensamento sobre objetos particulares é realizado com imagens esquemáticas, enquanto que os conceitos abstratos são realizados através de imagens precisas.
- O pensamento não se reduz a imagens, há mais do que imagens, mas há sobretudo imagens mentais.

A escola de Wuerzburg aceitava também que certas imagens mentais seriam possuidoras de caráter simbólico, referindo que, por exemplo, um adulto poderá estar, ao pensar, a *"ver"* imagens de operários construindo um edifício, *"vendo"* depois números relativos às dimensões do edifício, à quantidade de pedreiros mais a quantidade de carpinteiros, representados em símbolos numéricos.

Bruner (citado por Corbett, 1991) refere, nos seus estudos sobre pensamento-imagens, três tipos de imagens mentais:

- *Imagens Enativas*, onde há a representação de ações;
- *Imagens Icónicas*, em que as imagens são semelhantes às imagens visuais;
- *Imagens Simbólicas*, em que as imagens representam símbolos linguísticos.

Na criança predominam as imagens enativas e icónicas, só aparecendo as imagens com conteúdos simbólicos (palavras e números) após a aprendizagem da leitura e do sistema numérico.

Os estudos do pensamento através de uma aproximação em termos da linguagem computacional (Audi, 1990; Toulmin, 1998), têm mostrado que o pensamento se processa em imagens mentais semelhantes àquelas que o computador apresenta no seu écran, funcionando internamente através de estratégias operacionais algorítmicas e de procedimentos heurísticos.

A Posição Neurológica
Depois de se ter definido que o pensamento sucedia por imagens e não por qualquer processo de fala interior, passou-se à questão do modo como se processariam estas imagens no interior do cérebro, em termos neurológicos.

Os neurologistas Shepar e Cooper (1982), Kandel, Schwartz e Jessel (1991), Churchland e Sejnowski (1992) e Zeki (1992), efetuaram importantes investigações sobre o modo como o cérebro criaria as imagens mentais, mas foi essencialmente Damásio (1989a, 1989b, 1993, 1995), que abordou este funcionamento através do estudo de lesões do cérebro humano, quem nos proporciona a explicação mais coerente e compreensível, que passamos a descrever.

Para este neurologista português, o conhecimento factual que é necessário para o raciocínio chega à mente sob a forma de imagens e é nele processado em termos de imagens.

Estas imagens serão de dois tipos:

1 – *Imagens Percetivas:* em que o conteúdo é sensório-percetivo, percebendo coisas do presente, imagens de modalidades sensoriais diversas, tais como o olhar para uma paisagem, ouvir uma música, tatear uma superfície, efetuar a leitura de um texto, etc.
2 – *Imagens Evocativas:* que evocam algo, relativas ao pensar em alguma coisa que não está presente. Baseiam-se nas memórias deixadas pelas imagens percetivas e constituem a essência do pensamento. Poderão ser de dois tipos:
   A – Evocadas do passado:
   De conteúdo mnésico, recordações de coisas do passado que se foram buscar aos armazéns da memória, como por exemplo pensar numa pessoa que não está presente, numa música que se ouviu, numa bebida que se saboreou no dia anterior, etc.
   B – Criadas a partir de planos de fundo:
   Criação de novas imagens a partir de um processo planificação de imagens do passado; imagens de algo que ainda não aconteceu e que pode nunca vir a suceder. Semelhantes às evocadas do passado, constituindo a memória de um futuro possível. Por exemplo, pensar no modo de reorganizar a biblioteca, pensar no trajeto de uma viagem que se irá fazer, numa música para uma letra, etc.

Estas imagens são criadas por um complexo sistema neurológico em que interagem a atenção, a perceção, a memória e o raciocínio, ocorrendo especialmente nas áreas corticais sensoriais, gânglios basais, tronco cerebral, hipotálamo, sistema límbico e alguns outros sítios.

O conhecimento inato, por exemplo, baseia-se em representações disponíveis no hipotálamo, no tronco cerebral e no sistema límbico, controlando todo o funcionamento vegetativo, instintos e emoções, mas de um modo inconsciente, sem a formação de imagens na mente (o que já seria consciente). O conhecimento adquirido, porém, já se baseia em representações imagéticas existentes no córtex e em alguns núcleos localizados logo abaixo do nível cortiço.

O cérebro não armazena as imagens percetivas como se fossem fotografias, cassetes de vídeo, livros ou CDs. Não haveria espaço que chegasse para todas as imagens memorizadas por uma pessoa, para além da demora que seria o seu acesso.

Estas memórias são como que compactadas (de modo semelhante ao que os programas ZIP efetuam com ficheiros de computador) sob a forma de padrões mnésicos, para ocuparem menos espaço. O que fica guardado na memória, *"nas suas pequenas comunidades de sinapses, não é a imagem no seu todo mas um meio para reconstruir um esboço dessa imagem"*. (Damásio, 1995:118).

Estes padrões não ficam, porém, guardados apenas num único sítio, distribuindo-se por todo o cérebro. Nem há apenas um único padrão por cada imagem memorizada, mas vários e que podem ser extensivos a outros padrões. A memória de um objeto, por exemplo, terá os seus padrões mnésicos visuais, táteis, auditivos, etc., guardados nas áreas occipitais, somestésicas, temporais, etc.

Quando a mente efetua uma evocação, dá-se como que um disparo de um destes padrões, que faz disparar os que lhe estão associados, sucedendo a sua instantânea "descompactação", associando-se todos para formar a imagem mental.

Pela aprendizagem transformam-se as imagens percetivas em padrões mnésicos (memórias) que, por ação de padrões disparáveis, podem ser parcialmente reconstruídos (evocados) em imagens evocadas (recordações) ou associadas de modo lógico (raciocínio) ou de modo original (criação).

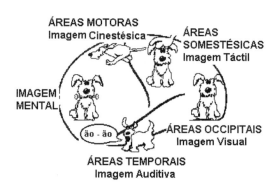

Algumas destas imagens poderão ter conteúdo simbólico, mas não são por si simbologia.

"– Ninguém negará certamente que o pensamento inclui palavras e símbolos. Mas o que esta afirmação não dá conta é do facto de que tanto as palavras como os outros símbolos serem baseados em representações topograficamente organizadas e serem, eles próprios, imagens. A maioria das palavras que utilizamos na nossa fala interior, antes de dizermos ou escrevermos uma frase, existe sob a

forma de imagens auditivas ou visuais na nossa consciência. Se não se tornassem em imagens, por mais passageiras que fossem não seriam nada que pudéssemos saber". (Damásio, 1995:122).

No raciocínio matemático poder-se-á ver mentalmente imagens de símbolos numéricos, de algarismos e de contas, tal como os veríamos se estivessem a ser escritos num papel, mas isso requer um esforço nesse sentido porque as imagens com que normalmente a mente trabalha não são desse tipo mas de conteúdo diretamente visual. Por exemplo, é mais natural ver mentalmente quatro laranjas do que uma imagem do algarismo 4. A primeira imagem foi constituída pelo disparo de diversos padrões mnésicos, conferindo-lhe atributos visuais, dimensionais, olfativos, táteis, etc. que a segunda não possui.

Damásio (1995) sublinha de modo especial a maior eficácia representativa daquela imagem mais ampla, fazendo notar ser muito frequentes as imagens de predominância somato-sensorial (o concorda em absoluto com a posição dos defensores *"do ato ao pensamento"* (Wallon, 1996; Piaget, 1967; Fonseca, 1991).

Mandelbrot, o génio da geometria fractal, terá dito a Damásio (1995) que pensa sempre através de imagens.

O físico Feynman refere que não gostava de olhar para uma equação sem primeiro olhar para o seu diagrama.

Einstein (citado por Hadamard, 1945) também referia que as palavras ou a linguagem, na forma como são escritas ou faladas não pareciam desempenhar qualquer papel no seu pensamento, vendo mentalmente imagens, que podiam ser voluntariamente reproduzidas e combinadas, quando raciocinava sobre entidades físicas.

Deste modo, poderemos extrair como importante para o raciocínio lógico-matemático, as seguintes conclusões:

- O raciocínio efetua-se através de imagens e não de um *"falar interno"*;
- O que a pessoa *"vê"* quando pensa, são imagens mentais, que se distinguem das visuais porque são produto da imaginação e não da visão;
- As imagens mentais são o principal conteúdo do pensamento, independentemente da modalidade sensório-perceptiva a que estão associadas (visão, audição, tato, etc.);
- As imagens mentais não são estáticas, como fotografias, mas dinâmicas, como um filme tridimensional, contendo não só a ação como

também outros elementos percetivos (de natureza auditiva, olfativa, tátil, etc.);
- Sob estas imagens atuam outros mecanismos inconscientes, que orientam a memorização das imagens percetivas e organizam os disparos das imagens evocativas;
- As operações efetuadas com estas imagens são sobretudo algorítmicas;
- Estes procedimentos mentais são heurísticos;
- A mente pode também trabalhar com símbolos sonoros (palavras) ou gráficos (letras, algarismos), não de modo abstrato, mas *"vendo-os"* como imagens visuais;

Predominando na criança as imagens enativas e icónicas, haverá, por isso, todo o interesse em estimulá-la a efetuar com elas operações mentais algorítmicas, ajudando deste modo o desenvolvimento heurístico das suas capacidades de raciocínio.

As relações entre o funcionamento imagético e simbólico da mente, ou seja, do pensamento, bem como o modo como este se organiza e desenvolve dos pontos de vista neurológico e psíquico, são os assuntos que a seguir se abordam.

Com a receção sensorial dos diferentes estímulos que desde a vida uterina envolvem permanentemente a criança, inicia-se a sequência de eventos que lhe permite o desenvolvimento do seu sistema neuropsicológico.

A sensorialidade neurológica torna-se sensação psíquica quando passam a ser dadas respostas aos estímulos. As primeiras respostas são geralmente movimentos massivos, indiferenciados, inatos e reflexos.

Com o crescimento e a maturação da criança desenvolvem-se as capacidades de diferenciação das respostas aos estímulos, o que pressupõe as capacidades de aprender a reconhecer determinadas sensações e de criar respostas que se lhes adequem. A aprendizagem percetivo-motora aparece, portanto, como base de todas as aprendizagens.

As respostas motoras aos estímulos são inicialmente indiferenciadas mas rapidamente evoluem, ordenando-se hierarquicamente de modo a gerar respostas diferenciadas.

Hochberg (1964) chama a atenção para dois princípios gerais do desenvolvimento neurológico que dirigem o desenvolvimento sensório-motor: 1 – o princípio céfalo-caudal, que refere que a maturação sucede da cabeça para as extremidades; 2 – o princípio próximo-distal, em que a maturação sucede do eixo para o corpo.

Estes princípios influenciam a ordem hierárquica da diferenciação das respostas psicomotoras. A primeira resposta diferenciada envolve a cabeça, seguida pelos ombros, braços, tronco, pernas, tornozelos e pés. Os primeiros movimentos voluntários envolvem movimentação global dos ombros e braços, seguidos de movimentação mais discreta das mãos e dos dedos.

A Perceção
As capacidades percetivas desenvolvem-se a partir do momento em que a criança aprende a reconhecer e discriminar as suas várias experiências percetivas, conseguindo efetuar os ajustes necessários a cada uma (Hochberg, 1964).

As perceções são influenciadas pela estrutura da personalidade, pela motivação e pelo grau de desenvolvimento neuro-psico-motor da criança – *"ela vê o que deseja ver e ouve o que deseja ouvir"*.

Logo após as primeiras perceções (movimento, direções, distância, profundidade, tamanho e forma) a criança começa a reconhecer relações entre elas, o que tem levado alguns investigadores (Fantz, 1961; Bruner, 1968; Siqueland, 1968) a afirmar que a criança nasce com a capacidade de *"perceber"* determinadas relações básicas e com a capacidade para aprender essas relações.

Esta capacidade de aprender e apreender relações percetivas sucede em termos de ensaio-e-erro e de estímulo-resposta.

A resposta correta a um dado estímulo recompensa o organismo, sendo deste modo reforçado o comportamento e a facilitação da mesma resposta, quando o mesmo estímulo é apresentado.

A perceção visual, a perceção auditiva, a discriminação de sons e da fala, a perceção tátilo-cinestésica, bem como a integração e retenção mnésica das perceções desenvolvem-se inicialmente desta forma.

A sua evolução permite a integração de organizações gestálticas e da capacidade de abstração e diferenciação, o que permite a discriminação de objetos, de palavras, de letras e de números.

A Formação de Conceitos
Segundo Lafon (1973), um conceito será uma ideia abstrata e geral, formada pela reunião de determinados carateres após os ter separado por abstração e considerado como atribuíveis a todos os objetos particulares

possuidores daquelas características. Por exemplo o conceito de ser vivo, que se forma reunindo certos carateres particulares como os de capacidade de nutrição e de reprodução.

As classificações e agrupamentos, em que a criança é capaz, por exemplo, de diferenciar animais, agrupando-os por classes (pássaros, cães, gatos, etc.), bem como de aprender a distinguir no conjunto dos cães os sub-conjuntos de grandes e pequenos, são exemplos de conceitos que formam os alicerces do seu raciocínio lógico-matemático.

Inicialmente, porém, a criança não compreende muito bem as semelhanças que podem ser estabelecidas, tendo dificuldade em classificar e categorizar as suas experiências.

Por exemplo, pode organizar um conceito geral em que inclui todas as mulheres como sendo *"mães"*, em virtude das suas experiências com mulheres adultas terem sido semelhantes às vivenciadas com a sua mãe.

A falta de informação e de experiências diversificadas podem levar a falsas generalizações. Com mais informações sobre mulheres adultas, umas com filhos e outras não, a criança poderá fazer diferenciações, concebendo que todas são mulheres, podendo umas ser mães e outras não.

É através da categorização e da classificação das suas perceções que a criança desenvolve a compreensão do mundo.

Ela compreende o que percebe e estabelece relações entre o que é imediatamente percebido e as suas perceções do passado, considerando os efeitos apropriados.

Definem-se geralmente como conceitos *"concretos"*, de pouca abstração, aqueles que são primeiramente aprendidos porque pertencem ao mundo das perceções imediatas.

À medida que se vão abstraindo as semelhanças dos diferentes conceitos, vão-se formando novos conceitos, que se vão tornando cada vez mais abstratos.

Parece haver uma relação direta entre o grau de abstração de um conceito e a dificuldade requerida para a aprendizagem do seu adequado emprego.

Haverá, pois, uma evolução das perceções para os conceitos concretos e para a sua cada vez maior abstração.

Alguns autores relacionam o termo *conceito* com sinónimos como *ideia*, *pensamento* ou *imagem*.

O Pensamento e as Ideias

Poderemos considerar o pensamento como uma sequência de ideias derivadas dos nossos conceitos e prosseguindo no sentido da formação de novas ideias.

Lafon (1973) refere que há três perspetivas diferentes sobre o termo *"pensamento"*: 1 – no seu uso clássico, referindo-se a um conteúdo do consciente, por exemplo: *"No que é que estás a pensar?"*; 2 – como a resolução de um problema, por exemplo: *"Duas laranjas e duas maçãs, quantos frutos são?"*; 3 – Como um julgamento, por exemplo: *"Pensas que irá chover?"*.

O pensamento não ocorre, porém, senão apenas quando o organismo está motivado para pensar, podendo haver três tipos de motivação (Maslow, 1976): 1 – biológica, como por exemplo nas situações de sede e de fome, que quanto maior é a privação maior será a força motivacional para procurar a sua satisfação; 2 – psicológica, referindo-se à necessidade de afeto, de prazer, de satisfação, de autoestima, de realização pessoal, etc.; 3 – social, relacionada com os sentimentos familiares, integração cultural, respeito, consideração social, etc.

Centros Neurológicos do Pensamento

Segundo Guyton (1974) os centros de perceção, discriminação e de memorização auditiva localizam-se nas *áreas temporais* do córtex, os centros da visão nas *áreas occipitais* e os centros somatognósicos nas *áreas parietais posteriores ao sulco de Rolando*.

Todos os impulsos nervosos portadores de informação sensorial enviada pelas diferentes partes do corpo passam pelo *tálamo* (centro da atenção), que os encaminha para cada uma daquelas localizações cerebrais, a fim de que seja efetuada a inerente atividade percetiva e subsequente processamento gnósico.

No âmbito das respostas, o processamento da movimentação reflexa situa-se a nível da *medula*, da movimentação involuntária (cardíaca, respiratória, etc.) a nível do *bolbo raquidiano* e do *tronco cerebral*, e da movimentação voluntária nas *áreas parietais anteriores ao sulco de Rolando*.

O *corpo estriado*, situado sobre o hipotálamo, no seio do sistema límbico (que controla a atividade emocional) comanda a movimentação automática inscienciencializada.

Estes automatismos são constituídos por movimentações que por se repetirem muitas vezes (exercícios, treino) e aperfeiçoarem a nível consciente, se organizam em unidades semi-autónomas que passam posteriormente a poder ser executadas de modo mais ou menos inconsciente

O ato de escrever, por exemplo, depois de uma primeira aprendizagem consciente da sua movimentação e das regras ortográficas, passa a funcionar ao nível inconsciente, escrevendo a pessoa automaticamente, atendendo o seu cérebro ao que escreve (ao conteúdo semântico, ao pensamento) e não ao como escreve.

As *áreas pré-frontais* (regiões corticais situadas adiante das regiões motoras) foram consideradas durante muito tempo como o local onde se processaria o pensamento porque a principal diferença entre o cérebro humano e o do chimpanzé se localiza nos lóbulos pré-frontais.

As lesões nestas áreas, porém, causam danos muito menores ao ato intelectual do que por exemplo nos lóbulos temporais, o que leva a supor-se que o pensamento inclui todo o cérebro e não apenas uma dada área localizada.

Para Guyton (1974) estas áreas pré-frontais desempenham um papel importante sobretudo porque proporcionam uma grande superfície cortical extra onde se podem processar vários elementos do pensamento, nomeadamente no que respeita à sua profundidade e abstração.

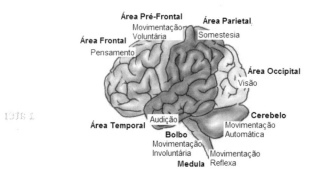

Há razões para se crer que as áreas pré-frontais são especialmente capazes de armazenar temporariamente muitos fragmentos sucessivos de informações guardadas noutras áreas, associando-as e estruturando-as em pensamentos de natureza complexa, tais como a capacidade de antecipação e de planeamento para o futuro, retardar as ações de resposta a certos estímulos para se ponderar na resposta mais adequada, considerar as consequências da ações antes de as executar, efetuar juízos morais e controlar as atitudes e ações nessa conformidade, de elaboração de raciocínios filosóficos e de *resolução mental de problemas matemáticos*.

A Comunicação

Elaborando pensamentos próprios e vivendo em sociedade é natural que o homem deseje comunicar aos seus semelhantes os conteúdos do seu pensamento.

Segundo as teorias da comunicação (Gauquelin, 1970), um emissor comunica com um recetor através de uma mensagem. O emissor cria a mensagem, codifica-a num código que o recetor também conhece e envia-a para este. O recetor descodifica-a e fica a conhecer o seu conteúdo.

A comunicação entre as pessoas segue os mesmos passos: há um determinado conteúdo do pensamento que é codificado em palavras e que é enviado para outra pessoa, que a descodifica, compreendendo o pensamento de quem a enviou.

A via de transmissão é aérea, o modo da mensagem é sonora, os *símbolos* transmitidos são palavras, os sistemas de codificação-descodificação são a *língua* em que é processada a mensagem (português, inglês, alemão) e a *semiótica* refere-se à capacidade de codificação-descodificação (o conhecimento da língua, a sua organização semântica, o léxico dos seus símbolos: as imagens auditivas que "disparam" as imagens mentais) (Hockett, 1906; Saussure, 1964).

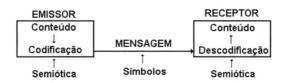

A *compreensão* do conteúdo a mensagem será a nitidez com que o recetor consegue criar uma imagem mental o mais parecida possível com a imagem mental que o emissor procura comunicar.

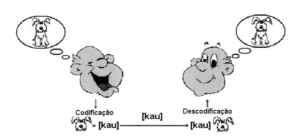

Não podendo transmitir diretamente a outro o seu pensamento, o homem codifica as suas ideias em símbolos e comunica através destes. Ou seja, transforma as suas imagens mentais em imagens simbólicas que transmitem ao seu interlocutor que, por processo inverso, toma conhecimento daquele conteúdo de pensamento.

Chomsky (1970, 1975) concebia que a linguagem teria dois tipos de estrutura:

1 – *Estruturas de superfície*, relacionadas com as formas e sequências das palavras particulares de uma língua;
2 – *Estruturas profundas*, correspondendo a um tipo mais fundamental de organização ou sintaxe e que poderia ser comum a todas as línguas.

"Virgínia come o bolo", "o bolo foi comido pela Virgínia", "Virgínia comeu o bolo", são exemplos de estruturas de superfície diferentes mas de uma mesma estrutura profunda. Chomsky descreve, porém, mais as estruturas de superfície, em termos gramaticais e sintáticos do que as estuda as estruturas profundas.

Psicolinguistas como Deese (1970) e Brown (1973), bem como biólogos como Lenneberg (1967), procuraram defender a tese de Chomsky, sobre a estrutura profunda, efetuando estudos comparativos com crianças falando línguas tão diferentes como o inglês e o japonês, não tendo, porém, conseguido resultados positivos.

Parece haver de facto estruturas de superfície, gramaticais e sintáticas, que caracterizam uma língua, distinguindo-a de outra, mas quando se procuram semelhanças a nível das estruturas profundas, não são encontradas.

Poderão ser estas estruturas profundas o pensamento, as imagens mentais? Chomsky, acreditando que o pensamento seria um falar interno, provavelmente não terá pensado nesta possibilidade.

Thompson (1984), revendo as posições de Chomsky, refere que a sua forma de análise linguística se baseia nas estruturas gramaticais e não em dados empíricos. O seu modelo de estrutura da linguagem, seguindo uma teoria de processamento, não se encontra demonstrado experimentalmente.

A ideia de aspetos universais característicos da linguagem não se verificam em termos gramaticais, como Chomsky pensava, mas em termos de *estruturas neurológicas*. O homem parece possuir efetivamente centros cerebrais pré-determinados da fala que são comuns a toda a espécie humana, só diferindo em relação à linguagem em si, à língua utilizada (inglês, chinês, etc.).

Thomson (1984) cita os estudos desenvolvidos com chimpanzés para mostrar que apenas na espécie humana se organizam estas estruturas neurológicas.

Comparando o trabalho de Premack (1970) com a chimpanzé Sara, que aprendeu uma "linguagem" de cerca de 120 símbolos (por exemplo um triângulo de plástico azul, representando maçã), com o trabalho de Gardner e Gardner (1971) com a chimpanzé Washoe, que aprendeu vários símbolos da linguagem americana de surdos-mudos, verifica-se que esta comunica espontaneamente com os seus treinadores, comunicando as suas necessidades e desejos, o que a Sara não faz.

Qualquer cão, porém, faz o mesmo: arranha a porta para que lha abram, aponta com o nariz para o prato, mostrando que deseja comer, percebe os gestos e palavras do seu dono (*"anda cá", "sentar", "deitar"*, etc.).

Outros animais percebem também a fala e aprendem a falar, mas não do mesmo modo que os homens, nem com a mesma linguagem (Brown, 1973). A comunicação entre os animais, que vai de processos químicos, nos peixes e nos insetos, a padrões elaborados de movimento, como a dança do néctar das abelhas, não possuindo qualquer forma de sintaxe, não pode por isso ser considerada como linguagem (Hockett, 1906).

Os seres humanos aprendem a falar, essencialmente ouvindo falar, mas também podem aprender a falar por outros mecanismos, como o fazem, por exemplo, os surdos-mudos.

Os estudos feitos com chimpanzés demonstram que eles possuem capacidades de pensamento e de simbolização, mas não possuem no cérebro áreas de fala nem a sua função simbólica é muito desenvolvida.

Os chimpanzés estudados por Premack e por Gardner e Garder, não desenvolveram as regiões cerebrais especializadas em que se baseiam a aprendizagem da fala e da linguagem (Thompson, 1984).

As Estruturas Neurológicas da Linguagem

É possível que nas mais recônditas eras pré-históricas o homem tivesse necessidade de comunicar aos outros as imagens que lhe iam no seu pensamento. Quando via uma fera a aproximar-se da sua caverna, terá provavelmente começado por imitar os rugidos e movimentos dessa fera para alertar da sua presença os membros do seu clã.

Destes sons, inerentes ao objeto que está a ser representado em imagem mental (ainda presentes na criança, quando diz *"ão-ão"*, *"piu-piu"* ou *"pó-pó"*, para designar cão, passarinho ou automóvel), o homem terá certamente evoluído para modos cada vez mais complexos de comunicação, chegando aos sons representativos, sem qualquer relação direta com o objeto representado, mas dele designativo (palavras), dentro de um código convencionado, naturalmente construído na comunidade em que vivia (língua).

Aquela primeira linguagem simbólica, espontânea e inconsciente, mantendo relações com o conteúdo evocado, com algo ausente ou impossível de percecionar, terá gerado a língua, que para além de sinais convencionados se estruturou em conceitos, organizados num sistema significante, possuidora de uma sintaxe própria (Saussure, 1964).

Originariamente o homem, tal como os outros animais, não possuiria no seu cérebro quaisquer centros neurológicos específicos que lhe permitissem pronunciar palavras e guardar os padrões mnésicos da linguagem. Como a necessidade, porém, faz o órgão, com o decorrer dos milénios, algumas partes do córtex, que teriam outras funções, começaram a especializar-se na articulação verbal e nos processos de codificação-descodificação linguística.

Aparecem assim estes centros específicos de organização da linguagem e normalmente apenas num dos hemisférios cerebrais, o que corrobora a teoria de uma função que só aparece tarde na evolução humana, pois que todas as outras funções estão localizadas nos dois hemisférios.

Não existindo um *"aparelho fonador"*, a *área de Broca* (Thompson, 1984) coordena o funcionamento conjunto de partes do aparelho respiratório (pulmões, cordas vocais, laringe) e do aparelho digestivo (boca, dentes, língua, lábios), produzindo a articulação verbal das palavras.

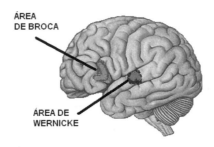

A *área de Wernicke* (Thompson, 1984) armazena toda a informação (código linguístico) que permite codificar uma imagem mental numa palavra ou descodificar uma palavra, gerando a sua inerente representação mental.

A ligação entre estas duas áreas é estabelecida pelo *feixe arqueado*.

Atrás da área de Wernicke e intimamente ligado a esta, situa-se a *circunvolução angular*, que estabelece ligação com as áreas occipitais relativas às memórias visuais, sendo o centro de codificação-descodificação das palavras escritas. Enquanto a área de Wernicke faz as codificações entre sons (palavras faladas) e imagens mentais, a circunvolução angular codifica palavras faladas em palavras escritas.

Fonseca (1984) chama a atenção para o facto de que, embora estes centros se encontrem geralmente num hemisfério, no processamento da fala há a ação conjunta dos dois hemisférios. A informação não-verbal (blocos, gestos, desenhos, etc.) tem a participação do hemisfério direito, enquanto a informação simbólica (palavras, letras, frases, etc.) decorre maioritariamente no esquerdo.

É evidente que os dois hemisférios realizam um diálogo cruzado, mas sofrem processos de maturação diferenciados, sendo geralmente mais precoce o direito.

As áreas de Broca, Wernicke e Circunvolução Angular apresentam uma maturação ainda mais lenta e embora seja pouco significativa até aos 5-6 anos, assume uma especialização característica a partir desta idade (entrada para a escola e exigências da dupla codificação: imagens mentais – palavras faladas – palavras escritas) (Vallet, 1980).

A Função Simbólica e a Função Semiótica
Ao falarmos em imagens mentais, fala, mensagens, centros codificadores e descodificadores, estamos a referirmo-nos a aspetos da simbologia e da semiótica., ou seja, a mecanismos psicológicos utilizados para a representação do pensamento.

Quando uma criança diz *"– Piu-piu"*, está mentalmente a pensar numa ave, tendo uma imagem mental dela. Esta palavra é um símbolo sonoro dessa ave. Se apontar para um pássaro, esse gesto é também um símbolo, mas gestual. Se imitar um pássaro a voar, esta imitação é também um símbolo, mímico.

Os animais não possuem capacidades intelectuais que lhes permitam criar sons ou gestos simbólicos, conseguindo no máximo apenas algumas simbologias instintivas de expressão de estados emocionais: o gato ronronando mostrando agrado, o cão rosnando mostrando agressividade, a ave que canta delimitando o seu território, sons e danças de acasalamento, etc.

Só o homem possui a capacidade de criar e compreender símbolos que evocam algo que não está presente, chegando ao ponto de organizar códigos semióticos (as línguas como o Português, Inglês, Francês, etc.), convencionados e aceites socialmente.

A *Função Simbólica* refere-se à capacidade do homem em utilizar símbolos para representar os seus pensamentos e a *Função Semiótica* refere-se à sua capacidade para criar, compreender e aprender os códigos simbólicos de natureza coletiva (as Línguas).

Num estudo sobre o raciocínio lógico, interessa-nos conhecer estes mecanismos e como se desenvolvem na criança, pois que estão na base tanto do cálculo mental como, posteriormente, na representação escrita (algarismos, números e operações com papel-e-lápis) desses cálculos.

A Representação

As imagens mentais poderão ser consideradas como representações internas do mundo externo, do mesmo modo que uma fotografia de uma pessoa é a representação dessa pessoa.

Uma fotografia ou um desenho de um dado objeto, são representações gráficas diretas desse objeto. As palavras com que designamos os objetos não são representações diretas, apenas sinais e símbolos que evocam as representações.

A noção de representação não se reduz, porém, à noção do sinal ou do símbolo, cobrindo também a noção de conceito. O estudo do número mostra claramente que a escrita simbólica do número é distinta do número-quantidade em si mesmo (55 não dá a noção de o primeiro algarismo representa uma quantidade dez vezes maior do que o segundo).

> *"– A representação não se reduz a um sistema simbólico que vem diretamente do mundo material, os significantes representando diretamente os objetos materiais. Com efeito, os significantes (símbolos ou sinais), representam os significados, que são eles mesmos de ordem cognitiva e psicológica.*
>
> *O conhecimento consiste em significados e significantes: não é apenas formado por símbolos, mas também por conceitos e por noções, que refletem por sua vez o mundo material e a atividade do sujeito no mundo material"* (Vergnaud, 1991:87).

Para compreender a realidade e agir sobre ela, a criança constrói as representações mentais dessa realidade. Algumas representações são claramente objetiváveis: desenhos, gestos analógicos, palavras, etc.

Os Símbolos

Os símbolos fazem parte integrante do nosso quotidiano. Há símbolos nas nossas casas (fotografias e quadros), há símbolos nas ruas (semáforos e sinais de trânsito), há símbolos quando lemos ou escrevemos (letras, palavras, algarismos e números).

Ao mesmo tempo, os símbolos são pensamentos em si próprios e representam qualquer coisa. Uma fotografia, um semáforo ou uma frase escrita, possuem por si atributos que os permitem ser classificados como uma pintura, um sinal de trânsito ou palavras; são ao mesmo tempo as representações psíquicas de uma pessoa, de uma ordem para parar ou avançar, ou o nome de alguém.

Os símbolos são elementos que se utilizam para efetuar representações, evocar imagens e produzir pensamentos.

Piaget (1959) e Bates (1979) designam por *Função Simbólica* a capacidade de evocar significados ausentes, não percebidos ou não visíveis, mediante o uso de significantes que estão claramente diferenciados de tais significados.

Wolf e Gardner (1981) referem a necessidade de que os significantes sejam efetuados de forma externa e observável, só assim podendo ser observados e compreendidos por outros.

Os símbolos são elementos que se utilizam para efetuar representações, evocar imagens, produzir pensamentos. São representações a que chamamos significantes, de outras representações originadas na necessidade comunicativa de evocar significados ausentes, sinais observáveis por outros. Por um lado são formas de representação do pensamento, por outro lado, são modos de comunicação do pensamento.

A psicologia cognitivista piagetiana identifica de certa forma a simbologia com a representação e esta com a permanência do objeto, capacidade que permite evocar um objeto ausente, sendo necessário que a criança possua já um certo nível de desenvolvimento da noção de objeto, para que apareça a função simbólica. O *"– Não há!"*, referindo-se a um objeto que foi tapado, poderá ser considerado como uma das primeiras manifestações da função simbólica da criança: esta verbalização está ligada a um objeto que não está presente.

Na linha da psicologia interacionista iniciada por Vygotsky, esta verbalização da criança é interpretada como uma forma de comunicação social, em que ela diz a outra pessoa que o objeto está ausente: comunica um pensamento. Será mais uma *Função Comunicativa* do que uma *Função Simbólica*.

Da convergência destas duas linhas de investigação psicológica, poderemos considerar que o desenvolvimento da Função Simbólica dependerá tanto do desenvolvimento das capacidades cognitivas como do desenvolvimento social e comunicativo.

Esta posição vem colocar o início da Função Simbólica, não no início da Imitação Diferida (Piaget, 1957), mas muito antes, ao considerar-se o intercâmbio de mímicas e palreios (símbolos gestuais e sonoros) entre a mãe e o seu bebé de 1-2 meses, embora Trevarthen (1974, 1982) refira que nesta idade, esta intersubjetividade primária da criança, as primeiras vias de se identificar com outros, são apenas mecanismos expressivos simples, muito menos complexos que os simbólicos.

1. O Desenvolvimento da Função Simbólica

- Quando é que de facto começa a emergir na criança a Função Simbólica? Isto ocorre lentamente no tempo ou aparece repentinamente?
- Quando é que a criança começa a usar a simbologia? Como é que se desenvolvem as suas capacidades de simbolização?

Efetuando uma breve revisão bibliográfica para procurar respostas para estas questões, chegou-se às seguintes indicações:

0 – 2 meses:
Não há ainda uma diferenciação entre o *"eu"* e o *"não eu"*, entre si e o mundo exterior.

Só com a rutura desta fusão é que começa a delinear-se um mundo mental próprio, distinto de outro mundo externo (Lee e Karmiloff-Smith, 1996).

Os estímulos visuais, auditivos e táteis que a criança recebe do mundo exterior são os primeiros sinais que recebe e aos quais começa a responder, seguindo-os com a sua atenção, a sua visão e posteriormente com movimentações das pernas, choros, gorgeios ou sorrisos.

A repetição destas reações perante aqueles estímulos possui, segundo Piaget (1959), um significado especial, pois que constituem um mecanismo básico para a construção dos significantes.

O choro, o sorriso e outros recursos expressivos da criança possuem também grande importância para o seu desenvolvimento sócio-relacional, na medida em que os adultos tendem a interpretar estas condutas do bebé como ações significantes, embora de facto e do ponto de vista do bebé, ainda o não são (Newson, 1978).

2 – 4 meses:
Mostra notável capacidade para compartilhar experiências emocionais com outros: sorri quando vê a mãe sorrir, entristece-se quando o rosto dela está triste, faz *"beicinho"* e começa a chorar quando a mãe finge ralhar-lhe. As suas expressões são o espelho das expressões da mãe.

4 – 8 meses:
Enquanto partilha as expressões emocionais de outras pessoas, o bebé vai efetuando experiências internas, organizando a sua experiência intersubjetiva primária (Trevarthen e Logetheti, 1989), de importância fundamental para o desenvolvimento simbólico.

8 – 12 meses:
Surgem as primeiras condutas de comunicação intencional. A criança é capaz de compreender a simbologia que os outros empregam para comunicar com ela e é capaz de criar simbologia de intercomunicação com os outros.
É capaz de compreender símbolos e de produzir símbolos. Compreende o gesto e a fala de *"– dá cá"*, *"– não mexe"*, etc., levanta os braços para que a levantem, aponta um objeto para que lho deem, diz não com a cabeça.
À medida que se vão desenvolvendo, a criança aplica os seus recursos simbólicos a objetos cada vez mais diversos, numa complexidade que se vai afastando progressivamente do círculo definido pelo seu corpo e pela sua perceção imediata, numa evolução em que os símbolos se vão diversificando, integrando-se e organizando-se em estruturas de hierarquização e complexidade crescente e, com a Imitação Diferida, estruturando-se de facto como uma função.
A organização da Função Simbólica é, portanto, o resultado da convergência de um vasto leque de funções e de capacidades que se vão desenvolvendo ao longo dos primeiros meses de vida da criança:

- a partilha de experiências emocionais intersubjetivas;
- os interesses em relação aos objetos e compreensão de que a sua permanência não depende da sua perceção direta;
- a capacidade de análise e abstração das propriedades dos objetos;
- a capacidade de evocação mental dos objetos;
- a necessidade de realizar intercâmbios comunicativos, representando objetos não presentes.

2. O Desenvolvimento da Função Semiótica

As formas de pensamento Sensório-Motor atuam apenas com a realidade presente, ignorando a representação ou a evocação de qualquer objeto ausente. Só por volta dos 18 meses a 2 anos é que começa a formar-se na criança *"uma função fundamental para a evolução das condutas ulteriores, que consiste em poder representar alguma coisa (um "significado" qualquer: objeto, acontecimento, esquema conceptual, etc.) por meio de um "significante" diferenciado e que só serve para essa representação: linguagem, imagem mental, gesto simbólico, etc. "* (Piaget, 1979: 132).

Embora os neurologistas e psicólogos especialistas da afasia chamem *"função simbólica"* a essa função geradora da representação, Piaget preferiu seguir a terminologia dos linguistas, que distinguem *"símbolos"* de *"sinais"*, usando o termo *"função semiótica"*, para designar os funcionamentos fundados no conjunto dos significantes diferenciados, de origem sociocultural: a mímica, a língua, a escrita, os algarismos, os números e outros símbolos, que se diferenciam de cultura para cultura.

A Função Simbólica refere-se à capacidade intelectual para utilizar símbolos, enquanto a Função Semiótica se refere à capacidade de assimilação-acomodação dos símbolos usados pela sociedade em que o sujeito vive. Falar ou desenhar pertencem à Função Simbólica; falar ou escrever Português ou Inglês, por exemplo, pertencem à Função Semiótica.

A Função Semiótica refere-se, portanto, a um conjunto de condutas mentais que evocam a representação de algo que não está presente, envolvendo por isso o emprego de elementos significantes que fazem parte de um código consuetudinariamente definido, dinâmico e socioculturalmente aceite.

Com um ano e meio, por exemplo, uma criança pode perder-se com facilidade na rua, pois que não tem presente na mente a localização da sua casa.

Aos 5 anos, já será capaz de ir de casa para a escola, duas ruas mais abaixo e até de explicar verbalmente esse trajeto, mas não consegue desenhá-lo e muito menos de o descrever por escrito. Compreende as ações mas ainda apresenta dificuldades na sua representação mental.

É durante o estádio das Pré-Operações (2/3 – 7/8 anos) que a criança começa a desenvolver a função semiótica, organizando a pouco e pouco a estruturação de significantes ligados a significados, que lhe permitirá a reorganização cognitiva do estádio seguinte.

Piaget (1974) refere cinco condutas, cada uma com a sua linha de desenvolvimento, que convergem para a meta final que é a função semiótica:

1 – Imitação Diferida;
2 – Jogo Simbólico;
3 – Desenho;
4 – Imagem Mental;
5 – Evocação Verbal.

3. A Imitação Diferida

Platão terá sido provavelmente um dos primeiros pensadores a referir que o homem nasce já com mecanismos inatos de aprendizagem: *"Cada um possui a faculdade de aprender e o órgão destinado a este uso, semelhante a olhos que só poderiam voltar-se das trevas para a luz, voltando-se com toda a alma para o que há de mais luminoso no ser, aquilo a que chamamos o Bem..."* (Platão, in A República, Liv. III).

Um destes mecanismos inatos de aprendizagem seria a imitação. De facto, nas eras mais remotas, as crianças aprendiam através da observação e imitação das atividades dos adultos tudo quanto lhes era indispensável: caçar, montar armadilhas, pescar, pastorícia, agricultura, etc.

O caráter inato desta capacidade de imitação foi estudado por Zazzo (1982), verificando que um apreciável (mas, porém, não significativo) número de bebés de 15 dias, vendo a sua mãe mostrar repetidamente a língua, acabavam por efetuar, com maior ou menor dificuldade, a imitação desta ação.

Piaget (1974) considera a imitação como uma das primeiras manifestações da função semiótica, constituindo de início uma prefiguração sensório-motora que evolui para o nível das condutas propriamente representativas.

Por volta dos 6-8 meses de idade, por exemplo, se a mãe bater palmas, a criança, sentada, é capaz de a imitar, mas para quando a sua mãe para. Só depois de constituir o esquema do *objeto permanente* (9-10 meses) é que consegue continuar a bater palmas depois de a mãe ter parado.

Já podemos encontrar nestas ações *significados* (os próprios esquemas relativos às ações em curso) e *significantes* (a perceção da ação), mas ainda não diferenciados, o que não permite que os possamos considerar como *símbolos* ou *sinais*, mas apenas como *indícios* (como Piaget lhes chama).

Destes gestos imitativos, a criança evolui para os significantes diferenciados, o início da representação, a *imitação diferida*.

Por exemplo, uma criança de 18 meses que vê uma pessoa a bater os pés de uma dada forma e que, duas horas depois e sem ninguém estar a bater os pés, imita aquela ação.

A imitação diferida permite a organização de uma *linguagem gestual simbólica universal, uma mímica* que, por exemplo, possibilita a comunicação entre um emissor português e um recetor chinês que desconheçam as línguas um do outro. O apontar do polegar para a boca e inclinar a cabeça para trás poderá simbolizar uma ação de beber; levar a mão à boca, mastigar e tocar na barriga, indicação o ato de comer; arfar com a mão no peito, o sentir-se cansado; etc.

4. O Jogo Simbólico

Enquanto a imitação (quando constitui um fim em si mesma) é uma acomodação mais ou menos pura aos modelos exteriores, o jogo transforma, por assimilação, o real às necessidades interiores (Piaget, 1974).

Desde o período sensório-motor, a criança apenas efetua o *"jogo funcional"* (Buheler, 1965) ou *"jogo exercício"* (Piaget, 1974), em que repete movimentos por prazer sensorial, motor e lúdico (chupando a chupeta, agitando um chocalho, pedalando com os pés, etc.), não comportando nenhum simbolismo nem qualquer técnica especificamente lúdica.

O jogo de *"imitação fictícia"* (Chateau,1956, 1961), ou *"jogo dramático"* (Chancerel, 1936; Bourges, 1964), o brincar de *"faz-de-conta"* (como lhe chamam as crianças) ou o *"jogo simbólico"* (como é denominado por Piaget, 1945), aparece e desenvolve-se entre os 2 e os 6 anos de idade: *"Faz de conta que sou um índio"*, *"Eu sou a mãe"*, *"Esta boneca é a tua filha"*, *"Esta caixa é um carro"*, etc.

Os objetos simbolizam outros objetos, diferidos, não presentes. Convenciona-se (*"faz-se de conta"*) que este objeto ou esta ação são aqueloutros objetos ou situações. Há uma diferenciação nítida entre significado e significante, há uma representação fictícia do real.

"No jogo simbólico, a assimilação sistemática traduz-se, portanto, pela utilização particular da função semiótica, que consiste em construir símbolos à vontade, para exprimir tudo o que na experiência vivida só poderia ser formulado pelos meios da linguagem" (Piaget, 1974:55).

5. O Desenho
Por volta dos dois anos a dois anos e meio, os riscos que uma criança traça com o lápis sobre um papel, não são mais do que traçados de natureza psicomotora. São os movimentos do seu braço, produzidos a partir do ombro com o braço mais ou menos esticado, que fazem um traçado rítmico, uma garatuja de sobe-e-desce, que sai com frequência fora dos limites do papel, chegando mesmo a criança a continuar esses movimentos sem o lápis escrever ou quando o deixa inadvertidamente cair.

Não é o desenho em si que lhe importa, mas o movimento que executa. Trata-se mais de um *"jogo exercício"* do que um desenho voluntariamente executado.

Quando a sua maturação neurológica e mielínica lhe permitem coordenar os movimentos do braço a partir do ombro e do cotovelo, os movimentos passam a ser circulares, desenhando novelos.

Conquistando a seguir a movimentação a partir do pulso, os traçados que se sucedem são efetuados com o antebraço assente na mesa, desenhando cruzes, laços e outras elementos semelhantes, de dimensões muito menores que as garatujas e novelos, porque é menor o espaço de mobilidade do pulso, embora seja mais preciso.

Mais ou menos por esta altura, a criança reconhece por acaso formas nestes rabiscos sem finalidade (às vezes já nos novelos), tentando a seguir repeti-los de memória. Mesmo que nessa reprodução não haja qualquer semelhança com o modelo, há uma intenção claramente manifesta de desenhar uma imagem.

Luquet (1927), um dos primeiros autores a chamar a atenção para esta intenção da criança, designou por *"realismo fortuito"* ao novelo em que ela descobre fortuitamente uma imagem e por *"realismo gorado"* aquele em que procura reproduzir uma imagem, sem porém o conseguir de modo satisfatório.

Incluem-se nesta situação as tentativas da criança em desenhar a figura humana, procurando a seguir cercá-la dos elementos mais comuns que a rodeiam (Sol, casa, árvore, flor, etc.), desejando efetuar uma representação tão fiel do real que chega a desenhar elementos que não estão presentes visualmente mas que ela sabe que existem (*"realismo intelectual"*). Uma árvore em que se veem as raízes que estão sob o chão; uma pessoa, vendo-se os seus braços e pernas dentro do vestuário; um mar onde se veem os peixes e outras "transparências" semelhantes, são exemplos deste tipo de representação gráfica.

O desenho começa, portanto, a constituir para a criança um modo de representação, uma linguagem simbólica, procurando inicialmente que os significantes sejam o mais parecido possível com os significados, evoluindo posteriormente para esquemas, sinais e símbolos, podendo-se comparar esta evolução à das pinturas rupestres para os hieróglifos egípcios e para a escrita com símbolos gráficos de sons (letras e algarismos).

6. A Imagem Mental

Embora já anteriormente tenhamos abordado as imagens mentais quando nos referimos ao pensamento, dentro do estudo da função semiótica efetuado por Piaget, interessa-nos conhecer as relações entre simbolismo e imagens que foi objeto de estudo em 1988 por Piaget e Inhelder.

As imagens não existem desde o nascimento nem são um simples prolongamento das perceções, como o referem os psicanalistas que estudaram as alucinações precoces.

CARACTERÍSTICAS DO RACIOCÍNIO LÓGICO

Segundo Piaget e Inhelder (1966) não se observa qualquer manifestação com características imagéticas no decorrer do estádio sensório-motor, começando a aparecer esta função apenas com o início da função semiótica.

Esta afirmação leva-nos a crer que, antes dos dois anos e meio, o raciocínio lógico da criança será essencialmente baseado em estímulos-resposta de natureza sensorial e emocional, começando o raciocínio intelectual a suceder quando se inicia, nesta idade, o estádio pré-operatório e a construção da função semiótica. Ou seja,

> *A criança só começa a desenvolver as suas capacidades de raciocínio matemático por volta dos 3 anos de idade.*

Ela compreende que uma árvore é maior do que um homem e que ambos são maiores do que uma maçã, o que é um raciocínio matemático fundamental que a criança desta idade é perfeitamente capaz de efetuar.

Esta capacidade de raciocinar com imagens mentais evolui durante os cerca de 5 anos que demora o estádio pré-operatório, conseguindo a criança contar quantidades, adicionar, subtrair e dividir grupos, estando a *"ver"* mentalmente imagens de objetos que não estão presentes.

Só quando se completa a sua organização semiótica, passando para o estádio das operações concretas, o que sucede só no final do estádio pré-operatório.

> *Pelos 7-8 anos, é que a criança passa a ser capaz de simbolizar graficamente estas operações mentais, com números e sinais escritos no papel.*

"*É só ao nível das operações concretas (depois dos 7-8 anos) que as crianças chegam às reproduções de movimentos e transformações, assim como às imagens antecipadoras de categorias correspondentes*" (Piaget e Inhelder, 1974: 63).

Piaget vai ainda mais longe, referindo que o desenvolvimento desta capacidade de operacionalização matemática mental não é devida ao simbolismo nem à linguagem mas à ação:

As operações internas "*derivam, com efeito, da própria ação e não do simbolismo acompanhado de imagens, como também não, aliás, do sistema dos sinais verbais ou da linguagem...*" (Piaget e Inhelder, 1974: 69).

Ou seja, *é fazendo operações matemáticas na ação prática, com o seu corpo* (três dedos mais dois dedos) *ou com objetos* (três botões mais dois berlindes) *que a criança vai desenvolvendo as suas capacidades de raciocínio mental que lhe permitirão efetuar mentalmente as operações que já tinha efetuado na ação.*

A Linguagem

"Na criança normal, a linguagem aparece mais ou menos ao mesmo tempo que as outras formas do pensamento semiótico" (Piaget e Inhelder, 1974: 73). Até cerca dos dois anos e meio haverá um período de organização inicial, sendo a partir desta idade que a criança começa de fato a compreender e a utilizar as possibilidades de representar simbolicamente os seus pensamentos em palavras.

É durante o período pré-operatório que a criança compreende que o José, o António e o Rui são *"três"* meninos, sendo também *"três"* uma cadeira, uma mesa e um armário; que *"dividir" "seis"* laranjas por *"dois"* meninos corresponde a uma distribuição equitativa; etc.

Durante toda a fase de organização da função semiótica a criança aprende o modo de referir verbalmente as operações que efetua mentalmente.

"A linguagem não constitui a origem do raciocínio lógico, mas, pelo contrário, é estruturada por ela. Em outros termos, as raízes da lógica terão de ser buscadas na coordenação geral das ações (incluindo condutas verbais) a partir do nível sensório-motor cujos esquemas parecem ter importância fundamental desde o princípio; ora, o esquematismo continua, depois, a desenvolver-se e a estruturar o pensamento, mesmo verbal, em função do progresso das ações, até à constituição das operações lógico-matemáticas, remate autêntico da lógica das coordenações das ações, quando estas se acham em estado de interiorizar-se e agrupar-se em estruturas de conjunto" (Piaget e Inhelder, 1974: 78-79).

A Dupla Codificação

Como já atrás foi referido, a área de Wernicke armazena toda a informação (código linguístico) que permite codificar uma imagem mental num som (palavra).

Não existindo um *"aparelho fonador"*, a área de Broca coordena o funcionamento conjunto das partes do aparelho respiratório (pulmões, cordas vocais, etc.) e do aparelho digestivo (boca, dentes, língua, lábios), produzindo a articulação verbal das palavras.

A fala é, portanto, uma ação em que o pensamento é simbolizado e comunicado através de um código sonoro.

CARACTERÍSTICAS DO RACIOCÍNIO LÓGICO

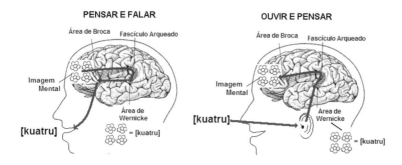

A ação inversa, de receção e compreensão de uma mensagem sonora, centra-se também na área de Wernicke. Ao ouvir um som, os ouvidos transformam as vibrações das moléculas do ar em impulsos nervosos que, nas áreas temporais do córtex são percebidos (por exemplo, perceber que é o som de uma voz feminina), discriminados (está a falar numa língua que entendo) e enviados para a área de Wernicke onde se processa a descodificação desses sons, gerando as correspondentes imagens mentais.

A fala será, portanto, um processo de codificação-descodificação em que os significados são as imagens mentais e os significantes os sons verbais.

Quando uma pessoa imagina, por exemplo, quatro maçãs, codifica essa imagem mental num som *[kuatru]*, *[katre]* ou *[four]*, se sabe (ou seja, se possui na área de Wernicke o devido vocabulário) português, francês ou inglês.

A imagem mental é a mesma mas o significante sonoro diferencia-se em função do código que foi aprendido.

Segundo Guchs e Le Goffic (1975), a aprendizagem de um código linguístico, ou seja, de uma língua, demora cerca de cinco anos, estando a pessoa a viver num contexto em que essa língua predomine.

A aprendizagem da língua portuguesa, em crianças vivendo no nosso país, inicia-se no útero materno (quando a começa a ouvir a voz da mãe, através do ambiente amniótico) e desenvolve-se até cerca dos 5 anos, idade em que já possui na área de Wernicke um vocabulário que lhe permite expor os seus pensamentos em frases facilmente compreendidas pelos seus interlocutores.

Quando, porém, se pretende representar as imagens mentais, não de modo sonoro mas graficamente, podem seguir-se duas vias.

A primeira consiste na tentativa de procurar representar as imagens mentais diretamente através do seu desenho, o que terá gerado a escrita ideográfica.

A segunda, consiste na representação, não diretamente das imagens mentais, mas na representação gráfica dos sons verbais significantes.

ATIVIDADES PARA O DESENVOLVIMENTO DO RACIOCÍNIO LÓGICO-MATEMÁTICO

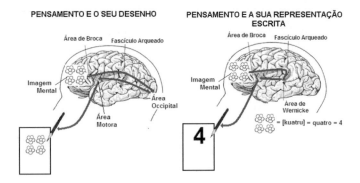

Trata-se de um segundo processo de codificação, havendo uma dupla simbolização.

A área de Wernicke simboliza as imagens mentais em palavras e a *área de associação* simboliza estas em *símbolos gráficos* (letras).

É a esta segunda codificação que Piaget (1974) se refere quando fala em Função Semiótica – a capacidade de compreender a semiótica da simbolização escrita.

Esta capacidade, segundo Piaget (1974), desenvolve-se durante todo o estádio das pré-operações, sendo a sua organização final a condição necessária para a passagem para o estádio das operações concretas, ou seja, *a capacidade para ler e escrever (compreendendo e não apenas descodificando sonoramente) só estará suficientemente matura por volta dos 7-8 anos de idade.*

No caso concreto do pensamento quantitativo, a sua representação gráfica torna-se ainda mais complexa.

A escrita de quantidades numéricas com palavras torna-se demasiado extensa e morosa, pelo que se convencionou recorrer ao *uso de abreviaturas* (algarismos). Um número como, por exemplo, *"quatro mil quatrocentos e quarenta e quatro"* pode ser escrito abreviadamente como 4444.

Uma operação mental, por exemplo um raciocínio como *"duas laranjas e dois limões são quatro frutos"*, é representada verbalmente como [kuatru]. Quando, porém, se pretende efetuar graficamente a sua representação, a palavra escrita *"quatro"* não representa diretamente a operação mental mas a palavra verbal. O algarismo "4" será uma abreviatura da palavra escrita.

> Todas as operações de raciocínio lógico-matemático sucedem, portanto, internamente, na mente, sendo a fala a sua representação direta e as contas, efetuadas com papel-e-lápis, apenas uma representação gráfica abreviada desta.

II
Os Estudos Piagetianos

A Teoria Piagetiana do Número
"– Teoria segundo a qual o número é uma estrutura mental que cada criança constrói a partir da sua capacidade natural de raciocinar, independentemente do meio." (Kamii, 1990: 34).

Piaget (1974) distingue cuidadosamente os *"conhecimentos físicos"* dos *"conhecimentos lógico-matemáticos"*. O conhecimento físico será o conhecimento dos objetos na sua realidade externa, como por exemplo as cores e dimensões de um objeto, que podem ser constatadas pela simples observação. As referências físicas são externas ao indivíduo, de natureza simbólica social (azul ou blue, centímetros ou polegadas, por exemplo, consoante as convenções simbólicas sociais.)

Os conhecimentos lógico-matemáticos referem-se às relações entre objetos, mas relações estas construídas internamente pelo próprio indivíduo. Por exemplo, a designação de dois objetos fisicamente iguais, pelo que está à direita e o que está à esquerda, é uma distinção interna, produto do raciocínio do indivíduo e não de quaisquer diferenças reais.

A organização deste processo de construção dos conhecimentos lógico-matemáticos é feita pela própria criança, na sequência da ação desenvolvimental conjugada de seis fatores:

1 – A Abstração Reflexiva
2 – Ordem e Seriação
3 – Inclusão Hierárquica

4 – A Conservação da Quantidade
5 – O Número, Simbolização e Cálculo
6 – A Memorização

A Abstração Reflexiva
Piaget utiliza o termo *"abstração empírica ou simples"* quando se trata da constatação empírica de propriedades físicas e o termo *"abstração reflexiva"* quando se trata de uma reflexão interna, intelectual, independente das propriedades físicas diretamente constatáveis.

Por exemplo, a constatação de que os objetos em cima da mesa são botões brancos e negros, é uma *"abstração empírica"*, enquanto o referir que há doze botões, duas cores ou seis botões de cada cor, já será uma *"abstração reflexiva"*, porque é produto da reflexão do indivíduo.

Trata-se, pois, de uma capacidade cognitiva de dissociação, da capacidade de pensar apenas nuns elementos, abstraindo-os dos outros, que nos estádios sensório-motor e pré-operatório ainda não é dissociável da abstração empírica.

Kamii (1982) emprega mesmo o termo *"abstração construtiva"* em vez de *"abstração reflexiva"*, para salientar que esta abstração é uma verdadeira construção intelectual que se situa para além de quaisquer propriedades físicas dos objetos.

Piaget tem o cuidado, porém, de fazer notar que a abstração reflexiva não pode existir independentemente da abstração empírica, nos estádios sensório-motor e pré-operatório. Só posteriormente poderá aparecer de modo autónomo, quando a criança já tenha construído a noção de número (pela abstração reflexiva), sendo capaz de agir sobre os símbolos numéricos e de efetuar operações a nível simbólico.

Durante muito tempo, a criança apenas é capaz de aprender pequenos números, geralmente até 10. Só quando consegue certa autonomia da abstração reflexiva é que será capaz de passar a números mais elevados, pois que não se trata já de os aprender (seria impossível aprender números como por exemplo 1200304 a partir de conjuntos de objetos) mas de perceber as relações de conjuntos criados mentalmente para compreender tais quantidades (por exemplo a noção mental de que aquele número é constituído pelos seguintes agrupamentos 1000000 + 200000 + 300 + 4).

Ordenação e Seriação
A *ordenação* é a ordem (a norma, a regra, o critério) com que se organiza uma determinada *seriação*.

A *seriação* será uma sequência de objetos ou eventos que se sucedem com uma ordem que determina a sua sequência

Piaget chama a atenção para que esta *"ordem"* é de caráter mental, interno, e não de caráter físico e externo. Quando começa a contar objetos por um lado, seguindo uma sequência mentalmente pré-determinada, a criança está a fazer mentalmente uma ordenação, mesmo que depois também a faça fisicamente, dispondo ordenadamente os objetos pela ordem que mais lhe convém para a sua contagem.

O enfiamento de pérolas coloridas de plástico num arame é uma forma simples de avaliar a noção de ordem que a criança tem nas diferentes idades, podendo-se proceder do seguinte modo:

1 – Mostra-se à criança um arame direito com 9 pérolas de diferentes cores já enfiadas e dá-se-lhe outro arame e uma caixa com pérolas de diferentes cores, pedindo-lhe para fazer um enfiamento igual;
2 – Repete-se o mesmo procedimento, mas com um arame circular;
3 – Pede-se à criança para repetir os procedimentos anteriores. mas enfiando as pérolas pela sua ordem inversa.

Pelos 3 a 3 anos e meio, as crianças conseguem muitas vezes escolher as cores corretas, mas não possuem nenhuma noção de ordem.

Por volta dos 4 anos já começa a aparecer a associação de pares mas é só pelos 4 anos e meio a 5 anos que conseguem reproduzir a ordenação correta, sempre que tenham a possibilidade de comparar e colocar cada pérola debaixo da pérola correspondente do modelo. As ordenações circular e inversa falham por ainda não compreender ainda as suas relações.

Aos 5-6 anos já conseguem a reprodução sem o uso da estratégia da correspondência visual, conseguindo também a reprodução circular, mas não ainda as reproduções inversas.

ATIVIDADES PARA O DESENVOLVIMENTO DO RACIOCÍNIO LÓGICO-MATEMÁTICO

Só após uma fase de ensaio-e-erro e por volta dos 6-7 anos é que a criança consegue as reproduções inversas, mediante o pensamento reversível, sem necessidade de ensaios nem de tentativas.

A *ordem* implica operações de *classificação* (igual, diferente, maior, menor, etc.) e de *seriação*, em que se procede à ordenação segundo determinados aspectos classificativos (por ordem crescente, por ordem decrescente, etc.).

Geralmente, a criança procede por comparação 2 a 2 e em relação a elementos menores, atuando com a noção de *reciprocidade*:

Deduzindo então, comparando para os dois lados (maior que... e menor que...), ou seja, raciocinando *transitivamente*:

$$\text{Se } \underset{A}{\square} > \underset{B}{\square} \quad e \quad \underset{B}{\square} > \underset{C}{\square} \quad \text{logo } \underset{A}{\square} > \underset{C}{\square}$$

Procedendo então à seriação:

$$\underset{A}{\square} > \underset{B}{\square} > \underset{C}{\square} > \underset{D}{\square} > \underset{E}{\square}$$

Piaget (1967:92) inclui as *simetrias* e *assimetrias* na noção de ordem, referindo que:

"– *As relações simétricas físicas originam as substituições e as simetrias lógicas intelectuais as sucessões...*

A seriação das relações assimétricas contribui posteriormente para o desenvolvimento das operações intelectuais de localização (ordem espacial ou temporal) e de deslocamento qualitativo (simples manutenção da ordem, independentemente da medida".

Quando se trata de objetos que se movem, a noção da sua ordenação apresenta também uma evolução em conformidade com o desenvolvimento cognitivo.

O modo mais usado para avaliar o desenvolvimento das expectativas da criança sobre a movimentação de objetos consiste na utilização de três carrinhos de brinquedo (A, B e C) que se fazem passar, unidos, sob um túnel formado por uma folha de cartolina, perguntando-lhe:

1 – Por que ordem sairão no outro extremo;
2 – Voltando para trás, por que ordem sairiam;
3 – Repetição da primeira pergunta, depois de sentar a criança no outro extremo da mesa;
4 – Repetição da primeira pergunta, depois de girar o túnel 180°, com os carros dentro;
5 – O mesmo, depois de duas voltas de 180°;
6 – O mesmo, girando primeiro um número ímpar de vezes e depois um número par, repetindo sempre a mesma pergunta;

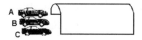

Por volta dos 4 a 5 anos e meio, a criança só responde corretamente à pergunta 1.

Entre os 5 anos e meio e os 7 anos e meio, a criança inicialmente apenas consegue compreender as situações 1 e 2, avançando posteriormente para a compreensão das situações 3 e 4, mas errando quando começam a suceder as sucessivas rotações do túnel.

Só depois dos 7 anos e meio é que a criança começa a dar respostas certas em todas as situações, dando corretamente as devidas justificações.

Inclusão Hierárquica
Se, a uma criança que acabe de contar um grupo de botões e disser que há oito botões, lhe pedirmos que mostre e ela apontar apenas o último botão, esta ação demonstra que não considerou a hierarquia sequencial (1º – 2º – 3º – 4º – ...) mas apenas unidades isoladas (1 – 2 – 3 – 4 – ...), como se fossem por exemplo nomes como *"João"*, *"Maria"*, *"Pedro"*,...

Se, numa sequência de nomes, de fotografias ou de pessoas, lhe fizéssemos a mesma pergunta, responderia *"– Pedro"*, por ser esse o último de uma consideração objeto-a-objeto, não considerando ainda o grupo inteiro como um todo.

A *"relação hierárquica"* significa que a criança inclui mentalmente *"um"* dentro do *"dois"*, este dentro do *"três"* e assim sucessivamente, considerando-os numa relação única sintetizando a ordem e a inclusão hierárquica.

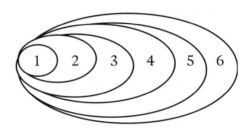

Se apresentarmos gravuras de 6 cães e 2 gatos a crianças de diferentes idades, perguntando-lhes se *"– Há mais cães ou mais animais?"*, verificamos que as respostas de crianças de 4 anos é de que *"– Há mais cães do que gatos"*, pois que ao dividirem mentalmente o todo (os animais) em duas categorias (cães e gatos), passam a pensar apenas nestas duas categorias, não considerando a categoria animais.

A comparação de uma parte com o todo requer que se efetuem ao mesmo tempo duas operações mentais opostas: dividir o todo em partes e reunir estas partes num todo (o que a criança só é capaz no estádio das operações concretas).

Para ajudar na aquisição desta estrutura hierárquica de classe, é importante que a criança estabeleça todo o tipo de relações entre todos os tipos de conteúdos (objetos, acontecimentos e ações), fazendo com que o seu pensamento se torne mais móvel.

Agrupamentos

Ao mesmo tempo que compara, classifica e faz seriações com objetos, a criança vai desenvolvendo *"–... estruturas de ordem e de associações, que constituem (no estádio sensório-motor) a sub-estrutura das futuras operações do pensamento"* (Piaget e Inhelder, 1974:87).

Surge também *"–... um princípio de reversibilidade, origem de futuras "operações" do pensamento, mas já em atividade no nível sensório-motor, desde a cons-*

tituição do grupo prático dos deslocamentos (cada deslocamento AB comporta um deslocamento BA). O produto mais imediato das estruturas reversíveis, é a constituição de noções de conservação ou de invariantes de "grupo" " (Piaget e Inhelder, 1974: 88),

A transição para as operações concretas é efetuada com a ajuda de *"–... operações nascentes que se coordenam já em estruturas de conjunto, porém mais pobres e que ainda se processam a pouco e pouco, à míngua de combinações generalizadas. Tais estruturas são, por exemplo, as classificações, as seriações, a correspondência termo a termo, etc. O peculiar a estas estruturas, que denominaremos "agrupamentos", é constituírem encadeamentos progressivos, que comportam composições de operações diretas (noções de conservação, de complementaridade, de reversibilidade, etc.)"* (Piaget e Inhelder, 1974:87).

Esta operacionalização de agrupamentos, de que a criança inicialmente só tem uma noção intuitiva e prática, desenvolve-se durante o período Pré-Operatório, sendo só no Operatório que se torna de facto completamente operacional e consciente, dando-lhe a possibilidade de compreender os encadeamentos progressivos de associações grupais comportando associações diretas.

Noções

A operacionalização mental de agrupamento, comporta as seguintes noções:

1ª. Noção de Conservação da quantidade, em agrupamentos simples:

$$\square_A + \square_B = \square_{(A+B)}$$

2ª. Noção de Complementaridade:

$$\square_A + \square_B = \square_C$$

3ª. Noção de Reversibilidade por inversão:

$$\square_C - \square_A = \square_B$$

ATIVIDADES PARA O DESENVOLVIMENTO DO RACIOCÍNIO LÓGICO-MATEMÁTICO

4ª. Noção de Associatividade:

$$\underset{(A+B)}{\Box} + \underset{C}{\Box} = \underset{A}{\Box} + \underset{(B+C)}{\Box}$$

5ª. Noção de Transitividade:

$$\text{Se } \underset{A}{\Box} = \underset{B}{\Box} \text{ e } \underset{B}{\Box} = \underset{C}{\Box} \text{ logo } \underset{B}{\Box} = \underset{C}{\Box}$$

6ª – Noção de Negativa:

$$\text{Se } \underset{A}{\Box} = \underset{B}{\Box} \text{ e } \underset{B}{\Box} \neq \underset{C}{\Box} \text{ log } \underset{A}{\Box} \neq \underset{C}{\Box}$$

7ª – Noção de Identidade:

$$\underset{A}{\Box} - \underset{A}{\Box} = 0$$

8ª – Noção de Tautologia:

$$\underset{A}{\Box} + \underset{A}{\Box} = \underset{A}{\Box}$$

A Conservação da Quantidade

O conceito de quantidade refere-se à *"substância"*, à *"quantidade da matéria"*, *"quantidade de elementos"* ou, para empregar o termo da Física, à *"massa"* (Lovell, 1988).

A noção de quantidade baseia-se na *noção de conservação*, que se inicia quando a criança, pelos dois anos, começa a perceber que um objeto escondido da sua vista não deixa de existir, que se conserva, mesmo não estando visível.

Esta noção de conservação vai desenvolvendo-se até atingir a sua plena maturação pelos 7-8 anos de idade, quando compreende que quando se transforma uma bola de plasticina num rolo ou em qualquer outra forma, a sua quantidade continua a ser a mesma.

Piaget (1953, 1955) demonstrou que, durante os primeiros dois anos de vida, a criança forma lentamente a ideia de *"objeto"*. Distingue gradualmente a diferença entre o seu próprio corpo e os objetos que a circundam e que continuam a existir mesmo quando estão ocultos. Verifica que mantém a sua forma e tamanho. Constata também que é uma pessoa entre as outras ao seu redor.

Com dois anos, a criança já considera que os objetos (boneca, bola, cubo, etc.) são entidades independentes, com a sua forma e cor próprios, continuando a existir mesmo quando deixa de os ver.

Inicialmente, quando um objeto sai do seu campo de visão, a criança considera que ele deixou de existir. Ao taparmos um brinquedo, ela diz *"– Não há!"*. Não salta ou corre para a retaguarda, porque não vendo para trás, pensa que existe um nada, um fosso no qual cairá. Chora quando a mãe sai do seu campo visual porque pensa que ela deixou de existir.

Só depois de um certo desenvolvimento intelectual é que a criança começa a aperceber-se que estes objetos, afinal, não deixaram de existir pois que regressam ao seu campo de visão, com a mesma forma e atributos. É o início da noção da *"permanência do objeto"*.

Adquirida esta noção de permanência, desenvolvem-se as operações intelectuais básicas, de *"igual"* ou *"diferente"*, de *"maior"* ou de *"menor"*, *"mais"* ou *"menos"* quantidade. Uma bola é igual a outra em tamanho; um saco de berlindes tem mais berlindes do que outro.

Entre os 4 e os 7 anos, a criança centra a sua atenção apenas sobre uma única característica dos objetos (dimensão, cor, substância), eliminando as outras. Diz, por exemplo, que dois quadrados são iguais, atendendo apenas à sua forma, quando na realidade um é maior do que o outro e são de cor diferente.

Pelos 7-8 anos já faz referência a todos estes fatores distintivos.

Entre estas idades, Piaget (1950, 1953) descobriu a existência de três estádios: *não-conservação, transição* e *conservação*.

Quando diz que um rolo de plasticina tem mais plasticina que na sua forma inicial de bola, a criança está no período da não-conservação, pensando que o comprimento significa maior quantidade, porque se centra apenas na característica *"tamanho"* e não no *"tamanho"* e *"quantidade"*.

No período de transição, a criança compreende a conservação da quantidade em algumas condições, mas não noutras. Por exemplo, quando se dá ao rolo de novo a forma de bola, ela reflete e diz que afinal a quantidade é a mesma. Quando a quantidade de água de um copo é dividida por outros dois, a criança de 6-7 anos diz que há menos água nos dois copos, só aceitando que a quantidade quando se deita a água destes para o primeiro e ela verifica que o seu nível corresponde ao inicial.

Só posteriormente é que a criança compreende que a quantidade se mantém, porque *"se tirou daqui e se colocou ali"*.

A experiência piagetiana clássica para observação do desenvolvimento da capacidade de conservação da quantidade consiste na apresentação à criança de um copo contendo um líquido colorido, que se verte sucessivamente para:

a) 2 copos semelhantes, mas mais pequenos;
b) vários copos iguais;
c) um copo alto e estreito;
d) um copo baixo e longo.

Pergunta-se à criança, em cada caso, se a quantidade do líquido era a mesma ou se haveria mais ou menos líquido.

Piaget (1974) descobriu que, numa primeira fase, por volta dos 4-5 anos, a criança refere que *"– Há mais líquido"* no copo alto e estreito e *"– Menos líquido"* no copo baixo e largo, porque verifica visualmente que os níveis se apresentam respetivamente mais alto e mais baixo. Não há ainda, portanto, nesta idade, uma ideia da constância da quantidade, independentemente das mudanças de forma. Mudando de aparência, considera haver também uma mudança de quantidade.

Só por volta dos 5 anos e meio a 6 anos é que a criança começa a considerar a ideia de constância em diferentes aparências visuais, considerando que a quantidade do líquido é a mesma quando se deita nos dois copos mais pequenos, mas que já é maior quando é distribuído pelos vários copos.

Apenas pelos 7-8 anos é que passa a responder corretamente a todas as situações, compreendendo que a quantidade de líquido continua a ser a mesma, independentemente do número de copos e do seu formato.

"– A conservação do número define-se como sendo a capacidade de deduzir (pelo raciocínio) que a quantidade de um conjunto de objetos continua o mesmo embora a sua aparência física seja transformada" (Kamii, 1990: 52).

☐ ☐ ☐ ☐ ☐ ☐

■ ■ ■ ■ ■ ■

Se, perante a configuração acima, perguntássemos crianças de diferentes idades se haveria mais quadrados brancos ou pretos, só a partir do estádio das operações concretas é que diriam existir o mesmo número.

A noção de conservação forma-se a partir das reações pré-operatórias de não-conservação. *"–... encontram-se sempre, nos níveis pré-operatórios, reações centradas ao mesmo tempo em configurações perceptivas ou acompanhadas de imagens, seguidas, nos níveis operatórios, de reações fundadas sobre a identidade e a reversibilidade por inversão ou reciprocidade."* (Piaget e Inhelder, 1974: 85).

A *quantidade* é uma noção complexa que se associa não só à *conservação* como ao pensamento pré-operatório da *não-conservação*, à *igualdade*, à *classificação*, à *seriação* e aos *agrupamentos*, de modo a conseguir-se a abstração de que a quantidade se mantém igual mesmo quando variam as situações (Kamii, 1990).

As noções de *"muitos"*, *"poucos"*, *"nada"*, *"mesmo"*, *"igual"*, etc., organizam-se muito antes da criança possuir a noção do número, a noção de que a mesma quantidade se mantém, mesmo quando a forma ou disposição é alterada.

A noção de *quantidade* estrutura-se definitivamente quando se associa às noções de *reciprocidade* e de *reversibilidade*.

É só com o estabelecimento das noções de conservação e de constância, no estádio das operações concretas, que a criança compreenderá que a quantidade se poderá manter constante, independentemente da forma, o que lhe permitirá compreender que o número permanece idêntico a si próprio, independentemente dos objetos a que se refere (cinco, tanto poderão ser cinco laranjas como cinco berlindes).

É normalmente a partir dos 6-7 anos que a criança começa a organizar certas noções que lhe permitirão depois uma operacionalização numérica correta.

São elas:

A – A noção de Reciprocidade:
Em que compreende que uma dada quantidade não se altera, apesar das diferentes formas que possa tomar (no exemplo da bola de plasticina já responde que conserva a mesma quantidade, embora só pelos 8-11 anos refira que conserva o mesmo peso):

$$\underset{A}{\bigcirc} = \underset{B}{\rule{2cm}{0.5cm}}$$

B – A noção de Reversibilidade por Inversão:
Compreendendo que, alterando-se de novo as circunstâncias causais, ou seja, invertendo-se o processo, a forma volta a ser igual, o que significa que a quantidade não se alterou:

$$\underset{A}{\bigcirc} = \underset{B}{\rule{2cm}{0.5cm}} = \underset{A}{\bigcirc}$$

C – A noção de Reversibilidade por Compensação:
Em que compreende que afinal a quantidade se mantém sempre a mesma, apesar das diferentes formas que possa tomar:

$$\underset{A}{\bigcirc} = \underset{A}{\rule{2cm}{0.5cm}} = \underset{A}{\square}$$

Gelman e Gallistel (1978) referem que as crianças aprendem naturalmente a contar e a fazer simples operações de somar e de subtrair, antes da idade do conceito do número definida por Piaget, sendo a contagem a desencadeadora e a encaminhadora dos conceitos de número e de conservação da quantidade.

Kingma e Koops (1989) verificaram que as capacidades de seriação e de conservação apresentam correlação com tarefas matemáticas, não se verificando o mesmo com a classificação.

Van Kuik (1991) refere que as ordenações estimulam a noção de número, que classificar e seriar focam o pensamento lógico, que seriar e comparar se ligam muito diretamente às noções de número e de quantidade e que a classificação se apresenta mais importante na capacidade de abstração do que nas operações.

Número, Simbolização e Cálculo

A noção de número, considerando-o como uma quantidade, é uma organização cognitiva tão complexa que as crianças com problemas de linguagem têm dificuldade em a compreender.

A noção da quantidade numérica e a sua correspondente designação estão intimamente ligadas à formação das noções de *"conservação da quantidade"*, de *"agrupamento"*, de *"classificação"* e de *"seriação"*.

"– A construção dos números inteiros efetua-se, na criança, em estreita conexão com o das seriações e inclusão de classes" (Piaget e Inhelder, 1974:89).

Não se deve acreditar que uma criança pequena possua a noção de número apenas pelo simples facto de haver aprendido a contar verbalmente: a avaliação numérica permanece, durante muito tempo, ligada à *disposição espacial dos elementos*, nas suas *"coleções figurais"*. Basta espaçar os elementos a serem contados para que a criança deixe de atribuir-lhes sequência numérica.

A experiência piagetiana executada com a intenção de verificar se a criança consegue fazer coincidir dois conjuntos de objetos e apoiar-se nesta igualdade como algo que se conserva e é constante é a das garrafas e copos.

Colocam-se 6 garrafas numa mesa e dá-se à criança uma bandeja com 10 copos, pedindo-lhe para colocar à frente das garrafas o mesmo número de copos.

A criança de 4 anos, coloca um número arbitrário de copos, ou os copos todos, distribuindo-os mais próximos entre si do que a proximidade das garrafas, concluindo que há mais garrafas que copos.

Por volta dos 5 anos, se o experimentador unir mais as garrafas, ficando um comprimento de garrafas inferior ao dos copos, a criança afirma que há mais copos.

Só por volta dos 6 anos é que as respostas começam a ser dadas corretamente, independentemente das disposições e comprimentos das disposições, considerando já a comparação quantitativa.

Só se poderá falar em noção de número quando a criança tiver adquirido a noção de conservação de conjuntos numéricos, independentemente dos seus arranjos espaciais, ou seja, compreender que 5 objetos, são sempre cinco, estejam alinhados, separados ou dispostos em diferentes configurações:

$$ooooo = o\ \ \ \ oooo = oo\ \ \ ooo$$
$$5\ \ \ \ \ \ \ \ \ \ \ \ \ \ \ \ 5\ \ \ \ \ \ \ \ \ \ \ \ \ \ \ \ \ 5$$

$$\begin{matrix}o\\ooo\\o\end{matrix} = \begin{matrix}o\\ooo\\o\end{matrix} = \begin{matrix}oo\\o\\oo\end{matrix} = \begin{matrix}o\\o\\ooo\end{matrix}$$
$$5\ \ \ \ \ \ 5\ \ \ \ \ \ 5\ \ \ \ \ \ 5$$

A noção de número passa também pela compreensão da *invariabilidade da quantidade*, o que inclui a noção de que uma dada quantidade, como por exemplo 3, é sempre a mesma, sejam quais forem os seus elementos constituintes: 3 cubos, 3 botões, 3 lápis, etc.

$$\square\square\square = \text{o o o} = \begin{matrix}\rule{1em}{0.5pt}\\\rule{1em}{0.5pt}\\\rule{1em}{0.5pt}\end{matrix}$$

A enumeração de objetos idênticos é, porém, quase artificial: contar 3 borrachas, 3 lápis ou 3 canetas é uma ação intelectual que geralmente só aparece como exercício escolar.

Desde muito pequena que a criança se vê colocada perante situações de contagem de quantidades, em condições que a obrigam à distinção dos caracteres essenciais comuns a vários objetos. Ela sabe que 3 irmãos não são iguais, que 3 rebuçados não têm a mesma cor e que uma família de 3 pessoas podem ser o pai, a mãe e o filho.

A noção de invariabilidade da quantidade estende-se por isso à compreensão de que um conjunto de 3 elementos continua a ter a quantidade 3, independente dos seus elementos constituintes, que poderão ser diferentes entre si:

$$\square \bullet \triangle = \blacksquare \circ \blacksquare = \bigcirc \bullet \boxtimes$$
$$\quad 3 \qquad\quad 3 \qquad\quad 3$$

Na linguagem corrente aparecem ainda termos designando conjuntos de noções que não se apresentam como objetos: 3 horas (havendo a noção de *duração* e uma ideia de representação do tempo), 3 de maio (que não é compreensível senão através da ideia de *quantidade* e do conhecimento *classificativo* dos dias e meses), 3 metros (que implica uma *medida* linear de *espaço*), 3 km por hora (necessitando da combinação das noções de espaço, tempo, movimento, etc.).

A criança deverá, pois, aprender as combinações dos números *"em si"* e chegar à *"ideia"* do número separadamente da forma, do tamanho, da cor, do espaço, do tempo, etc. Perceber a relação de número-quantidade, abstraída das características dos seus objetos constituintes.

A noção de número inclui ainda a conexão entre as noções de *seriação* e de *quantidade*. *"A noção de número deriva do estabelecimento de uma correspondência termo a termo entre duas classes ou dois conjuntos"* (Piaget e Inhelder, 1974: 89).

Na realidade, a criança procede mentalmente a uma *seriação* de *conjuntos*, cada um destes com a sua *quantidade* numérica, estabelecendo uma *ordenação* pela sua grandeza:

Só quando bem adquirida a função semiótica e aprendidas as designações linguísticas com que se convencionou, numa dada língua, designar verbalmente e por escrito as quantidades numéricas, é que a criança associa a noção de número-quantidade à sua designação convencional:

Quantidade	-	□	□□	□□□
Representação Verbal	-	"um"	"dois"	"três"
Representação Escrita	-	1	2	3

Desenvolvimentalmente, pelos 3-6 anos de idade, a avaliação numérica da criança será, pois, apenas uma *Avaliação Numérica Figural*, em que liga a figura, a disposição espacial e geométrica dos elementos, ao seu número (coleções figurais), bastando que haja um espaçamento entre os elementos de uma fila para que deixe de conseguir admitir-lhes equivalência numérica.

Neste tipo de avaliação a sua forma de operacionalização mental é a de correspondência um-a-um:

Objetos que colocou em fila	□	□	□	□	□
	↑	↑	↑	↑	↑
Numeração que sabe de cor	1	2	3	4	5

(Exemplo de contar pelos dedos para saber quem foi o 5º rei de Portugal)

Dos 6 anos em diante, geralmente, a atuação intelectual da criança sofre uma transformação, passando a atuar de modo diferente. A noção de conservação permite-lhe aperceber-se que *os números simbolizam quantidades fixas* de elementos que poderão ser os mais diversos e dispostos das mais variadas maneiras. A sua avaliação passa então a ser uma *Avaliação Numérica Abstrata*.

As noções de classificação e de seriação permitem-lhe compreender os agrupamentos dos objetos e estabelecer a sua seriação e a correspondente numeração.

Há uma abstração das qualidades diferenciais, passando a tomar a noção de número como universal e aplicável a qualquer conjunto de quaisquer objetos, tomando cada elemento individual equivalência a cada um dos outros:

1º Individualização e abstração:

$$\square = \triangle = \bigcirc$$
$$1 \quad\; 1 \quad\; 1$$

2º Classificação e agrupamento:

$$\triangle < \circ\,\square \qquad \square < \square\,\circ\,\square$$
$$1 < (1+1) \qquad 1 < (1+1+1)$$

3º Seriação (para os distinguir e não contar o mesmo duas vezes):

$$\square \;\; \square \;\; \square \;\; \square \qquad \square \quad \square \quad \square$$
$$1 - 2 - 3 - 4 \qquad 1º - (2º) - (3º)$$

4º Numeração:

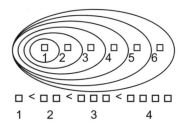

$$\square < \square\,\square < \square\,\square\,\square < \square\,\square\,\square\,\square$$
$$1 \qquad 2 \qquad\quad 3 \qquad\qquad 4$$

Greco e Mort (1962), referem que as crianças pequenas, na forma como quantificam objetos, passam por quatro níveis:

Nível 0 – Não compreende o que o adulto lhe pede;

Nível 1 – (4 anos) Estimação visual ou cópia da configuração visual:

$$\text{A}\bigcirc\bigcirc\bigcirc\bigcirc\bigcirc$$
$$\text{B}\bigcirc\;\;\bigcirc\;\;\bigcirc\;\;\bigcirc\;\;\bigcirc$$

("– B tem mais bolas que A")

Nível 2 – (5 a 7 anos) Correspondência metódica elemento-a-elemento, olhando alternadamente para cada elemento de um conjunto e para o seu correspondente no outro:

("– São iguais")

Nível 3 – (a partir dos 7 anos) Conta o número de elementos de um grupo, depois do outro e verifica a igualdade:

A ○ ○ ○ ○ ○
   1 2 3 4 5

B ○   ○   ○   ○   ○
  1   2   3   4   5

("– São iguais")

É fácil verificar que as crianças da pré-escolaridade, encontrando-se nos níveis 1 e 2, ainda não terão capacidades para proceder a contagens, mas que as adquirirão se lhes forem proporcionadas atividades que ajudem na maturação das capacidades que possuem.

"A aprendizagem sistemática de lidar com quantidades deve estar sempre ligada a tarefas de contagem e de comparação entre o mais e o menos e o igual a, e o que chega ou não chega para... (englobando finalidades práticas, como seja o haver cadeiras a mais, ou cartas a menos para um jogo, e pratos suficientes para todos à mesa). De tudo isto tem de haver a cuidadosa tradução em fala, discorrendo sobre as ditas qualidades e quantidades" (Leal, 1999:67).

A Memorização
Todo o processo de raciocínio lógico-matemático assenta sobre as capacidades para memorizar quantidades, que depois se vão comparar associar ou subtrair a outras quantidades.

Embora o cérebro humano possua grandes capacidades de raciocínio, a sua memória, em comparação, é bastante reduzida, pelo que quando as quantidades com que se efetuam os cálculos se tornam demasiado grandes para permanecerem na memória, recorre-se ao uso do papel-e-lápis – *"o papel tem melhor memória"*.

A memória constituirá, portanto, um objetivo educacional, procurando--se o seu máximo desenvolvimento antes de se recorrer ao uso do papel.

O uso precoce deste recurso e a sua utilização em operações que poderão perfeitamente ser efetuadas mentalmente, inibirá o desenvolvimento mnésico, pois que abrem um caminho de facilitação, que não exige um esforço de concentração tão intenso.

É por este motivo que defendemos uma evolução do cálculo mental até finais do estádio pré-operatório (7-8 anos), iniciando a criança ao uso dos números no papel só depois de organizada a função semiótica e de se ter procurado desenvolver ao máximo as suas capacidades de operacionalização mental.

Mesmo quando se opera com números tão elevados que necessitam efetivamente do recurso ao papel, o professor deverá apresentar antes o mesmo problema à criança, com dados de quantidade menor, para que o possa resolver primeiro mentalmente.

As pessoas não são, porém, capazes de recordar todos os factos que assimilaram. Diferentes crianças e sobretudo de diferentes níveis de desenvolvimento cognitivo têm, do mesmo facto, recordações diferentes (Piaget e Inhelder, 1968).

"– Os professores de Matemática confundem, muitas vezes, compreensão e aquisição, esquecendo que o tempo apaga, degrada e transforma a memória" (Mialaret, 1967: 18).

Alguns autores têm definido o processamento mnésico *em memória icónica, memória a curto prazo* e *memória a longo prazo*.

A primeira parece tratar-se de uma memória sensorial, que se manterá apenas a nível de impregnação neurológica durante breves segundos, podendo-se referir como exemplo a imagem luminosa que fica na visão quando depois de se olhar para uma janela iluminada pelo Sol se fecham os olhos.

A memória a curto prazo incluir-se-á já numa dimensão cognitiva ou próxima, mas com uma reduzida durabilidade de retenção. Um número de telefone que de viu na lista telefónica, que se reteve na mente enquanto era marcado, tendo sido totalmente esquecido após a conversa telefónica.

A memória a longo prazo parece ser aquela onde a informação memorizada se manterá durante mais tempo, recordando acontecimentos do passado e correspondendo mais ou menos ao que geralmente de considera como aprendizagem.

Ainda não foi possível determinar se estes três tipos de memória serão processos diferentes ou diferentes aspetos de um só processo mnésico (Thompson, 1984).

Também não se sabe muito bem como é que há conteúdos memorizados que se esquecem mais facilmente do que outros e uns que levam menos tempo a memorizar. Sobretudo quando o conteúdo possui envolvimento emocional-sentimental, parece ser quase instantânea a sua fixação a longo prazo.

A memória a curto prazo é importante para o cálculo mental, pois que nela se guardam temporariamente as quantidades com que se vai operar (os dados dos problemas, as parcelas de uma adição, etc.).

Na memória a longo prazo estarão guardadas as estratégias de procedimento intelectual de operacionalizações lógico-matemáticas (partição e associação de conjuntos, classificações, formas de contagem, etc.).

Das diferentes teorias de processamento da memória, há quatro que parece terem conseguido resistir aos diferentes processos de investigação da sua validade.

A teoria da consolidação, baseada nas conhecidas experiências de Ebbinghaus mostraram que algo memorizado a curto prazo se esquece facilmente, a não ser que se efetue uma *"revisão"* sempre que comece a ser esquecido, verificando-se que os períodos de esquecimento se vão reduzindo até que o conteúdo memorizado se estabelece como memória a longo prazo, parecendo confirmar-se a posição aristotélica de que *"o saber é o que fica depois de se ter esquecido sete vezes".*

A teoria do ARN (McConnel e col., 1962; Babich e col., 1965), ao referir que as memórias se organizam em estruturas ribossómicas (memória a curto prazo), que se afastam quando começa o esquecimento e se juntam quando há re-evocações, até que ficam associadas de modo quase permanente (memória a longo prazo), não só confirma a teoria da consolidação como concorda que determinadas situações emocionais parecem conseguir que os ribossomas se liguem logo de modo quase permanente, sem passar pela fase das re-evocações.

As teorias das sinapses e dos facilitadores sinápticos, que referem que a repetição dos impulsos nervosos em determinadas vias produz novas sinapses e a produção de mais acetilcolina nesses circuitos, concordam em que é a movimentação que produz a maioria desses impulsos (Rosenzweig, 1970; Deutsh, 1978).

Estas teorias levam, assim, a que a educação tenha uma particular atenção para que as organizações programáticas se efetuem de modo helicoidal, com sucessivas revisões, com atividades em que haja um envolvimento emocional dos alunos (e não o tradicional *"– não gosto da matemática"*) e em que a técnica educacional por excelência seja o movimento.

"– Através de numerosas repetições e revisões, o educador conduz a um conhecimento indelével. Em alguns casos, a demonstração ou a propriedade terão pro-

duzido tal efeito que a memória da criança os terá registado para sempre; em numerosos casos, porém, o esquecimento intervém e é necessário provocar-lhe rapidamente um reforço de memória" (Mialaret, 1967:32).

Também não está ainda bem claro se existe apenas uma memória ou, como alguns autores defendem, uma memória por cada modo sensorial.

Juntando todas estas informações e estes conceitos sobre a memória, poder-se-á organizar o seguinte quadro-síntese de propósitos pedagógicos objetivados para o desenvolvimento da memória:

	MEMÓRIA VISUAL	MEMÓRIA AUDITIVA	MEMÓRIA SOMESTÉSICA	MEMÓRIA TÁTIL	MEMÓRIA OLFATIVA	MEMÓRIA PALATIVA
Conteúdos	Forma, Cor, Objeto, Distância, Localização, etc.	Intensidade, Altura, Timbre, Tempo, Semântica, etc.	Corpo, Movimento, Equilíbrio, Gnosias, Praxias, etc.	Forma, Textura, Peso, Material, objeto, etc.	Odor, Associação, etc.	Amargo, Doce, etc.
Mem. Curto Prazo	– Jogos de Kim – Memorização de desenhos – etc.	– Jogos de Kim auditivo – Aprendizagem de poesias, canções, etc.	– Jogos de imitação	– Reconhecimento de objetos, com os olhos vendados – etc.	– Reconhecimento de odores acabados de cheirar (perfume, sabonete, etc.) – etc.	Reconhecimento de paladares acabados de provar (sumo de ananás, de cenoura, etc.)
Mem. Longo Prazo	– Acontecimentos do passado – etc.	– Recitações decoradas – Memorização de dígitos – etc.	– Repetição de exercícios e de coreografias aprendidas há algum tempo.	– Lembrar as características de objetos vistos há vários dias – etc.	– Reconhecimento de odores que cheirou há muito tempo (eucalipto, morango, etc.)	– Reconhecimento de paladares que provou há muito tempo (sumo de laranja, de uvas, etc.)

III
As Estruturas Básicas do Raciocínio Lógico

Os estudos científicos efetuados sobre a atividade cognitiva proporcionaram-nos conhecimentos fundamentais sobre o seu funcionamento, sendo necessário estudar-se o modo de os utilizarmos em educação no sentido de colocarmos estes conhecimentos ao serviço de um melhor desenvolvimento da criança

Os psicólogos e neurologistas utilizaram os seus métodos e estratégias de investigação na pesquisa daquele conhecimento, competindo à pedagogia extrair deles os elementos que lhe permitirão estabelecer as programáticas educacionais que ajudem a criança no desenvolvimento das suas capacidades cognitivas.

Dos estudos de Wallon, Piaget, Luria, Kamii, Damásio e outros, deveremos inferir as etapas do raciocínio lógico que constituirão os graus de evolução programática e as formas metodológicas que permitirão essa evolução.

O objetivo será sempre, não o de ensinar matemática ou ensinar a pensar, mas o de ajudar a criança a desenvolver as suas capacidades de raciocínio.

Neste capítulo abordaremos o estudo das etapas programáticas e no seguinte a metodologia a empregar em cada um dos escalões etários para se desenvolver os conteúdos daquelas.

A Abstração Empírica e Reflexiva

Piaget (referido por Kamii, 1995) considerava três tipos de conhecimento como fontes básicas do modo de estruturação intelectual da criança: o conhecimento físico, o conhecimento lógico-matemático e o conhecimento social-convencional.

O conhecimento físico refere-se à realidade externa dos objetos, percebidos pelos sentidos e mecanismos percetivos, como por exemplo a sua forma, cor, peso, etc. Quando, porém, se analisa as igualdades e diferenças entre dois objetos (um cubo branco e uma esfera vermelha, por exemplo), já está a suceder um procedimento intelectual que é um pensamento lógico-matemático.

O conhecimento lógico-matemático consiste na coordenação de relações. Por exemplo, ao coordenar as relações de *"igual"*, *"diferente"* e *"mais"*, a criança torna-se apta a deduzir que há mais berlindes no mundo que berlindes vermelhos e que há mais animais do que vacas.

Ao utilizar as palavras *"igual"*, *"diferente"*, *"mais"*, *"menos"*, *"muitos"* ou *"poucos"*, a criança está a utilizar o conhecimento social, usando as palavras que na sua língua se convencionou designarem aquelas constatações intelectuais.

Nos livros de matemática moderna verificamos, porém, que a perspetiva dos professores se opõe quase diametralmente a esta conceção de Piaget, quando referem, por exemplo, que o número é uma propriedade dos conjuntos, do mesmo modo que a forma, o tamanho e a cor são propriedades dos objetos.

Apresentam então à criança conjuntos de quatro lápis, de quatro botões e de cinco lápis, pedindo-lhe para indicar os conjuntos que tenham a mesma *"propriedade numérica"*.

Há, portanto, uma suposição de que a criança aprende o conceito de número ao abstrair a *"propriedade do número"* a partir de vários conjuntos, do mesmo modo que abstraem a forma, a cor e outras propriedades físicas dos objetos. Abstração cognitiva e abstração física são consideradas o mesmo.

Para Piaget a abstração física é muito diferente da abstração do número, tendo utilizado o termo *"abstração empírica"* (ou simples) para a primeira e o termo *"abstração reflexiva"* para a segunda.

Piaget teve o cuidado de chamar a atenção para que, embora distintas, a constatação real e o pensamento interno, no âmbito da realidade psicológica da criança, não é possível que exista uma sem a outra.

Quando, perante uma série de objetos de forma, tamanho e cores diferentes, se pede à criança para retirar um de uma dada cor (situação frequente com os *"blocos lógicos"*), ela incide a sua atenção sobre a propriedade física cor – faz a abstração da cor -, ignorando as outras propriedades tais como a forma, o tamanho, a espessura, o peso, o material de que é feito, etc.

Esta abstração física, que Piaget denominou por *"empírica"* é de natureza perceptiva, existindo outra, elaborada intelectualmente, a que chamou *"abstração reflexiva"*, envolvendo a comparação de relações entre os objetos.

A existência desta abstração reflexiva é puramente mental, não existindo na realidade externa. As relações entre os objetos existem somente na mente de quem pode criá-los.

Kamii (1995) prefere designá-la por *"abstração construtiva"* para melhor dar a entender que esta abstração é uma construção feita pela mente e não sobre algo existente na realidade física dos objetos.

A abstração empírica antecede a formação da abstração reflexiva, suporta o desenvolvimento desta e coexistem durante muito tempo. Para perceber que um certo peixe é vermelho, por exemplo, a criança necessita de possuir um esquema classificatório que lhe permita distinguir o vermelho de todas as outras cores, bem como para distinguir o peixe de outros animais ou objetos.

"Durante os estádios sensório-motor e pré-operatório, a abstração reflexiva não pode acontecer independentemente da empírica, podendo mais tarde, entretanto, ocorrer sem depender desta última" (Kamii, 1995: 18).

Será, portanto, nestes dois estádios que se torna importante o desenvolvimento das capacidades de abstração, que têm importância fundamental na altura da construção do número. A abstração de que *"quatro"* é um conjunto que tanto poderá ser de alfinetes como de comboios, de botões brancos ou vermelhos, é uma capacidade de compreensão que assenta nas capacidades de abstração reflexiva e empírica.

A Evolução do Raciocínio Lógico

É muito provável que há milhares de anos o homem pré-histórico tivesse conseguido desenvolver uma noção de quantidade através da sua necessidade de verificar, por exemplo, se o número de ovelhas do seu rebanho se mantinha igual ou não, o que significaria ter-se perdido alguma.

Aquela quantidade de ovelhas continuava igual à que tinha em memória?

O raciocínio básico teria sido, portanto, uma análise de *"igual"* ou *"diferente"* e, perante esta segunda situação, uma segunda análise, se seria *"muito"* ou *"pouco"* diferente. O rebanho está *"pouco"* diferente (falta apenas uma ovelha) ou está *"muito"* diferente (faltam várias ovelhas). O grupo de ovelhas ficou *"menor"*.

Tal como na criança pequena, o raciocínio lógico-matemático ter-se-á começado a desenvolver através da análise intelectual de *igual* ou *diferente*, seguida de *maior* ou *menor* e dos conceitos de *quantidade* e de *grupo* (conjunto).

A noção de quantidade de grupos pequenos (família de quatro ou cinco pessoas, rebanho de cinco ou seis ovelhas, três ou quatro machados de pedra) é uma perceção intuitiva. Não é necessário contar os seus elementos para saber se estão todos ou falta algum. Quando, porém, a quantidade é maior, só é possível entender se são *muitos*, *poucos* ou *nenhuns*. No caso, por exemplo, de uma manada de búfalos, de apenas duas famílias de búfalos ou de não ter encontrado nenhum no seu habitual local de pasto.

Como *"a necessidade faz o órgão"*, ao chegar à altura de ter que contar para se aperceber se a quantidade de um rebanho de duas ou três dezenas de ovelhas se mantinha ou não constante, o homem pré-histórico (antes da escrita e, portanto, antes do algarismo escrito), muito provavelmente, terá recorrido à técnica de entalhes num pau, ainda hoje empregue em tribos primitivas: fazer um entalhe sempre que nasce ou adquiriu uma nova ovelha e, para verificar se o rebanho está completo, fazer a correspondência de cada entalhe com cada ovelha.

Também aqui se terão colocado as questões da conservação da quantidade e da ordenação sequencial da contagem. Assim como a criança verifica que um bocado de plasticina se mantém com a mesma quantidade, independentemente da forma (bola ou rolo) que se lhe dá, também o homem pré-histórico terá desenvolvido esta compreensão, mas a disposição não linear das ovelhas e a sua mobilidade ter-lhe-ão dificultado a contagem, contando algumas ovelhas duas vezes, o que daria mais ovelhas do que entalhes.

Algumas ruínas de currais de épocas remotas apresentam uma configuração em funil para a entrada das ovelhas, o que pressupõe ter por finalidade que elas se dispusessem em fila, passando uma a uma e facilitando deste modo a comparação com os entalhes no pau. Temos, portanto, uma situação de *ordenação* e *seriação*, que também encontramos nos colares, pulseiras e outros adornos desses tempos.

AS ESTRUTURAS BÁSICAS DO RACIOCÍNIO LÓGICO

Com o desenvolvimento da linguagem, o homem terá então começado a dar nome aos membros da sua família, a cada um dos seus animais, aos seus artefactos e a todos os elementos do seu contexto imediato. Terá também começado por dar nome às quantidades dos conjuntos com que trabalhava no seu quotidiano, desenvolvendo a *numeração*, ou seja, *os nomes dados a cada quantidade*.

Provavelmente os dedos das suas mãos terão sido o elemento mais usual de contagem, substituindo os entalhes no pau em relação a quantidades pequenas e sendo muito mais rápida e prática a sua utilização. *"Contar pelos dedos"* seria uma forma muito corrente de comparar quantidades uma a uma, estando por isso esta contagem na origem do *nome das quantidades estar seriado numa ordem de base dez*.

Há ainda no interior de África línguas pré-históricas em que se atribui às quantidades o nome dos dedos: 1 é *"mínimo"*, 2 é *"anelar"*, 3 é *"médio"*, 5 é *"mão toda"*, 6 é *"mão toda e mínimo"*, 10 é *"duas mãos"*. Ao mesmo tempo que mencionam verbalmente a quantidade, fazem o gesto de mostrar os dedos respetivos.

A memorização da sequência dos nomes (um, dois, três,...) substitui os entalhes e o uso dos dedos, sendo a sua verbalização o ponto de referência na correspondência da contagem uma a um.

Ter-se-á certamente desenvolvido deste modo o raciocínio lógico-matemático do homem, constituindo todas estas etapas uma evolução intelectual que lhe permite o grande processo cognitivo que é a *contagem*.

As operações de adição, subtração, multiplicação e divisão só existem na representação escrita, tendo demorado muitos séculos a ser desenvolvida pelo homem e estando ainda muito longe de satisfazer as suas necessidades intelectuais, sendo apenas a contagem a única operação que sucede a nível do pensamento.

As operações do raciocínio lógico são operações que se realizam intelectualmente, efetuando-se contagens mentalmente.
As operações matemáticas são apenas representações escritas desses raciocínios, utilizando-se símbolos (algarismos) desenhados no papel.

Depois dos estudos de Piaget é fácil constatar que a ontogénese recapitula a filogénese, também no campo do raciocínio lógico-matemático. A criança começa pelas noções de igual e diferente, muito ou pouco, maior ou menor, agrupamentos e conjuntos, ordenações e seriações, quantidade e número, chegando à contagem em pensamento, que constitui o cálculo mental.

Em relação a estas capacidades nos animais, poucos estudos há, parecendo que apenas a espécie humana é capaz de tal habilidade.

Lovell (1988) refere que algumas aves parecem ser capazes de reconhecer até quatro objetos ou seres humanos. Este mesmo autor conta que uma gata com três gatinhos, ao receber uma quantidade de pedaços de carne os comia todos deixando apenas um pedaço para cada filhote. Quando um dos gatinhos morreu, passou a deixar apenas dois pedaços.

Não se poderá no entanto daqui inferir senão que a gata possuiria uma apreensão intuitiva e fragmentária da quantidade. Experiências com outros animais falharam a partir da quantidade de seis. Também nada se sabe se teriam apercebido de diferenças em objetos (duas garrafas, três bolas, etc.).

Igual, Diferente, Semelhante, Maior e Menor
Se, na sequência das provas de conservação da quantidade (Piaget, 1974) mostrarmos a diferentes crianças dois rolos de plasticina, um maior do que o outro, e dois copos iguais, um com mais água do que o outro, pedindo-lhes primeiro para nos dizerem qual é o maior e o que tem mais água, e pedindo-lhes em seguida para nos explicarem como é que chegaram a essa conclusão, as respostas mostram a existência de uma elaboração intelectual *comparativa*:

"– *Aquele é mais comprido, porque é maior que este*"; "– *Este é maior, porque aquele é mais pequeno*".

"– *Este tem mais água, porque a água está mais alta que naquele*"; "– *Este tem mais água porque aquele tem menos*".

A criança utiliza um raciocínio de *comparação* para analisar as diferenças e igualdades que lhe permitem verificar se as dimensões são *iguais* ou *diferentes*.

Para melhor observarmos este tipo de raciocínio da criança, apresentamos a diferentes crianças um conjunto de três lápis, sendo dois iguais e um mais pequeno, pedindo-lhes para nos indicarem o maior, o mais pequeno e nos explicarem como chegaram a essas conclusões. De novo as respostas indicaram uma relação comparativa:

AS ESTRUTURAS BÁSICAS DO RACIOCÍNIO LÓGICO

"– Estes dois são os maiores, porque são iguais e aquele é mais pequeno"; "– Há dois maiores, que são iguais e um mais pequeno, que não é igual".

Kamii (1990), descrevendo o raciocínio da criança na sua apreciação da quantidade numérica de conjuntos, encontrou também raciocínios comparativos de maior ou menor, quando a criança diz que há mais botões encarnados do que azuis.

Nas seriações, referidas por Piaget e Inhelder, em 1974, a criança efetua também análises sucessivas para comparar diferenças de maior e menor, estabelecendo a seriação em conformidade com o que vai constatando.

Na seriação de lápis de diferentes tamanhos, por exemplo, a criança efetua uma *série de raciocínios comparativos*:

1º – *Compara* dois lápis para verificar se são *iguais* ou *diferentes*;
2º – Se são diferentes, *compara-os* para verificar qual é o *menor* e o *maior*;
3º – Pegando num terceiro lápis, *compara-o* com os outros, para verificar se é *igual* a qualquer um, colocando-o junto daquele a que é igual;
4º – Sendo diferente, *compara* se é *maior* que o primeiro e *menor* que o segundo, colocando-o entre os dois; se for maior que os dois, coloca--o a seguir ao segundo.

Continua com esta rotina de *procedimentos comparativos*, analisando primeiro se há *igualdade ou diferença* e depois, verificando-se a diferença, se esta é numa relação de *maio*r ou *menor*.

Encontramos, portanto, como procedimento fundamental do raciocínio lógico, a *comparação* e como unidade básica a comparação entre *igual* ou *diferente*.

Seja com os rolos de plasticina, com a água dos copos, com os conjuntos, com as seriações ou com qualquer outra instância do raciocínio lógico, encontramos sempre como procedimento inicial uma *comparação*. Comparar se é igual ou diferente, se é maior ou menor, se tem mais ou menos, etc.

Poderemos mesmo considerar que *o raciocínio lógico é comparação*, uma vez que os diferentes modos de raciocínio não são mais que sucessivas utilizações de comparação sobre diferentes relações.

Perante qualquer problema requerendo o raciocínio lógico, a primeira ação intelectual é a *comparação* das relações entre os diferentes dados, procurando saber o que é igual e o que é diferente.

Se esta primeira análise verifica a existência de igualdade, o raciocínio segue um caminho. Se, porém, se verificarem diferenças, o caminho é outro, levantando-se algumas questões sobre as características da desigualdade, continuando a linha de raciocínio, geralmente, para as relações espaciais (maior, menor), quantitativas (mais, menos), discriminativas (vermelho, verde), etc.

A organização de conjuntos e subconjuntos é um outro bom exemplo desta sequência de raciocínios comparativos: berlindes e botões (dois conjuntos distintos: berlindes iguais entre si; botões iguais entre si; berlindes diferentes de botões); botões grandes e botões pequenos (grandes iguais entre si; pequenos iguais entre si; grandes diferentes e maiores que os pequenos); botões grandes brancos e botões grandes pretos (brancos iguais entre si; pretos iguais entre si; brancos e pretos diferentes na cor); etc.

Há uma constante análise comparativa, procurando-se as igualdades e as desigualdades em todas as sucessivas fases do discernimento cognitivo.

A importância desta análise comparativa é tão relevante na organização intelectual que existe nas baterias W.I.S.C. e W.A.I.S. (que medem o QI de crianças e adultos, respetivamente) um Teste de Semelhanças especificamente destinado a avaliar esta dimensão cognitiva.

A perceção e o estabelecimento de relações qualitativas e espaciais dos objetos são a base das estruturas mais elementares do pensamento reflexivo.

Desde muito pequena que a criança se dedica a fazer comparações e estabelecer relações entre tudo o que a rodeia, de forma lúdica, adquirindo deste modo elementos extremamente importantes para o desenvolvimento da noção da sua abstração reflexiva.

"Os sapatos são iguais", *"tenho uma camisola igual à tua"*, *"és do meu tamanho"*, *"vou imitar o que tu fazes"*, *"sou um leão"* e muitas outras ações deste tipo, iniciadas espontaneamente pela criança, permitem-lhe jogar com o conceito de *igual* e *desigual*.

Esta perceção de relações assenta basicamente nas suas capacidades de perceção das igualdades e na discriminação das diferenças, passando por associações mnésicas, para ser cogniscida através da designação verbal das relações espaciais.

A discriminação do que é *diferente* refere-se ao *que não é igual*, ao *desigual, contrário, oposto*.

Um copo, uma garrafa, um frasco e uma jarra, por exemplo, são iguais quando se atende ao material com que são feitos, o vidro, mas serão diferentes quanto à forma, à cor e ao tamanho.

"– A noção de relação é uma noção absolutamente geral. O conhecimento baseia-se bastante na capacidade de estabelecer relações e de as organizar em sistemas" (Piaget, 1957).

Interessa mais a compreensão das relações do que propriamente a sua extensão.

Poderemos considerar as seguintes formas de relação:

1 – Relação de Igualdade:
Igual ou diferente (= ou ≠): dois botões de cor igual; dois botões de cor diferente;

2 – Relação de Tamanho:
Maior ou menor (< ou >): O botão verde é maior que o botão vermelho;

3 – Relação de Seriação:
Maior e menor (< e >): O botão verde é maior que o azul e menor que o vermelho;

4 – Relação de Relação:
(< = >): O botão branco é tão menor que o preto, como o vermelho é maior que o verde.

As relações são por vezes tão simples que se podem facilmente constatar na realidade imediata. Outras vezes não são tão facilmente percebidas, apenas podendo ser inferidas.

Mesmo no caso das relações constatáveis a criança nem sempre é capaz de efetuar estas constatações quando elas supõem uma atividade intelectual que pode estar abaixo das suas capacidades. A igualdade ou desigualdade de dois lápis em que a diferença de comprimento não é evidente, pode não ser constatável pelas crianças mais pequenas, sobretudo quando a base dos dois objetos não está ao mesmo nível.

As relações espaciais de *simetria, contrário* e *invertido,* estão também de certa forma associadas à noção de igual-diferente, na medida em que há igualdade mas ao mesmo tempo diferença.

Uma relação é simétrica se os dois elementos forem semelhantes. Sendo diferentes, não se pode verificar simetria.

A *simetria* (que a criança entende como *"espelho"*) é uma situação em que um objeto é igual a outro mas que está em relação a ele frente-a-frente, como se fosse a imagem de um espelho.

É uma relação que por vezes, na altura da aprendizagem da leitura, poderá levantar algumas confusões percetivo-visuais se não estiver devidamente amadurecida, sobretudo no que se refere às letras.

b|d p|q

O *contrário* ou *oposto* (*"de costas"* ou *"atrás"*, segundo a terminologia das crianças) refere-se de facto a uma relação espacial em que há igualdade, mas um está de costas para o outro ou um atrás do outro.

O *inverso, invertido* (ou *"de pernas para o ar"*) refere-se a uma relação simétrica entre os dois objetos, mas em que um deles sofreu uma inversão de 180º.

Na comparação entre igual e diferente situa-se por vezes ainda uma outra constatação, que é o *semelhante* (parecido, quase igual), situação esta que é muito importante no estabelecimento de famílias de conjuntos e subconjuntos.

O desenvolvimento do raciocínio de análise comparativa sobre semelhanças pode ser facilmente observado se pedirmos a crianças de diferentes idades para nos dizerem, por exemplo, quais as semelhanças entre uma maçã e um pêssego.

As mais pequenas, não possuindo ainda uma capacidade para efetuar uma análise comparativa de reciprocidade, dão respostas referindo as características específicas de um dos frutos (mas não dos dois), fazendo generalizações inexatas, muito vagas ou pueris:

"– São boas"; "– O pêssego é maior"; "– Gosto mais do pêssego"; "– O pêssego é macio"; "– Vende-se no supermercado"; etc.

Por volta dos 5-6 anos, apontam geralmente uma semelhança relevante ou uma característica comum:

"– Comem-se"; "– São para comer"; "– São redondos"; "– Têm casca"; "– Têm caroço"; etc.

Só posteriormente as respostas indicam generalizações relativas a elementos fundamentais comuns:

"– *São frutos*"; "– *São importantes para a nossa alimentação*"; etc.

O tamanho é uma dimensão cognitiva que está também muito associada ao conceito de igual-diferente, tratando-se de uma comparação espacial relativa entre dois ou mais objetos. O *maior*, *"mais grande"*, mais alto, mais comprido, é comparado com o *menor*, que perante o outro será mais pequeno, menos alto, menos comprido.

Depois de se ter verificado a existência de uma diferença, a comparação que a seguir geralmente é efetuada refere-se à natureza das relações espaciais: *maior* ou *menor*.

Na comparação de dois lápis de comprimento diferente, perguntando à criança porque motivo diz que são diferentes, ela dá respostas como:

"– *Este é mais grande porque é mais comprido do que o outro*"; "– *Este tem mais um bocado para cima*"; "– *Tem mais lápis do que o outro*"; etc. Sucedendo o mesmo noutras comparações: "– *O meu pai é mais alto do que a minha irmã porque tem uma cabeça mais para cima*"; "– *A cabeça está mais alta*".

A noção de quantidade também se inicia com um raciocínio comparativo de maior ou menor, mas em relação ao número de elementos que são considerados.

Colocando-se perante uma criança de 3-4 anos dois feijões juntos, ao lado uma caixa com feijões, ela diz que a caixa são *muitos* e os feijões ao lado são *poucos*, por analogia com maior quantidade e menor quantidade. Se tirarmos tudo de cima da mesa e lhe perguntarmos quantos feijões ficaram, ela responde: "– *Nada*".

O raciocínio de maior ou menor, quando se relaciona com quantidades desdobra-se em *muitos* ou *poucos*, incluindo a noção de *nada*, quando sucedem situações em que a criança não pode estabelecer qualquer relação.

Coleções, Conjuntos e Classificações
Os conceitos permitem que as palavras representem classes inteiras de objetos, qualidades ou acontecimentos. Diferentes crianças chegam ao mesmo conceito de maneiras diferentes (Lovell, 1988).

AS ESTRUTURAS BÁSICAS DO RACIOCÍNIO LÓGICO

O conceito baseia-se na perceção, ou seja, na interpretação dada pelo cérebro aos sinais recebidos do mundo exterior (associação dos estímulos sensoriais com os conteúdos mnésicos, atitudes, expectativas e imagens).

Ao observar um objeto, a criança começa por o perceber e por o comparar com todas as suas imagens mnésicas que se lhe podem associar, estabelecendo inicialmente se ele é igual ou diferente de qualquer uma daquelas imagens. Se é igual, parecido ou possui atributos semelhantes, junta-o a esse conjunto de imagens semelhantes, formando um *conceito*.

Por exemplo, vendo um cão, logo o associa a um conjunto de imagens mnésicas de outros cães, com as mesmas características: mamífero, espécie canina, raça, etc. O conceito de *"cão"* inclui todos os animais que possuem aquelas características. Implica uma *comparação*, determinadas *igualdades* e uma *generalização*.

Ao mesmo tempo processa-se também uma análise das desigualdades: mamífero porque mama, mas diferente de vaca, de leão, de gato (que também são mamíferos).

Há uma sequência: Perceção (cão) -> Comparação (outros animais) -> Igual (cães) / Diferente (vaca) ->Generalização (Todos os cães são mamíferos, ladram, roem ossos, etc.) -> Conceito (grupo dos cães).

Há toda uma ação intelectual de seleção do relevante e de rejeição do irrelevante.

Por volta dos dois anos e meio a criança começa a formar o que Piaget denominou por *pré-conceito* (anterior ao conceito), dissociando os objetos das suas propriedades em função dos seus usos. Por exemplo, *"faca de pão"* (faca grande), *"faca de comer"* (faca de mesa) e *"faca de bolso"* (canivete).

Nas crianças mais pequenas (3 anos) os conceitos são fragmentários e limitados, sendo raro que conceba um objeto como uma instância de classe ou categoria, definindo-a descritivamente.

Quando perguntamos a uma criança desta idade, por exemplo, *"– O que é um gato?"*, não nos diz o que ele é, mas para que serve (*"para fazer festas"*) ou o que faz (*"mia"*). Só posteriormente nos diz que é um *"animal"*.

Dos 3 para os 5-6 anos a capacidade de efetuar generalizações vai evoluindo e aperfeiçoando-se de modo significativo. *"Mãe"* são todas as mulheres, mas alguns meses depois, *"mãe"* é só a sua. *"Mulheres"* usam saias, cabelos compridos, têm maminhas e são diferentes dos homens. A mãe também é mulher, mas outras mulheres *"não são mãe"* (Brown, 1985).

Desenvolvendo-se estruturas cada vez mais complexas, por volta dos 7-8 anos, a criança pode "desenhar" ou "girar em torno" dos seus esquemas. Torna-se consciente das sequências do raciocínio na sua mente, na ordenação da ação, sendo possível formar conceitos de classe, de relação, de número, de peso, de tempo, etc.

Só depois dos 12 anos de idade é que é possível a formação de conceitos mais avançados, dada a qualidade e complexidade dos esquemas já disponíveis, como por exemplo raciocínios envolvendo proporções ou hipóteses.

Os *conceitos matemáticos* são uma classe de conceitos: generalizações sobre as relações entre certas espécies de dados (Lovell, 1998).

Há sistemas inteiros de conceitos envolvidos no raciocínio lógico-matemático: numéricos, espaciais, temporais, etc. A apreensão de conceitos lógico-matemáticos não são o começo nem o fim das capacidades de raciocínio lógico. Esta capacidade estende-se para além do entendimento do conceito, do conhecimento da linguagem da matemática, dos símbolos envolvidos e das operações matemáticas.

Classificar é ordenar por famílias, *agrupar* por afinidades. *Conjuntos* são essas famílias, esses *agrupamentos*.

Juntar objetos em pequenos grupos é uma atividade precoce na criança. Apoia-se na comparação dos objetos entre eles e na análise das suas semelhanças, das suas diferenças, da sua equivalência e da sua complementaridade. Juntar menino com meninos e meninas com meninas, botões vermelhos num grupo e botões pretos noutro, são ações derivadas da ação cognitiva de comparação e do estabelecimento de conceitos.

Os raciocínios de comparação igual ou diferente e de maior ou menor evoluem para uma nova instância, que se refere à análise do *todo* e das *partes*, que vai permitir à criança a compreensão de *conjuntos* e da sua ordenação por *classes*.

"– *Um conjunto ou uma coleção não são, porém, concebíveis a não ser que o seu valor total permaneça inalterado, sejam quais forem as mudanças introduzidas nas relações dos elementos*" (Piaget e Szeminska, 1964: 23).

Piaget e Inhelder (1959) estudaram o desenvolvimento da capacidade de classificação de objetos, com crianças de idades entre os 4 e os 10 anos.

A classificação parece depender da capacidade para comparar simultaneamente dois julgamentos, coordenando retroações e processos antecipatórios.

Lovell e col. (1962) referem que podem ser efetuadas formas simples de classificação mas, para classificações mais elaboradas é necessária uma boa aquisição da linguagem, já que esta esclarece a categoria e foca a atenção sobre ela.

Porém, Price-Williams (1962), comparando crianças iletradas do interior da floresta africana com crianças frequentando a escolaridade básica numa escola da capital do mesmo país, não encontrou diferenças significativas.

A capacidade de discriminar e classificar parece ser algo cognitivo independente da linguagem, mas que a ela vai recorrendo com tanto maior frequência quanto mais esta se vai desenvolvendo.

Pelos 3-4 anos, a criança ainda tem muitas dificuldades no agrupamento de objetos em termos de atributo.

Uma criança que, estando em Lisboa, diga que *"– gostava de ir a Portugal"*, está a manifestar que ainda não é capaz de organizar por si própria as classificações dos agrupamentos urbanos. Diferenças entre bairros, cidades e país, não são ainda compreendidas.

Mesmo que o adulto lhe explique, ela poderá ouvir, reter algum conteúdo para ulteriores respostas automatizadas, mas ainda não tem capacidade cognitiva para compreender a natureza dos conteúdos e contentores.

Estando ainda a construir a *noção de classificação*, não sabe ainda formar subgrupos (*classificar hierarquicamente*). Será através da formação e comparação de *conjuntos* que a criança chega à *noção de classificação*.

A criança de tudo se serve para brincar fazendo coleções (cromos, berlindes, tampas de garrafa de refrigerante, etc.), notando-se o seu grande empenho nessas atividades.

Note-se que, diferentemente do adulto, a criança não guarda apenas as suas coleções, mas brinca muito com elas, dispondo, organizando e fazendo diversas formações com os elementos das suas coleções. São colunas de berlindes, fileiras de botões, agrupamentos de estampas, que organiza com grande prazer.

Estas ordenações constituem ações fundamentais de agrupamentos, cujas noções existem já pelos 2-3 anos e que vão evoluir no sentido da verdadeira noção de agrupamento classificativo.

Segundo Piaget e Inhelder (1959), quando se dão às crianças de 3 a 12 anos objetos para classificar *("juntar o que é parecido")*, observam-se três grandes etapas:

1ª – *Coleções Figurais*:

"– *Os sujeitos mais novos principiam dispondo os objetos não apenas segundo as suas semelhanças e diferenças individuais, mas justapondo-os espacialmente em fileiras, quadrados, círculos, etc., de modo a que a sua coleção comporte, por si mesma, uma figura no espaço, servindo esta de expressão perceptiva*" (Piaget e Inhelder, 1974 a).

De facto, pelos 3-6 anos, as crianças começam a dispor os objetos segundo *"formações especiais"* (fileiras, quadrados, círculos), compondo a coleção por associação a uma figura espacial, sendo a coleção um agrupamento real e concreto, com forma geométrica definida.

2ª – *Coleções Não-Figurais*:

"– *Pequenos conjuntos sem forma espacial que, por sua vez, podem diferenciar-se em sub-conjuntos*" (Piaget e Inhelder, 1974 a).

Por volta dos 6-8 anos a criança passa naturalmente às coleções não--figurais, organizando *pequenos conjuntos*, sem forma espacial geométrica, mas já reunidos *segundo as suas semelhanças e diferenças individuais*. Ás vezes ainda dispõe os objetos em formações geométricas, mas diferencia-as em sub-conjuntos:

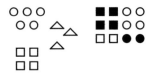

3ª – *Coleções de Dupla-Matriz:*
Pelos 8-11 anos, a criança atinge, por fim, as coleções de *dupla-matriz* (Piaget) ou *dupla classificação* (C. Kamii). Classifica, por exemplo, quadrados e círculos pretos ou brancos em quatro categorias, agrupados pelas suas formas e cores (é a noção que a *"Matemática Moderna"* refere como conjuntos e sub-conjuntos):

Seriação e Ordem
Uma *seriação* é uma sucessão, uma sequência de objetos ou de acontecimentos, que sucedem por uma dada *ordem* (primeiro este, depois aquele, a seguir aquele, etc.).

A *ordem* é a regra, a lei, a constante que ordena a sequência dos objetos na seriação. Por exemplo, na seguinte seriação:

|||| |||| |||| |||| |||| |||| |||| |||| ||||

a ordem é: ||||, ou seja, aqueles elementos estão seriados numa seriação cuja constante é ||||.

Outro exemplo: nesta seriação: – | -- || ---|||, quais são os elementos que se deverão seguir?

Verificando que a ordem é mais um elemento horizontal e mais um elemento vertical, os elementos a seguir, serão ----||||.

A organização de sequências e a inferência da ordem de seriações são elaborações cognitivas que possuem estreita correlação com as capacidades intelectuais, existindo testes de inteligência que consistem na reorganização de histórias aos quadradinhos (Disposição de Gravuras, da W.I.S.C. ou da W.A.I.S.) ou na continuação de séries (Dominós, de Ashley).

Poderemos considerar o próprio raciocínio lógico como uma seriação intelectual de premissas: Se temos A, depois B e depois C, a ordem parece ser a do alfabeto e, portanto, sucederá D, E, F, etc.

"– *A experiência dos bastões ensina-nos a distinguir três espécies de seriação, correspondentes a três níveis sucessivos de evolução: uma seriação global, sem sucessão regular de pormenores; uma seriação intuitiva, com o tatear na cons-*

trução e dificuldades em intercalar, sem mais nada, elementos novos na série construída, formando assim um bloco rígido; e uma seriação operatória devida a uma coordenação sistemática das relações em jogo" (Piaget e Szeminska, 1964: 206).

De um modo geral poderemos considerar, em educação, três tipos fundamentais de seriações:

1 – Seriação Física: em que a ordem de sucessão se baseia nos atributos físicos dos objetos. Por exemplo:

Em que são a cor, o tamanho e a forma os critérios que definem estas sucessões;

2 – Seriação Temporal (chamada por vezes seriação ordinal): em que a ordem é de natureza temporal, indicando que cada elemento demora mais ou menos tempo que o anterior. A manhã, a tarde, a noite; quem entrou primeiro numa sala, quem entrou a seguir, quem veio depois, etc.;

3 – Seriação de Quantidades (erradamente por vezes chamada seriação cardinal): em que a ordem atende às quantidades dos grupos de objetos:

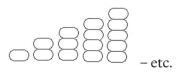 – etc.

Se repararmos na atividade lúdica espontânea da criança, não deixaremos de notar que a necessidade de *"ordem"* aparece muito cedo e é uma constante em quase todas as suas brincadeiras. Ela quer todas as suas coisas nos seus respetivos lugares, ordena as suas ações não fazendo uma antes de outra que está habituada a fazer primeiro, alinha os seus carrinhos numa dada *sequência*, inventa regras para ordenar os seus jogos, faz contagens seguindo determinada ordem.

Toda a criança tem tendência a contar objetos mas as mais pequenas, ao fazê-lo, cometem por vezes erros, contando duas vezes o mesmo objeto ou saltando alguns.

Quando, para evitar erros deste tipo nas suas contagens, a criança determina mentalmente o objeto pelo qual vai começar, o caminho que seguirá e onde terminará, está a fazer uma *"ordenação"*. (Kamii, 1990).

Esta *"ordenação"* é uma organização mental, processada internamente, embora por vezes algumas crianças procedam a alinhamentos físicos dos objetos para melhor os poderem contar.

Arrumar os carrinhos por cores, os lápis por comprimentos ou botões por tamanho, são seriações físicas efetuadas quotidianamente pela criança quando brinca com estes objetos.

Uma história é uma sucessão temporal de acontecimentos. Uma história em quadradinhos é uma sucessão de quadradinhos que se sucedem com uma ordem que lhe confere a consistência que permite a sua compreensão.

Enfiar pérolas segundo uma determinada ordem ou jogos de pergunta-resposta batendo palmas, são atividades de seriação muito comuns no jardim-de-infância.

As sequências baseadas em critérios de relação física em termos de *igual* ou *diferente*, parecem ser as mais fáceis de efetuar pela criança, como por exemplo a disposição alternada de botões de duas cores ou a sequência de peças dos *"Blocos Lógicos"* por forma, por tamanho, por cor ou por espessura:

Os critérios baseados nas *relações espaciais*, como por exemplo a ordenação de objetos pelos seus diferentes tamanhos, são suportados por uma primeira análise comparativa de *igual* ou *diferente*, logo seguida pela verificação de menor ou maior, ordenando-os nesta conformidade:

Segundo Piaget e Inhelder (1974: 87), a seriação "-... *consiste na ordenação dos elementos segundo as suas grandezas crescentes ou decrescentes*", referindo que "...*existem esboços de seriação já no estádio sensório-motor, quando a criança de 1,5 a 2 anos constrói, por exemplo, uma torre com cubos cujas diferenças dimensionais são imediatamente percetíveis*".

Quando, por exemplo, brincando na casinha das bonecas, uma criança arruma os pratos, empilhando-os colocando os maiores por baixo e os menores por cima, está a organizar uma seriação cuja ordenação é: "*maiores em baixo e menores em cima*".

As seriações baseadas na ordenação de *quantidades*, são eminentemente seriações de natureza espacial em que a noção de maior e menor se relaciona com a quantidade de unidades que cada grupo possui. Fazendo uma escada com cubos ou torres com caricas, a criança está a efetuar uma seriação em que cada conjunto é maior que o anterior porque possui mais elementos:

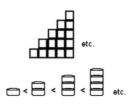

A noção de hierarquização (Piaget, 1967) refere-se a este tipo de elaboração intelectual, compreendendo que para que uma quantidade seja imediatamente maior que a anterior basta que possua apenas mais uma unidade.

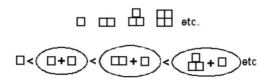

As seriações que envolvem a noção do *tempo* são mais difíceis para a criança porque se trata de algo abstrato que a criança não pode manusear, observar e comparar a fim de estabelecer relações de igual-diferente ou de maior-menor. Perceber que ontem sucedeu antes de hoje e que amanhã é depois de hoje, leva algum tempo a compreender.

Quando, numa corrida, um menino chegou "em primeiro", outro *"em segundo"*, outro *"em terceiro"* e assim sucessivamente, a criança pequena está a efetuar uma seriação pela ordem de chegada e não por uma ordem temporal (o primeiro demorou menos tempo, o segundo mais tempo, etc.).

$$1º - 2º - 3º - 4º - \text{etc.}$$

$$10 \text{ seg.} - 20 \text{ seg.} - 52 \text{ seg.} - 1 \text{ min.} - \text{etc.}$$

A seriação temporal é difícil de ser cognitivamente apreendida pela criança, sobretudo quando os intervalos não têm duração igual. Em termos rítmico-musicais, porém, os intervalos temporais são bem apreendidos, em batimentos de palmas, se sucedem automatismos mais ou menos inconscientes. Efetua bem as diferenciações temporais rítmicas, sem as elaborar intelectualmente.

É perfeitamente capaz de repetir automaticamente uma sequência rítmica de palmas, como, por exemplo:

Sem ter necessidade de qualquer elaboração cognitiva voluntária como contar mentalmente *"quatro palmas, pausa, uma palma, pausa, duas palmas"*.

"– Para Piaget o conceito de número não se baseia em imagens ou na mera capacidade de usar símbolos verbalmente, mas na formação e sistematização na mente, das suas operações de classificação e seriação. Para que o conceito se forme na mente, estas duas operações precisam de ser mescladas, e para que os objetos possam ser equivalentes e ainda assim diferentes, as qualidades que são

específicas para cada número do grupo precisam de ser eliminadas, de modo que possa ser formada a unidade homogénea. Por exemplo, as características físicas que distinguem cadeiras, jarras e conchas são eliminadas para que cada uma seja considerada como um elemento de uma quantidade de objetos" (Lovell, 1988).

Quantidade, Numeração e Contagem

Numa mesa, à frente de uma criança, colocamos lado a lado quatro pires iguais, um sem nada dentro, outro com apenas um grão de arroz, outro com meia dúzia de grãos e outro quase cheio com arroz. Pede-se em seguida à criança para nos dizer quanto arroz há em cada pires.

A primeira resposta, indicando o pires vazio é: *"– Nenhum"*; a segunda resposta é a de que há *"– Um"*; Perante o terceiro pires há uma hesitação, mas acabo por dizer *"– Poucos"* ou *"– Alguns"*, efetuando uma comparação com o pires anterior e o seguinte; em relação ao último pires, diz que *"– Há muitos"*.

Parece haver, portanto, uma perceção imediata e intuitiva da quantidade em termos de *nenhum, um* ou *muitos,* sucedendo um trabalho reflexivo quando se trata de estimar quantidades intermédias, efetuando-se comparações com outras quantidades para verificar se a quantidade é maior, menor ou semelhante.

Quando a criança já conhece a seriação dos nomes designativos das quantidades (numeração) é que substitui esta estimativa comparativa pela ação de fazer corresponder a cada elemento um nome (número) dessa seriação verbal. Tira então do pires e coloca a meia dúzia de bagos de arroz sobre a mesa, alinhando-os horizontalmente, lado a lado, começando a atribuir a cada um o nome que lhe corresponde na numeração: *"um", "dois", "três",* etc.

Temos, portanto, a *quantidade* (volume, conjunto de elementos) e a perceção dessa quantidade; o conhecimento da *numeração* (nomes verbalmente atribuídos às quantidades); e a *contagem,* a atribuição dos nomes às respetivas quantidades.

A perceção da quantidade é uma operação intelectual que se baseia nos dados recebidos sensorio-percetivamente, mas que logo são analisados em termos de estimação comparativa de igual, diferente, maior (muitos) e menor (poucos, nenhum).

A aquisição da numeração é uma aprendizagem de cor dos nomes designativos das quantidades. Como, porém, é impossível memorizar designações numéricas até ao infinito, apenas há a necessidade de memorizaras denominações até vinte e de compreender a *ordem* sobre a qual se baseia a *sequência* lógica da numeração.

A noção de agrupamentos e de conjuntos liga-se aqui à designação verbal da sua quantidade: o sufixo *"enta"* representa conjuntos de dez elementos (quar*enta*, oit*enta*, etc.), o sufixo *"centos"* representa grupos de cem elementos (quatro*centos*, oito*centos*, etc.), a palavra *"mil"* representa conjuntos de *mil* elementos (quatro mil, oito mil, etc.), e assim sucessivamente.

Na contagem, quando se vai fazer corresponder a cada quantidade a sua respetiva designação verbal, há que se ter em atenção a *conservação* (a quantidade permanece a mesma, independentemente da forma que se lhe der) e a compreensão da *seriação*, que é de quantidades.

Por exemplo, no caso dos pires com arroz, quando a criança coloca lado a lado horizontalmente os bagos de arroz para os contar, está aceitar que são a mesma quantidade que estava no pires, embora agora, em fileira, pareçam ser mais por a sua organização espacial ser mais comprida. Coloca-os em fileira como estratégia para não se enganar na contagem, que é um processo de ordenação de "mais um": *"um"* é a quantidade formada pelo primeiro bago de arroz; *"dois"* não é o bago de arroz seguinte, mas a quantidade anterior *"mais um"*; *"três"* é a quantidade anterior *"mais um"*; etc.

A Quantidade

A noção de quantidade baseia-se na *noção de conservação*, que permite à criança compreender que um determinado conjunto de objetos mantém a mesma quantidade quer estejam dispostos em linha, em círculo, juntos ou afastados.

Liga-se também à *abstração do número*, permitindo à criança conceber que, por exemplo a palavra *"quatro"* tanto pode significar quatro laranjas como quatro cadeiras ou como um conjunto formado por duas mesas um jarro, um lápis e um cão.

Piaget e Szeminska (1941), a partir dos estudos efetuados com os copos de água e com a bola de plasticina, chegaram a uma evolução da noção de conservação, em três estádios:

1º – A criança pensa que a mudança de forma corresponde a uma mudança de quantidade (*"porque é mais alto", "porque é mais comprido"*);
2º – A criança defronta-se com o conflito entre a conservação controlada pelo alinhamento, a correspondência termo-a-termo (sobretudo na experimentação com as pérolas) e a aparência em altura e largura que parece contradizer a igualdade. A diferença entre o que deduz e o que observa;
3º – A criança confia mais na sua dedução, no seu raciocínio, do que nas relações sensoriais aparentes. *"Parece ter mais, mas na realidade é a mesma quantidade".*

"– Em cada situação intervém um conjunto de fatores heterogéneos tais como as palavras empregues, o comprimento considerado, o seu caráter mais ou menos concreto, as suas relações com a experiência individual do sujeito, o número dos objetos considerados, a intervenção da numeração adquirida, etc." (Piaget e Szeminska, 1941: 145).

Greco (1962) efetuou um estudo em que pedia a crianças de 4 a 8 anos de idade para copiar configurações geométricas espaciais como as que se seguem:

Os resultados obtidos permitiram-lhe inferir quatro níveis de conduta:

Nivel 0: – Falha completa: a criança não compreende a proposta e desinteressa-se do problema;
Nível 1: – Estimativa visual global e cópia qualitativa. A igualdade da cópia com o original é estimada por avaliação percetiva visual. Desenha as disposições espaciais gerais;
Nível 2: – Correspondência metódica termo a termo. A criança vai apontando com um dedo cada ponto, ao mesmo tempo que o desenha com a outra mão;

Nível 3: – Numeração prévia. A criança compreende imediatamente que se trata de desenhar um número igual de pontos. Conta então a quantidade de cada conjunto e desenha um conjunto com a mesma quantidade de pontos, sem se preocupar com a disposição espacial.

A contagem aparece como uma ação útil para o estabelecimento da relação um-a-um, na noção de conservação.

Esta experiência leva-nos a poder definir três formas de apreensão da quantidade: a *apreensão intuitiva*, a *estimação visual global* e a *contagem*.

1 – A apreensão intuitiva (subitizing) da quantidade:
Trata-se de uma apreensão da quantidade, efetuada de modo grosseiro, sem elaboração mental e sem contar.

Kaufman, Lord, Roese e Volkmam (1949) e Jensen, Reese e Reese (1950) mostraram que de um modo geral as pessoas se apercebem de quantidades, dizendo com rapidez e exatidão o seu número de unidades, sem necessidade de as contar, quando essa quantidade é igual ou menor que seis.

Fisher (1984) e Fisher e Meljac (1987), verificaram que a criança recém-nascida apresenta já uma capacidade precoce para extrair a *"numerosidade"* das configurações visuais que lhe são apresentadas, inferindo-se, portanto, que esta capacidade de apreensão intuitiva da quantidade é inata e independente da quantidade. A criança de 2-3 anos, por exemplo, sabe que há *"muitos"*, *"poucos"*, *"nada"* ou *"um"*, usando o seu raciocínio lógico de *igual* ou *diferente, maior* ou *menor*.

A interrogação de *"quantos?"* é que já necessita de se ter aprendido a numeração e a relação número-quantidade.

Nos adolescentes e adultos, é a experiência de atividades de estimativa que lhes permite avaliações intuitivas de maior ou menor precisão.

A disposição figurativa dos elementos é um fator preponderante na apreensão intuitiva. Quando há um padrão que se repete a apreensão é melhor do que quando não existe qualquer padrão. Por exemplo :: e ::: são melhor apreendidos do que se estiverem dispostos como .:. ou :..:.

Oeffelen e Vos (1984), estudando os movimentos oculares de crianças de 5-6 anos colocadas perante tarefas de denominação de quantidades de conjuntos de disposição variada, verificaram que as durações de fixação se mantinham sensivelmente equivalentes para os grupos de 1 e 4 elementos. A partir dos 5 elementos, a duração e a variância cresciam significativamente, havendo grandes diferenciações de sujeito para sujeito. Por esta experiência pode-se inferir que a apreensão intuitiva da quantidade se efetua de modo instantâneo (num *"coup d'oeil"*).

A *apreensão intuitiva da quantidade* é, pois, uma apreciação mais ou menos intuitiva, rápida e precisa, que permite uma boa estimativa mas apenas quando a quantidade é pequena ou quando os elementos estão espacialmente dispostos de modo regular.

Trata-se da perceção global de uma quantidade sem ser necessário recorrer à sua contagem.

Strauss e Curtis (1981) referem que esta capacidade existe já no recém-nascido, numa dimensão relacionada com o ambiente, referindo-se essencialmente a aspetos da cor, da forma, da luminosidade, etc.

Bebés de 6 a 8 meses fixam durante mais tempo grupos de objetos que apresentam disposição de forma regular do que dispostos aleatoriamente (Strauss e Curtis, 1981), fixando também mais longamente diapositivos que apresentam um número de objetos equivalente ao número de batimentos num tambor (Gelman, 1983; Moore e col., 1987).

Esta *apreensão intuitiva da quantidade* é facilmente entendida por educadores e professores que, quando têm turmas de 7 a 15 alunos, *"sabem intuitivamente"* se falta algum, sendo necessário contá-los quando o seu número é maior.

Newman, Friedman e Gockley (1987), estudando agrupamentos com crianças da pré-escolaridade e primeiro ano de escolarização, verificaram que mesmo as crianças que já sabiam contar e fazer contas, recorreram à apreensão intuitiva, sem contar elemento por elemento, quando se tratavam de quantidades inferiores a 6, com os elementos dispostos de modo a que nenhum fique oculto por outro.

> *"– A perceção intuitiva pode-se, portanto, considerar como um mecanismo muito provavelmente inato, com características eminentemente sensório-percetivas, que é suscetível de ser desenvolvido"* (Newman e col., 1987).

2 – A estimativa visual global:

A estimativa visual de uma quantidade deixa já de ser intuitiva para se basear em operacionalização intelectual, comparando se essa quantidade é igual ou diferente de outra que esteja próxima ou que já se tenha observado.

Quando um conjunto de objetos apresenta sensorio-visualmente uma quantidade diferente de outra, pode-se deduzir se essa diferença é de *mais* ou de *menos*, através do raciocínio comparativo de *maior* ou *menor* quantidade.

Só quando se coloca a questão de *"quantos"* são exatamente esses elementos do conjunto *"muitos"* ou *"poucos"*, é que se levantam dificuldades, pois que é necessário recorrer-se a estratégias de contagem.

3 – A contagem:
Contar é efetuar uma correspondência de cada elemento de uma série (a numeração verbal) a uma seriação de elementos. Como cada nome (número) da numeração denomina uma quantidade com ordem *"mais um"*, basta ir agrupando os elementos juntando-lhe sucessivamente *"mais um"*, para que se esteja a efetuar uma contagem.

A Numeração
A *numeração* é uma *série* (já atrás nos referimos à *seriação*) em que se sucedem os *nomes verbais de quantidades* ([um], [dois], [três], etc.). Esta série é diferente de outra, que é a numeração escrita (um, dois, três, etc.) e de outra ainda, com algarismos (1,2,3,etc.).

Uma mesma quantidade pode ter representações diferentes. Por exemplo, para nos referirmos a uma quantidade de cadeiras que estão ao redor de uma mesa, poderemos dizer que são [kuatru], escrever *"quatro"* ou "4".

Um pensamento é representado através da fala. A escrita ocidental é a representação da fala e não do pensamento.

A base principal da numeração é, pois, a sua forma verbal. Uma quantidade é diretamente nomeada pelo nome que lhe corresponde na seriação numérica verbal. As formas escritas são palavras ou números que representam a designação verbal e não diretamente a quantidade. Tal como uma pessoa que tem, por exemplo, o nome (verbal, sonoro) de *"João"* [Juɑu] sendo a representação gráfica deste nome a palavra escrita "João" e a representação gráfica da pessoa, a sua fotografia.

A própria seriação numérica varia de língua para língua. *"Noventa e um"* botões, em Português diz-se em Inglês *"Ninety and one"* e *"Quatre-vingt-dix et un"* em Francês.

A palavra *número* também leva a algumas confusões, dado que tanto pode significar uma quantidade como uma mera designação (nome, indicação). *"Quatro"* cadeiras e a porta número *"quatro"* designam coisas completamente diferentes, a primeira uma quantidade e a segunda uma posição numa série: a seguir ao *"três"* e antes do *"cinco"*.

Saxe e Posner (1893) e Fayol (1985) chamaram a atenção para o aspeto duplo das atividades do raciocínio lógico-matemático, no que respeita à quantidade e à numeração:

1 – Baseiam-se na numeração como sistema organizado, elaborado e efetuado no seio de uma dada cultura. Trata-se de um produto sócio-histórico exterior à criança, que ela deve aprender, compreender e interiorizar, para poder resolver os problemas com os quais se confronta.

2 – Por um lado, faz-se apelo a um certo tipo de raciocínios lógico-matemáticos – seriação, equivalência, interação, adição, etc. – que estruturam o sistema de modo subjacente e que condiciona a sua organização interna.

As operações são relativas aos fundamentos lógicos do número e da numeração.

Estes fundamentos não podem ser socialmente transmitidos do mesmo modo que o encadeamento verbal da numeração, devendo ser objeto de construção pela própria criança, pela intervenção indireta das dimensões sociais e culturais.

Trata-se de três problemas diferentes:

1 – A aquisição de normas verbais da cadeia numérica, das suas propriedades e da sua lógica (*"enta"*, *"centos"*, *"mil"*, etc.), que se aprende, memoriza e se automatiza;
2 – O desenvolvimento das noções lógicas de quantidade;
3 – A ligação da numeração à quantidade: nome dado a cada conjunto de elementos.

A Matemática tradicional tem-se preocupado exclusivamente com a numeração escrita, esquecendo que a fala antecede a escrita, tanto filogenética como ontogeneticamente. A representação linguística do raciocínio deverá, por isso, anteceder a aritmética escrita. No entanto, esta tão lógica conclusão nunca foi tomada em consideração antes de Beckwith e Restle (1966) terem chamado a atenção para este facto.

Aiken (1972) mostrou que o impacto da linguagem verbal nas competências do raciocínio matemático é de tal forma que deveremos considerar a aritmética como um objeto de estudo linguístico. A clareza léxica, a ausência de toda a ambiguidade semântica e uma sintaxe simples, utilizadas na verbalização de cálculos mentais, contribuem tanto para o desenvolvimento do raciocínio como para o desenvolvimento da fala da criança.

Power e Longuet-Higgins (1978) procederam a um criterioso estudo sobre diferentes sistemas de denominação numérica, procurando analisar como se organizam estes sistemas verbais de expressão numérica, tendo encontrado uma certa organização lógica comum, que designaram por *"lexicalização direta"*, em que se faz corresponder cada palavra a uma quantidade: *"setenta e quatro"* (setenta + quatro), *"duzentos e vinte e três"* (duzentos + vinte + três), *"mil trezentos e vinte e dois"* (mil + trezentos + vinte + dois), etc..

Quando se analisa, mesmo sumariamente, a atividade denominada de coleção, o sujeito coloca-se muito rapidamente perante uma tripla tarefa (Berckwith e Restle, 1996): procurar na memória uma série ordenada de denominações verbais (um, dois, três, etc.), contar os objetos um a um, sem esquecer ou contar duas vezes algum e coordenar adequadamente estas duas tarefas.

Segundo Fuson, Richard e Briars (1982), o desenvolvimento da cadeia numérica verbal elabora-se segundo duas fases que sucedem mais ou menos ao mesmo tempo: na primeira há a aquisição decorada de uma sequência convencional de *"etiquetas verbais"*; na segunda, a decomposição em entidades relacionadas umas com as outras.

Desde muito cedo que as crianças compreendem que há palavras para falar e *"palavras para contar"* (Sinclair e Sinclair, 1984). Gelman e Gabistel (1987) constataram que as crianças de 2 a 5 anos no ato de contar, empregam as palavras corretamente (a série: um, dois, três, quatro, etc.), raramente recorrendo a outras para designar contagens.

Os estudos de Gelman e Meck (1983), Seron e Deloche (1987) e de Ginsburg e Russel (1981), levam às seguintes conclusões:

- A aquisição da sequência numérica verbal começa muito cedo, por volta dos 2 anos e não é adquirida, na maioria dos casos, senão por volta dos 7-8 anos.
- As mesmas aquisições mostram-se muito diferenciadas de criança para criança, não correspondendo à sua idade mas sobretudo à diversidade de estimulações proporcionadas pelo meio, sobretudo as inte-

rações com a mãe (Durkin, Ashire, Rien, Crother e Rutter, 1986) e a sua educadora (Hughes, 1985).
- Após algumas semanas de escolaridade estas diferenças individuais desaparecem rapidamente, para se verificar uma evolução em função da idade (Ginsburg e Russel, 1981).
- Este modo de desenvolvimento diferencial-sequencial resulta do facto de, durante muito tempo, a sequência numérica verbal ser aprendida de cor, sendo fácil decorar o encadeamento de um a nove.
- A sequência de onze a dezasseis é aprendida como *"casos particulares"* e logo que se compreende a lógica verbal da numeração, baseada nos sufixos (quar*enta* e um, quatro*centos* e um, quatro *mil* e um, etc.), a contagem verbal deixa de ser problema de memória para ser de raciocínio.

A aprendizagem *"de cor"* da sequência numérica verbal requer um colossal esforço de memorização, utilizando a criança o ritmo (verbal e corporal) para ajudar a sua automatização inconsciente. Depois de conseguida, a contagem sucede como uma *"lengalenga"* que se processa quase que espontaneamente, mas apenas até certa altura. É impossível decorar-se e dizer-se uma sequência numérica que se estenda pelas centenas e pelos milhares. É possível, no entanto, compreender a sequência lógica que baseia a contagem verbal.

O problema reside, para a criança, no descobrir estas regras. Mesmo quando ensinadas, há falhas na sua compreensão. Há todo um laborioso trabalho de descoberta, que tem de ser efetuado pela própria criança, que vai desde a compreensão da *"palavra única"* (um, dois, três,... onze, doze,...), às *"duas palavras"* (vinte e um, vinte e dois,...) (Fusom e col., 1982), à sequência *"que nunca termina"* e por fim à procura das constantes que permitem uma compreensão da lógica da contagem numérica (sete_*enta*, quatro_*centos*, quatro *mil*, etc.).

A noção de que estes sufixos denominam conjuntos de determinada quantidade de elementos (*enta* = conjuntos de dez; *centos* = conjuntos de cem; *mil* = conjuntos de mil) é de difícil apreensão por parte das crianças, mas é um conhecimento fundamental para o processamento das operações mentais, não devendo, de modo algum iniciar-se a aprendizagem da numeração escrita sem se ter a certeza de que a criança domina perfeitamente esta ligação sufixo-quantidade e sabe operar com ela a nível mental (a localização dos algarismos escritos pelas colunas das unidades, dezenas, centenas e milhares, são normalmente automatizados sem qualquer noção da grandeza das suas quantidades).

Uma das melhores técnicas que encontrámos para a criança apreender a ligação nome-quantidade foi a dos sacos com feijões: dez sacos (de plástico transparente) com mil feijões, dez com cem feijões, dez com dez feijões e uma pequena caixa com dez feijões.

Ao fim de alguns ensaios experimentais de trabalho com estes objetos, pedindo-se a uma criança de 4-6 anos para colocar sobre a mesa, por exemplo, a quantidade *"três mil duzentos e quarenta e cinco"* feijões, ela raramente se engana, colocando corretamente:

Ao mesmo tempo que diz: – Três sacos de *"mil"* feijões, dois sacos de *"centos"*, quatro sacos de *"enta"* (dez) e cinco feijões *"solteiros"*.

Também raramente se engana quando colocamos os sacos e lhe pedimos para contar os feijões, mesmo que coloquemos desordenadamente os sacos e os feijões "solteiros". Ela primeiro ordena-os enquanto vai dizendo, por exemplo, *"– quatro sacos de centos, seis sacos de enta e quatro feijões"*, para, no final, dizer corretamente: *"– quatrocentos e sessenta e quatro feijões"*.

Piaget designou por *"construção do número na criança"* esta conquista da ligação do nome (número) à quantidade. Da sua obra *"La genèse du nombre chez l'enfant"* (Piaget e Szeminska, 1964: 220), extraímos algumas observações que pela sua grande pertinência transcrevemos a seguir:

> *"– A construção do número na criança é correlativa ao desenvolvimento da própria lógica, o que ao nível pré-lógico corresponde um período pré-numérico"* (pg.12).
>
> *"– O número organiza-se, etapa após etapa, em estreita ligação com a elaboração gradual dos sistemas de inclusões (hierarquia das classes lógicas) e das relações assimétricas (seriações qualitativas), com a sucessão dos números, constituindo-se, assim, em síntese operatória da classificação e da seriação"* (pg.12).

"– Não basta, de modo algum à criança pequena saber contar verbalmente "um, dois, três, etc." para se achar na posse do número. Uma criança de 5 anos pode muito bem, por exemplo, ser capaz de enunciar os elementos de uma fileira de cinco fichas e pensar que, se se repartir as cinco fichas em dois subconjuntos de 2 e 3 elementos, essas subcoleções não equivalem, na sua reunião, à coleção total inicial" (pg.15).

"– O número é solidário com uma estrutura operatória de conjunto, independentemente da sua disposição figural" (pg.15).

"– Não existe a construção do número ordinal à parte ou do número cardinal à parte, ambos se constituindo em simultâneo, de modo indissociável, a partir da reunião de classes e das relações de ordem" (pg.15).

"– Esta síntese entre as imbricações e classes e a ordem serial, não se generaliza instantaneamente a todos os números, sucedendo muito progressivamente, o que mostra ser realmente um processo sintético e construtivo e não uma criação espontânea ou, ainda, uma transformação instantânea (como teria a simples correspondência bivalente entre duas classes, referida por Whitehed e Russell)" (pg.17).

"– O número surge como a síntese da classe e da relação assimétrica, ou, o que vem a dar o mesmo, da relação simétrica (igualdade) e das diferenças (relações assimétricas)" (pg.17).

Alguns autores acreditavam que o conceito de números cardinais (1-2-3-4-etc.) precedia o conceito de números ordinais (1º-2º-3º-etc.), dizendo que inicialmente a criança não veria o número como um conjunto de unidades equivalentes, mas simplesmente o total. A ideia de números ordinais seria formada na base dos números cardinais, dispondo os grupos por ordem ascendente ou descendente de tamanho, de tal modo que a diferença entre quaisquer dois números cardinais adjacentes seja a menor possível.

Piaget tinha um ponto de vista diferente. "– *Para Piaget, os conceitos lógicos precedem os numéricos. Os conceitos matemáticos não podem ser ocasionados pelo uso dos símbolos da matemática, por verbalizações, por processos mecânicos ou por reconstruções perceptuais. Chega-se a eles pela manipulação de objetos, mas não pelos objetos em si. Sob este ponto de vista as crianças devem receber materiais com que possam formar coleções diferentes, de acordo com diferentes critérios; devem estabelecer correspondência, ordem, incluir uma classe dentro de outra que seja mais geral, etc. Por exemplo, uma criança deve estabelecer correspondência entre a sua fileira de conchas e a de um companheiro*" (Lovell, 1988).

A *"abstração do número"* refere-se à capacidade para compreender que um número, por exemplo quatro, se mantém referindo uma quantidade, que é sempre a mesma, independentemente dos objetos a que se refere (quatro cadeiras, quatro laranjas, quatro elefantes) e independentemente da sua disposição espacial (horizontalmente, verticalmente, em L, juntos, afastados, etc.).

Piaget refere que a criança não faz abstrações diretamente do manuseio de objetos, embora seja a partir das operações de raciocínio efetuadas com objetos que chega à abstração.

A abstração surge quando a criança passa a compreender o significado das transformações que ocorrem à medida que ela classifica objetos e os coloca por ordem de tamanho; e quando os objetos são rearranjados primeiro para proporcionar uma estrutura percetiva, depois outra, mudados de uma situação para outra, e assim por diante.

Para Piaget, os conceitos matemáticos não derivam diretamente dos materiais em si, mas de uma apreciação do significado das operações realizadas com eles.

Os conceitos e a habilidade para manusear mentalmente objetos, advêm do manuseamento real com objetos, mas são independentes dos materiais utilizados.

A Contagem

Piaget referia-se às pequenas quantidades, até quatro ou cinco, como *"números percetuais"*, porque as pequenas quantidades, como

podem ser facilmente distinguidas com um simples olhar, de modo percetual. Por outro lado, quando são apresentados sete objetos ou mais, é impossível distinguir, por exemplo,

só através da perceção, havendo necessidade de os contar um por um.

A contagem necessita da coordenação das atividades visuais, manuais e vocais, baseando-se num conhecimento cognitivo abstração, relativo à ordenação e à seriação.

A contagem é uma capacidade cognitiva precoce (Wilkinson, 1984) manifestando-se muito cedo, praticamente ao mesmo tempo que o aparecimento da linguagem (Durkin e col., 1986).

A idade de *"conseguir contar bem"* varia às vezes de modo considerável, em função da tarefa e das fases de aquisição, oscilando muito a criança entre as falhas e os sucessos nas contagens.

Tanto a *"perceção intuitiva"* como a *"estimação global"* são consideradas por alguns autores (Fisher, 1981; Burgess e Barlow, 1983) como a *"última etapa de uma interiorização da contagem"*.

A contagem desempenha um papel fundamental em todas as atividades de estimação de quantidades numéricas e constitui a base do cálculo mental.

Nos anos oitenta do século passado levantou-se uma questão acerca do inatismo ou do empirismo da contagem, ligando-a mais ou menos à aquisição da linguagem (Greene, 1972).

Gelman e col. (1984) defendiam o inatismo, mas os franceses Fisher (1984) e Fisher e Meljac (1987) e o japonês Shiara (1985), não encontraram fatores de ordem hereditária. Piaget já tinha referido, porém a perspetiva construtivista e, em 1984, Briars e Siegler demonstraram que a questão era muito mais complexa que a simples questão do inato ou do adquirido. Estes autores chamaram ainda a atenção de que as crianças aceitam sistematicamente a categoria *"canónica"*, mas recusam (pelos 3-4 anos) as modificações que não têm incidência na cardinalidade.

A contagem apresenta-se como um procedimento básico que permite avaliar de um modo preciso o número de elementos de conjuntos. Segundo Gelman e Gallistel (1978) manifesta-se muito cedo na criança, que vai sucessivamente adquirindo cada vez maior mestria através de numerosos erros e de diferentes estratégias.

As crianças dispõem de capacidades potenciais para efetuar contagens, mas as condições em que as efetua limitam a aplicação destas capacidades (Fayol, 1990).

A tarefa de executar uma contagem, exige (segundo Fayol, 1990):
- O estabelecimento de uma estreita correspondência entre os objetos a ser contados e o nome dos números;
- A possibilidade de determinar com precisão a fronteira entre o *"já contado"* e *"o que falta contar"*, a fim de evitar a dupla contagem e os esquecimentos.

Potter e Levy (1986) referiam que esta tarefa aparentemente simples reveste-se de algumas dificuldades para as crianças mais pequenas, necessitando de:
- *conhecer os nomes* dos números na sua ordem correta,
- *apontar* (com o dedo ou com o olhar) cada elemento, um por um, para que todos sejam considerados apenas uma vez,
- *coordenar* estas duas habilidades.

"– A capacidade de contar perfeitamente no plano verbal não é garantia de que saiba contar adequadamente" (Meljac, 1979), é necessário praticar, avançar na ligação contar-apontar, com diferentes elementos em diferentes disposições espaciais, para poder conseguir contar corretamente.

O processo de contagem tem sido objeto de estudos psicológicos desde o início do século XX. Em 1905, Binet utilizou um primeiro teste de capacidades mnésicas a curto prazo que incluía a repetição de algarismos. Em 1908 e 1911 já estavam incluídas provas que pediam à criança para efetuar contagens e na revisão de 1949 pedia-se para contar até vinte, estabelecendo-se uma pontuação baseada no ponto em que sucedia qualquer engano.

Estas provas mostram que a capacidade de contar tem correlação com a idade mental da criança.

Descoendre, em 1921, efetuou um largo estudo em que refere a evolução de algumas tarefas de contagem em crianças de 2,5 a 6 anos de idade:

2,5 anos:
- É capaz de reproduzir um dado número de objetos, igual a um;
- Diz quantos objetos há (um), sem os contar;
- Dá um objeto a uma pessoa;
- Repete a sequência de números de um a quatro.

3 anos:
- Mostra tantos dedos quantos os objetos (um-dois);
- Mostra tantos objetos quantos os dedos que se lhe mostra (um-dois);
- Diz quantos objetos há, sem os contar (um-dois);
- Dá dois objetos a duas pessoas;
- Repete a sequência de números de um a cinco;

3,5 anos:
- Reproduz um dado número de objetos (um a três);
- Imita um número de batimentos (um-dois) de palmas;
- Repete uma sequência de números de um a seis;

4 anos:
- Mostra tantos dedos quantos os objetos (um a três);

4,5 anos:
- Mostra tantos dedos quantos os objetos (um a três);
- Imita um número de batimentos (um a três);
- Diz quantos batimentos se fizeram (um a três);
- Diz quantos objetos há, sem os contar (um a três);
- Dá um certo número de objetos (um a três);
- Repete a sequência dos números de um a sete ou oito;
- Conta com os dedos (dois a seis);

5 anos:
- Reproduz um dado número de objetos (quatro);
- Mostra tantos dedos quantos os objetos (quatro);
- Mostra tantos objetos quantos os dedos (quatro);
- Diz quantos batimentos de palmas foram efetuados (três);
- Repete a sequência de números, até dez;
- Conta com os dedos (sete ou dez).

Greco (1962) e Meljac (1979) estudaram a contagem da criança colocando sobre uma mesa nove fichas da mesma cor, com a forma e o tamanho de moedas, dispondo-as aleatoriamente, sem qualquer configuração definida e pedindo-lhe para colocar sobre a mesa igual número de fichas, que deveria tirar de uma caixa.. Encontraram três níveis de desenvolvimento:

Nível 0 (3,5 anos): – Sem habilidade para executar a tarefa;
Nível 1 (4 anos): – Estimativa visual ou cópia grosseira da configuração espacial;
Nível 2 (4,5 anos: – Correspondência metódica um a um;
Nível 3 (5 anos): – Contagem.

Kamii (1991) refere três etapas no desenvolvimento das capacidades de contagem da criança:

1 – Habilidade para dizer as palavras da contagem numa sequência correta;
2 – Habilidade para contar objetos (isto é, para fazer a correspondência um a um entre as palavras e os objetos);
3 – A escolha da contagem como o instrumento mais desejável para efetuar operações lógico-matemáticas.

Kamii chama a atenção para a importância da noção de *"inclusão hierárquica"* na contagem, que permite à criança compreender que cada nome (número) designa uma dada quantidade e não um lugar numa cadeia sequencial de nomes. Há uma quantidade designada por um dado nome e uma série de nomes "que são uma sequência hierárquica de mais um".

"Um" é um elemento; *"dois"* não é o segundo elemento, mas o conjunto formado por ele e o anterior; *"três"* designa a quantidade formada pelos dois anteriores mais aquele; e assim sucessivamente. Numa contagem, a quantidade de elementos contados corresponde ao último nome da sequência contada (um-dois-três-quatro -> *"há quatro botões"*).

Quando há muitos objetos para ser contados, a estratégia mais simples é de os dividir por grupos de quantidade igual (dez, cem, mil) e depois contar o número de grupos. O conhecimento da quantidade denominada pelos sufixos (*"enta"*, *"centos"* e *"mil"*), facilita imenso a contagem de grandes quantidades.

O Cálculo Mental
Trata-se de uma operacionalização mental muito mais difícil e complexa do que a noção de número, pois que para além deste, supõe a abstração, a consciência simultânea de várias ideias e o discorrer de um encadeamento operacional de raciocínio lógico-matemático.

O habitual procedimento escolar, associativista, leva os professores a que, no cálculo, se interessem apenas pelos resultados, considerando-os em termos de respostas certas ou erradas.

O cálculo é, porém, um processo mental, interno, efetuado através de imagens mentais que se sucedem e se *"veem"* imaginariamente, totalmente diferente da escrita (contas) efetuada com os sinais (algarismos).

É, pois, mais importante *o raciocínio da criança e a forma das suas operações intelectuais*, do que o resultado obtido em termos de números.

Mais importante do que o resultado (certo ou errado) de uma operação, é o raciocínio que levou àquele resultado. Interessa a operação e não apenas o resultado, ou seja, a correção e a nitidez das imagens mentais que a criança está a "ver" mentalmente.

Esta tendência académica para a enfatização do resultado e a apresentação precoce de cálculos envolvendo a escrita de algarismos e números sem a criança dominar previamente o raciocínio mental que eles representam, pode levar a certos tipos de Discalculia.

Segundo Suydan e Weaver (1975) e C. Kamii (1982, 1990), há que se tomar certos cuidados metodológicos, muito antes de se chegar à apresentação de cálculos à criança, que envolvam os sinais gráficos (algarismos).

O cálculo mental deverá preceder qualquer tipo de iniciação à escrita de contas e, antes daquele, há que se ter a certeza de que a criança é possuidora de todas as indispensáveis capacidades e noções de base (abstração reflexiva, ordenação, inclusão hierárquica, conservação, ideia de número, etc.).

A metodologia mais adequada, recomendada pelos autores atrás referidos, segue os seguintes passos:

1º – Verificar se a criança possui as capacidades e noções de base, necessárias para o desenvolvimento do raciocínio lógico-matemático;

2º – Iniciação a pequenas operações mentais de cálculo, colocadas apenas oralmente, no estilo do falar da criança, perguntando-lhe sempre *"como pensou para chegar àquele resultado"*;

3º – Em caso de dificuldade de compreensão do que se lhe pede e/ou de sucessivas operações mentais de cálculo inadequadas, recorrer ao uso de objetos para exemplificar o problema colocado;

4º – Avanço metodológico muito cuidadoso, por pequenas etapas sucessivas, pois que a criança não está geralmente habituada a resoluções mentais e muito menos a dar explicações sobre o modo como pensa;

5º – Jamais apresentar quaisquer algarismos ou números escritos, usando apenas a linguagem verbal para designar quantidades e operações mentais (*"dois e dois", "três menos dois"*, etc.).

O não seguimento desta evolução e a efetuação precoce de cálculos escritos no papel, pode levar a criança a desenvolver estratégias de estereótipos e automatismos para resolver problemas que não compreende, em vez de desenvolver o seu raciocínio.

> A Adição, a Subtração, a Multiplicação e a Divisão, são nomes que designam determinadas operações matemáticas efetuadas com algarismos escritos no papel.
> A nível do Cálculo Mental, porém, estas operaçõesnão existem.
> Apenas existe a contagem.

O Cálculo "Aditivo"

"– A criança resolve problemas de adição simples pela contagem de um em um a partir de um ponto de partida correspondente ao número menos elevado dos dados" (Groen e Parkuran, 1972).

Sucedendo o pensamento através de imagens mentais, quando se pergunta a uma criança *"– Se tens dois cães e eu tiver outros dois, quantos temos ao todo?"*, ela está a *"ver"* mentalmente um conjunto de dois cães ao qual junta outro conjunto de dois. Para além das duas quantidades, ela está a *"ver"* todos os atributos físicos dos cães em que está a pensar. *"– Eu tenho dois brancos e tu tens um preto e um cinzento"* – diz-nos quando a interrogamos sobre o que está a *"ver"* mentalmente.

Estando a *"ver"* os cães, basta juntar os dois conjuntos e contá-los todos, para nos dizer a sua quantidade total. A criança não efetua, portanto, uma *soma*, mas uma *contagem*.

Quando se induz precocemente a criança ao uso dos algarismos escritos sem que tenha previamente efetuado a necessária maturação das suas capacidades de cálculo mental, corre-se o risco de que a sua imagem mental não seja constituída pela visão dos objetos mas pela visão da operação da adição como ela é efetuada no papel – *"ver"* algarismos em vez de cães.

ATIVIDADES PARA O DESENVOLVIMENTO DO RACIOCÍNIO LÓGICO-MATEMÁTICO

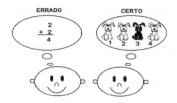

Como a maioria dos adultos letrados foi induzida neste procedimento errado, há uma forte tendência para levar as crianças a proceder do mesmo modo, quando o erro não é por vezes maior, iniciando-se a criança ao uso dos algarismos escritos antes de se ter a certeza de que ela sabe realizar mentalmente operações que se quer ensinar-lhe a representar no papel.

O homem já resolvia mentalmente complexos problemas muito antes de inventar a escrita. Há iletrados que conseguem resolver mentalmente problemas de matemática de modo muito mais rápido que outra pessoa usando papel e lápis.

O recurso ao uso dos dedos para efetuar contagens, e que por vezes é severamente repreendido por alguns professores, é um procedimento perfeitamente natural por parte das crianças, para ajudar na contagem (Barody e Ginsburg, 1986), procurando evitar contar duas vezes o mesmo elemento e servindo como ábaco para contagens de maiores dimensões.

Na realidade a tendência natural para se efetuarem agrupamentos de dez elementos, quando há grande quantidade de elementos para contar, bem como a sequência da numeração se suceder em múltiplos de dez (dez, cem, mil, etc.), parece derivar do facto do homem possuir dez dedos.

Há mesmo sistemas de numeração de sociedades pré-históricas (sem escrita) atuais, que dão à sua numeração o mesmo nome dos seus dedos: um = *"mindinho"*, dois = *"anelar"*, três = *"médio"*, quatro = *"indicador"*, cinco = *"mão toda"*, dez = *"duas mãos"*, etc., mostrando os dedos respetivos ao mesmo tempo que fazem a contagem.

A primeira noção que a criança tem quando se defronta com um problema de cálculo aditivo é a de que naquela situação ela fica com *"maior"* quantidade, com *"mais"* objetos do que tinha inicialmente (o raciocínio básico da comparação de igual ou diferente, de maior ou menor).

"– Do ponto de vista aditivo, existem necessariamente "mais" elementos no todo que nas partes, de maneira tal que as quatro determinantes essenciais de qualquer combinação de classes, "um", "nenhum", "alguns" e "todos" revestem-se de uma significação quantitativa evidente" (Piaget e Szeminska, 1964: 224).

AS ESTRUTURAS BÁSICAS DO RACIOCÍNIO LÓGICO

A própria numeração é em si uma operação aditiva, ou melhor, uma seriação em que a cada número se adiciona mais um elemento, constituindo cada nova verbalização a designação da quantidade anterior *"mais um"*.

"– Não há necessidade de se ensinar a adição. A própria construção do número inclui a adição, repetida, de um" (Kamii, 1990:114).

Estudos que efetuámos com crianças de 6 anos de idade que ainda não tinham sido submetidas à aprendizagem da escrita dos algarismos, procurando analisar as suas estratégias de cálculo metal, perguntando-lhes *"– Como fizeste?" Como procedere mentalmente para chegares a essa conclusão?"*, perante problemas de cálculo aditivo que lhes eram apresentados verbalmente, permitiu-nos verificar que utilizavam três estratégias fundamentais:

1ª – A contagem total: juntando as diferentes quantidades e procedendo à sua contagem total.

Por exemplo: cinco berlindes mais três cubos:

○ ○ ○ ○ ○   ☐ ☐ ☐
um dois três quatro cinco   seis sete oito

2º – Contagem a partir do número dado: considera a primeira quantidade como um todo, contando apenas a partir daí.

Por exemplo: cinco berlindes mais três cubos:

3º – Contagem por conjuntos: quando se tratam de grandes quantidades, conta primeiro os grupos maiores e depois, sucessivamente, os menores.

Por exemplo: quarto mil quatrocentos e quarenta e quatro berlindes azuis mais três mil trezentos e vinte e cinco berlindes vermelhos:

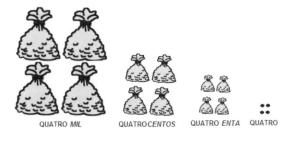

Associando-se os conjuntos de *"mil"*, *"centos"*, *"enta"* e *"solteiros"*, tem-se:

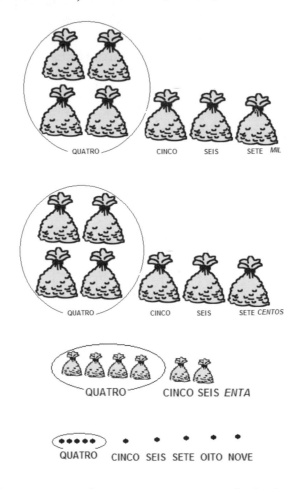

Logo, obtém-se: *Sete mil setecentos e sessenta e nove* berlindes, no seu total.

Esta terceira estratégia de cálculo mental só foi, porém, conseguida por grupos de crianças que já possuíam prática, adquirida no jardim-de-infância, de efetuar operações aditivas com objetos (os sacos de *"mil"*, *"centos"* e *"enta"* feijões, já anteriormente referidos):

O Cálculo "Subtrativo"

A subtração não é o *"inverso da adição"*. Adição e subtração são denominações de representações do pensamento escritas no papel mas o pensamento continua a usar a estratégia da *contagem*.

Quando os professores leem nos manuais de Matemática que *"a subtração é o inverso da adição"* são tentados a apresentar desta forma aquela operação aos seus alunos, deparando-se com algumas dificuldades inesperadas na sua aprendizagem.

Um adulto, habituado a efetuar operações com símbolos numéricos, terá a natural tendência de pensar que se a criança é capaz de resolver problemas de adição como, por exemplo, 3 + 2 = ___, será igualmente capaz de resolver subtrações como 3 + __ = 5 ou 3 − 2 = __.

A realidade, porém, mostra que isto não funciona deste modo na mente infantil, sendo esta estratégia de ensino extremamente difícil de compreender e de efetuar pela criança, recorrendo por isso a mecanismos de memorização para efetuar por automatização estas operações matemáticas.

Kamii (1990), depois de efetuar uma análise crítica sobre manuais que propõem este tipo de ensino da subtração, chama a atenção para que *"o ensino de técnicas que podem ser utilizadas mecanicamente é uma base muito frágil para as aprendizagens que terão de se suceder"*.

O problema da subtração reside na sua compreensão e na metodologia praticada na sua aprendizagem. A operacionalização mental subtrativa, efetuada pela criança através de imagens mentais, é para esta extremamente fácil, clara e compreensível.

"As crianças não gostam muito da subtração" (Kamii, 1990), devendo-se por isso desenvolver uma metodologia de apresentação de problemas que levem à contagem crescente *"de ... para"*, procedendo-se de modo que esta operacionalização seja mentalmente efetuada mesmo quando o enunciado do problema se apresenta negativamente.

Por exemplo, caso de *cinco berlindes menos dois"*, interessa que a criança conte de dois para cinco e não decrescentemente, de cinco para dois.

Kamii (1982, 1990) refere que os problemas de subtração a ser apresentados verbalmente à criança se enquadram geralmente em três tipos de formulação:

1 – *Compensação*. Em que a operacionalização *"de... para"* está claramente expressa no enunciado: *"– Tenho três velas. Preciso de ter sete no bolo de anos. Quantas velas tenho ainda que colocar?"*;
2 – *Partição*: Em que há um conjunto que é partido em dois: *"– Tens cinco rebuçados. Dás-me três. Com quantos ficas?"*;
3 – *Comparação*: Em que se comparam dois conjuntos: *"– Tens seis flores. Eu tenho três. Quantas tens a mais do que eu?"*.

Segundo a teoria de Piaget, a partição e comparação são mais difíceis devido às dificuldades em estabelecer relações corretas entre a parte e o todo.

A *partição* apenas implica a separação (mental) de uma parte do todo. A criança poderá encontrar a resposta pensando no todo e a seguir em cada parte, como atos sucessivos ou simultâneos.

A *comparação* aparece como mais difícil que a *partição* porque coloca em jogo dois todos, em que um deverá ser mentalmente *"deslocado"* no outro e considerado como uma parte do todo maior. Por exemplo: se o Rui tem cinco rebuçados, a Ana tem sete e se deseja saber quantos rebuçados tem a Ana a mais, a criança *"desloca"* mentalmente os cinco do Rui para os sete da Ana e considera os cinco como uma parte dos doze:

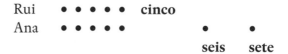

contando (com a ajuda dos dedos) de cinco para sete: *(um) (dois)*.

Logo, a resposta é: *dois*.

Kamii (1990) refere que a lógica desta relação entre o todo e a parte parece difícil porque a diferença entre os dois conjuntos não pode ser conhecida sem refletir simultaneamente nas partes e no todo.

Piaget e Inhelder (1959) chamam a atenção para que apenas a *"estrutura do problema"* é *"exterior"*, sendo *"interiores"* todas as estratégias mentais desenvolvidas pela criança.

Sobre as estratégias que a criança utiliza para resolver mentalmente problemas de subtração, em estudos efetuados com crianças de 6 anos

de idade, que ainda não tinham sido iniciadas à aprendizagem da leitura-
-escrita das letras e algarismos, pudemos constatar que a sua primeira
noção é a de que se trata de um problema em que no final se fica com
"menos", *"menor"* quantidade do que se tinha no início.

Para a criança é difícil entender problemas como *"– Tinhas cinco berlindes e perdeste dois"* (cinco menos dois) do que entender problemas como *"–
Tens dois berlindes; quantos tens que comprar para ter cinco?"* (dois para cinco).

No primeiro caso a criança *"vê"* mentalmente cinco berlindes, depois
retira dois e por fim conta os que ficaram, o que envolve uma tripla operação mental: contar cinco, contar dois e contar três.

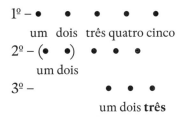

No segundo caso, a criança *"vê"* mentalmente dois berlindes e a seguir
vai colocando (contando, às vezes com a ajuda dos dedos) berlindes até
chegar a cinco:

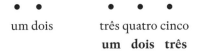

Algumas vezes efetua uma contagem para trás, o que é muito raro suceder e onde os enganos na contagem decrescente são fáceis:

● ● ● ● ●
    <– quatro cinco
–> um dois **três**

O segundo modo de operacionalização mental é o mais fácil de efetuar,
sobretudo se a criança tiver praticado bem o raciocínio da adição, dado
que se trata apenas de efetuar uma contagem.

O raciocínio *"dois para cinco"* é, de facto, mais fácil que o de *"cinco menos dois"*, o que vai ao encontro dos estudos de Piaget que referem que as crianças pequenas acentuam geralmente os aspetos positivos das ações, do pensamento e da perceção, só mais tarde considerando os aspetos negativos.

Algumas adições são, para a criança, muito mais fáceis de efetuar mentalmente que outras. Por exemplo, as combinações como *"dois mais dois"*, *"cinco mais cinco"*, *"quatro mais um"*, são melhor realizadas do que *"quatro mais três"*. Do mesmo modo, problemas de quantidades como *"quatro menos dois"*, *"dez menos cinco"* e *"quatro menos um"* são respondidas pela criança de imediato, quase sem refletir e sem recorrer a quaisquer técnicas como contar *"de ... para"* ou pelos dedos.

Svenson e Sjoeberg (1982) estudaram também o raciocínio mental subtrativo, tendo constatado uma evolução que parece suceder em três fases:

1ª – Inicialmente, um modo de resolução apoia-se essencialmente sobre o recurso às representações digitais como ajuda de memória externa. Noutros termos, as crianças utilizam os seus dedos para conseguir uma perceção global exteriorizada das quantidades.

2ª – Em seguida, empregam frequentemente o modo de resolução por contagem (com ou sem ajuda digital) por incrementação ou decrementação. É verificável que esta utilização da contagem diminui em proporção mas não desaparece, mesmo no adulto.

3ª – A recuperação, cada vez mais frequente, das respostas memorizadas.

O Cálculo "Multiplicativo"

Tal como não há *"adição"* nem *"subtração"*, também não há *"multiplicação"*. Estas denominações são apenas aplicadas a representações escritas. A nível do processamento do raciocínio são sempre *contagens*.

A única diferença é que no cálculo aditivo se contam elementos de conjuntos com quantidades diferentes, enquanto no cálculo multiplicativo os conjuntos possuem quantidades iguais.

No cálculo aditivo a criança conta *"esta mais aquela quantidade"*, no cálculo subtrativo conta *"desta para aquela quantidade"* e no cálculo multiplicativo efetua uma contagem dos elementos *"este grupo, mais aquele e mais aquele, que são iguais (porque têm a mesma quantidade de elementos)"*.

"– Na realidade, as operações aditivas e multiplicativas já se acham implícitas no número como tal, pois que um número é uma união aditiva de unidades

e a correspondência termo a termo entre duas coleções envolve uma multiplicação" (Piaget e Szeminska, 1964: 223).

Perante a resolução de um problema de cálculo multiplicativo, a primeira noção que a criança tem é a de que ficará no final com *"mais"*, com maior quantidade do que tinha inicialmente. Interrogando-a em termos de comparação com problemas de cálculo aditivo, verificamos que a criança tem a noção de que com a adição fica *"com mais"* e com a multiplicação fica *"com muito mais"*.

Apresentando-se à criança um problema do tipo: *"– Se tiveres três vasos, cada um com quatro flores, quantas flores tens?"*, verificamos que ela *"vê"* mentalmente os vasos com as flores e que as conta uma por uma, de modo rítmico, com pausas na passagem de vaso para vaso (de conjunto para conjunto).

Esta contagem rítmica é uma constante que aparece na contagem de problemas multiplicativos mas não nos problemas aditivos.

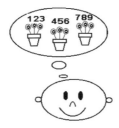

Se, em vez de vasos com flores os problemas apresentados à criança forem em termos, por exemplo, de *"formaturas de três fileiras de seis soldados"*, verificamos que a contagem se processa do mesmo modo, embora a imagem mental seja completamente diferente.

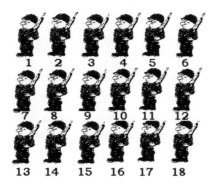

Enquanto se tratam de poucos conjuntos de poucos elementos, a criança efetua as contagens sem quaisquer dificuldades. A contagem de grupos de dez também lhe é bastante fácil, começando a surgir dificuldades quando aumenta o número de conjuntos e de elementos em cada um.

Se, porém, já descobriu a *"inversão"* quando efetuava problemas de multiplicação com objetos, utiliza a estratégia de em vez de, por exemplo, contar seis fileiras de três, contar três fileiras de seis, pois que lhe é mais fácil contar três conjuntos do que seis.

Para problemas mais complexos, como por exemplo, *"Três colunas militares cada uma com trezentos e trinta e dois soldados"*, verificamos que, de um modo geral (e apenas as crianças que no jardim de infância resolveram problemas deste tipo com objetos) elas usam como estratégia contar os conjuntos maiores e depois os menores:

1º – Considera os conjuntos: três conjuntos com três grupos de cem (quartéis), três grupos de dez (camionetas) e dois soldados:

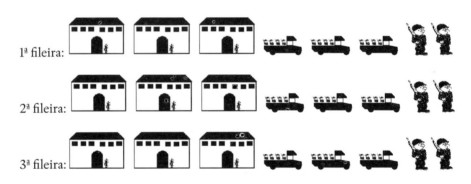

2º – Conta os conjuntos de cem soldados (quartéis):

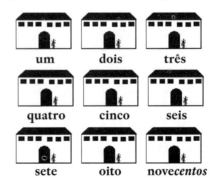

AS ESTRUTURAS BÁSICAS DO RACIOCÍNIO LÓGICO

3º – Conta os conjuntos de dez soldados (camionetas):

4º – Finalmente, conta os soldados apeados:

5º – Recorre então aos conteúdos memorizados, obtendo a verbalização "– *Novecentos e noventa e seis soldados*", designativa daquela quantidade total.

Os estudos que efetuámos sobre as estratégias intelectuais desenvolvidas pela criança para a resolução mental de problemas multiplicativos levaram a algumas conclusões que divergem das posições de Aiken e Williams (1973) e de Campbell (1987):

- As crianças que brincaram aos soldados, fazendo formaturas de 3x3, 4x4, 5x5, 3x6, etc. e que mais tarde efetuaram problemas de multiplicação com objetos (3x3, 4x4, 5x5, 3x6 botões, berlindes ou cubos), não têm quaisquer dificuldades em efetuar, posteriormente, cálculos mentais para resolver problemas multiplicativos;
- Só as crianças que já foram iniciadas na aprendizagem da escrita dos algarismos e em efetuar contas de multiplicar no papel é que apresentam dificuldades no cálculo mental de problemas de multiplicação porque, mentalmente, esforçam-se por *"ver"* os algarismos,

procurando efetuar mentalmente a conta de multiplicar, em vez de ter uma imagem mental dos objetos e limitando-se a contá-los.

O Cálculo de Dividir

Mentalmente, perante um problema de divisão, a criança procede também a uma contagem, mas agora a uma contagem de *distribuições*.

Perante um problema como, por exemplo *"– Se distribuir igualmente doze rebuçados por quatro meninos, com quantos fica cada um?"*, a criança visualiza mentalmente os meninos e procede com a mesma estratégia que procederia se na realidade estivesse a distribuir os rebuçados por eles: dá um a cada um, distribui um segundo rebuçado a cada um e volta a repetir a distribuição, dando mais um a cada menino. Fez três distribuições um a cada um, de rebuçados. Logo, cada um terá três rebuçados – o número de distribuições efetuadas.

O pensamento de base é o de que, numa distribuição, cada um fica com "menos" do que a quantidade total que existia inicialmente.

Quando se trata de um problema do tipo *"– Catorze rebuçados a distribuir igualmente por quatro meninos"*, a criança, visualizando mentalmente os meninos e os rebuçados e procedendo à sua distribuição, não tem qualquer dificuldade em concluir que depois de dar três rebuçados a cada menino, ainda sobram dois.

Há que se ter em atenção a utilização da palavra *"igualmente"* ou *"de modo que todos fiquem com a mesma quantidade"*, pois que não é raro suceder, quando esta premissa falta, respostas do tipo *"– Fico com todos para mim"* ou *"– Dou um a cada um e fico com os outros"*, respostas que são próprias do pensamento egocêntrico das crianças com menos de 7 anos de idade.

Quando as quantidades são maiores, exigindo maior número de distribuições, a criança recorre invariavelmente ao uso dos dedos para não esquecer o número de distribuições que está a fazer.

O Raciocínio Espacial

A presença no mundo é uma existência espacial para qualquer animal, que se move em diferentes direções num dado meio. O seu espaço vital, aquele espaço de que necessita para poder sobreviver, é defendido das intrusões de outros elementos da sua espécie com toda a energia da sua agressividade. O território de caça ou de pasto do animal, a casa em que a pessoa vive, o *"seu lugar"* que a criança tem na sala de aula, não

AS ESTRUTURAS BÁSICAS DO RACIOCÍNIO LÓGICO

são mais do que espaços vitais, fundamentais para a sua segurança e referenciação.

No homem, o espaço vital fundamental está reduzido ao seu espaço corporal – *o espaço do seu corpo*.

A esfera espacial que rodeia o seu corpo é ainda um espaço íntimo, designado por alguns autores como *espaço pessoal*. É neste espaço que acolhe e acarinha os entes que ama, onde abraça e acarinha os seus filhos, reagindo agressivamente quando há qualquer intrusão estranha nesta esfera íntima (exemplo da agressividade latente que aparece nos locais superpovoados, de reduzidas dimensões – autocarros, metropolitano, salas de aula pequenas com excesso de alunos).

A seguir a este espaço e sensivelmente numa distância de cerca de 3 metros, situa-se o *espaço social*, aquele espaço em que se estabelecem as relações sociais, em que as pessoas conversam e fazem amizades.

Todo o outro espaço circundante é geralmente constituído por um *espaço impessoal*, mais um espaço visual e auditivo do que pessoal ou social e que nos animais constitui o seu território.

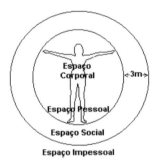

O espaço corporal é o ponto de referência para a conquista e aferição das outras esferas espaciais. A noção de espaço integra aspetos percetivo-visuais, com aspetos da atenção e da memória visual, relacionados com a ação psicomotora corporal. A exploração espacial trata-se essencialmente de variações do esforço muscular em função da distância e direção do fim do movimento a entender pelo movimento, sendo derivada da sensibilidade propriocetiva, do senso das atitudes segmentares ou corporais-globais e relacionando-se com o espaço circundante.

A noção do espaço estrutura-se através dos sentidos e da movimentação, registando-se de modo inconsciente antes de tomar aspetos da realidade ou de se poder estruturar em conhecimentos traduzidos pela expressão (por exemplo, o bebé, ao ser manuseado e transportado pela sua mãe, já está a organizar a sua noção de espaço).

As diferentes estruturas que constituem o conceito geral de noção de espaço nascem, desenvolvem-se e completam-se através da ação vivida pela criança, através da sua movimentação e do seu contacto com os objetos e entre os objetos.

> *"– A ação sobre o mundo exterior não é feita senão de sensações e de movimentos, sobrepondo-se progressivamente estruturas cada vez mais complexas, mas existindo na base destas a atitude de dispor das relações do espaço"* (Wallon, 1941: 43)
>
> *"– O corpo é o ponto de partida para a organização do espaço exterior. Pela estabilidade da noção espacial corporal, caminha-se para a organização espacial dos objetos (espaço euclidiano) e para as aprendizagens (praxias) necessárias à vida"* (Zazzo, 1960: 87).

A noção espacial trata-se, sobretudo, da diferenciação do Eu Corporal em relação ao mundo exterior. O espaço exterior é percebido como uma distância (um gesto mais ou menos longo) e como uma direção (o gesto é para a frente, para cima ou para o lado), sempre em relação ao Eu Corporal.

Segundo Piaget (1972), a noção de espaço efetua-se em dois planos – percetivo ou sensório-motor e representativo ou intelectual –, tendo o seguinte desenvolvimento:

1º Estádio: Espaço relativo à sucção (0 a 2 meses):
- Espaço bucal. Só se apercebe dos espaços heterogéneos, parciais, sendo o mais primitivo o espaço bucal;
- Os espaços visuais, tátil, postural e auditivos coexistem, mas cada um está limitado a um sistema sensorial particular e nenhuma relação é operada entre as diferentes captações sensoriais (por exemplo o ruído da roca não está associado ao olhar para a roca); há princípios da perceção do espaço visual, mas ainda sem coordenação com outras perceções.

2º Estádio: Coordenação Espacial-Bucal e Espacial-Visual (3-4 meses):
- Início da coordenação entre a preensão e a visão e depois entre os diversos espaços sensoriais;

3º Estádio: Início da coordenação geral (4-6 meses):
- A coordenação visão-preensão está acompanhada de um princípio de coordenação geral; sucedem-se depois coordenações entre os outros diversos espaços sensoriais;
- Não há ainda diferenciação entre a mudança de estado (físico) e a mudança de posição (espacial);
- Um objeto escondido na presença da criança, não é procurado, como se deixasse de existir.

4º Estádio: Princípio da Reversibilidade (9 meses):
- Compreende a reversibilidade de ações elementares; reconhece um objeto familiar através das transformações da sua imagem: aumento, trocas projetivas por rotação, etc.;
- Compreende que pode anular uma deslocação efetuando a inversa; já procura o objeto escondido, o que significa ter este para si já um significado de permanência, destapando-o.

5º Estádio: Estruturação da Organização Espacial (1 ano):
- Com a aquisição da postura ereta passa a ter outra perspetiva espacial e com a conquista do andar, passa a viver o espaço através da locomoção e de todos os tipos de movimentação;
- Coordenação das deslocações, num sentido ou no outro, para perceber o território imediatamente percetível.

6º Estádio: O espaço estende-se às próprias deslocações (18 meses):
- Conclusão do espaço sensório-motor, alcançando a sua estrutura;
- Já possui a noção da existência de um espaço coerente no qual os objetos são permanentes, apresentando entre eles relações espaciais;
- Compreende a mudança de estado e a mudança de posição.

2 a 3 anos e meio:
- Para a criança, só existe o espaço que pode visualizar. O espaço situado à sua retaguarda (no início não anda de costas porque sente um abismo atrás de si) é progressivamente conquistado.

3 anos e meio a 4 anos:
- Aprendizagem das denominações das relações espaciais (em cima, em baixo, atrás, à frente, longe, perto, etc.).

5 anos:
- Compreensão da lateralidade própria: ao seu lado direito, a sua mão esquerda, etc.

6 anos:
- Desenvolvimento da compreensão da lateralidade própria (orelha direita, ombro esquerdo, etc.).

8 anos:
- Compreensão da lateralidade de outro (sua mão esquerda, sua face direita, etc.).

10 anos:
- Compreensão da espacialidade representada (desenho, croqui, mapa, planta, etc.).

1. A Noção de Comprimento

Colocando-se em cima da mesa uma pequena régua (por exemplo um duplo decímetro de madeira ou de plástico) e ao seu lado uma *"cobra"* de plasticina, ondulada mas disposta de modo a que os seus extremos coincidam com os da régua, se perguntarmos a uma criança se ambas têm o mesmo comprimento ou se uma é maior que a outra, verificamos que há respostas diferentes, consoante a idade das crianças.

Antes dos 4 anos e meio, a maior parte das crianças pensa que o comprimento é igual, mesmo depois de estendermos a *"cobra"*, ficando direita e maior que a régua. Só depois desta idade é que refere que *"– a cobra é maior, porque está enrolada"*.

Numa outra experiência, colocam-se na mesa duas varinhas retas de aproximadamente 5 cm cada uma, de modo a que os seus extremos coincidam e pergunta-se à criança de 4 anos se têm o mesmo tamanho ou se uma é maior que a outra. A resposta é invariavelmente correta, respondendo que são iguais.

Movendo-se a seguir uma das varinhas para a frente, de modo a que os seus extremos fiquem afastados cerca de meio centímetro dos extremos da outra e repetindo-se a pergunta, verifica-se já haver diferenciação nas respostas.

Entre os 4 anos e meio e os 6 anos as crianças consideram maior a varinha que sobressai e, quando se inverte a relação respondem às vezes que *"– são ambas maiores"*, identificando o comprimento com a situação de *"mais à frente"*, prestando atenção apenas ao extremo que sobressai.

Entre os 5 e os 7 anos e meio, sucedem respostas intermédias de vários tipos (mudança de lugar, indecisão, etc.), predominando gradualmente a resposta correta.

Depois dos 7 anos e meio a criança dá geralmente a resposta correta e apresenta adequadamente as razões justificativas (*"– as varinhas não cresceram"*; *"– uma varinha sobressai num sentido mas outra sobressai no outro"*).

2. A Noção de Distância

A experiência clássica, para verificar as características da noção de distância na criança, consiste na colocação de dois pequenos bonecos de igual altura a uma distância de cerca de 50 cm um do outro.

Coloca-se a seguir entre eles, sensivelmente ao meio e verticalmente, uma folha de cartolina, um pouco mais alta e pergunta-se à criança:

1º : *"– Os bonecos ficaram mais perto ou mais afastadas um do outro?"*

Repete-se o procedimento mas tendo um dos bonecos o dobro da altura do outro e colocando um deles sobre qualquer objeto, para ficar num nível mais elevado. Perguntando:

2º : *"– O primeiro boneco está mais perto (ou mais afastado) do segundo ou é o segundo que está mais perto do primeiro?"*.

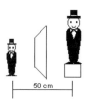

As crianças de 4-5 anos compreendem geralmente bem as perguntas mas pensam que a folha de cartolina fez com que os bonecos ficassem mais próximos ou confundem a distância entre os bonecos com a distância destes à cartolina. Em relação à segunda pergunta, pensa que a distância num sentido é maior que no outro, sobretudo quando o segundo boneco é mais alto ou está num plano mais elevado.

Pelos 5-7 anos, sucede uma primeira fase em que a criança compreende que a distância não se altera com a presença da folha de cartolina, continuando no entanto a pensar que a distância num sentido é maior que no outro.

Numa segunda fase, aparecem respostas intermédias, em que considera que a distância é a mesma num sentido ou no outro mas que a folha de cartolina vem alterar essa situação e, posteriormente, que a cartolina não afeta a distância mas crendo ainda que a distância do boneco maior para o mais pequeno é menor que a distância inversa.

É só por volta dos 7 anos de idade que a criança consegue uma noção de distância baseada na compreensão de que o espaço não se altera pela interposição de objetos ou pela colocação do observador, respondendo às perguntas de forma imediata e corretamente.

3. A Noção de Distância Percorrida

Trata-se de uma noção de distância, mas de uma distância relacionada com o movimento.

A prova das linhas de comboio é usualmente usada para se avaliar a evolução da criança quanto à sua noção de distância percorrida.

Colocam-se sobre uma mesa dois fios, representando duas linhas de comboio. Uma linha é reta e a outra está dobrada e linhas quebradas (tipo castelo), estando colocadas de modo a que os extremos de ambas se situem ao mesmo nível.

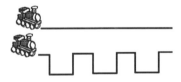

Usando dois pequenos comboios de plástico (ou apenas dois cubos), o experimentador segue com o seu pela linha das curvas e pede à criança para seguir como dela a linha reta. O experimentador avança mais depressa, de modo a que cheguem ao fim ao mesmo tempo.

Logo que chegam ambos ao fim da linha, o experimentador propõe à criança que regressem, mas andando com velocidade igual. Como o experimentador terá de percorrer um caminho mais longo pelas suas curvas, só chegará depois da criança.

Pergunta-se então qual o comboio que percorreu a distância maior e dá-se-lhe uma tira de cartolina dizendo que a poderá utilizar para efetuar medições.

As crianças com idade inferior aos 5 anos e meio, apenas se guiam pelos pontos de chegada e como estes coincidem, acham sempre que a distância é a mesma.

Entre os 5 anos e meio e os 6 anos e meio, o facto de no retorno o comboio do experimentador demorar mais tempo a chegar já começa a causar alguma apreensão e às vezes já diz que a linha das curvas é a maior.

Por volta dos 7 anos já atende às distâncias reais das duas linhas, mas ainda não é capaz de efetuar qualquer medição comparativa.

Aos 8 anos já utiliza a fita de cartolina para medir as duas linhas, dizendo com segurança que a linha quebrada é maior que a outra.

4. A Noção de Superfície

Para estudar a compreensão que as crianças possuem sobre o que é a superfície, elabora-se uma situação em que se procede à subtração de áreas iguais, pedindo à criança para dizer se os espaços são iguais ou diferentes.

Dispõem-se sobre a mesa dois retângulos de cartolina verde, dizendo que são dois campos onde estão vacas a pastar (colocam-se sobre cada um uma pequena vaca de plástico ou de madeira) e que cada uma terá a mesma quantidade de pasto para comer.

Coloca-se a seguir uma casa (de madeira ou de plástico) no meio de um dos retângulos de cartolina, de modo a que a vaca tenha menos pasto para comer.

Depois da criança responder, coloca-se imediatamente no outro retângulo outra casa igual, mas situada num canto, voltando a fazer-se a mesma pergunta.

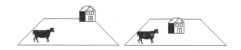

Continua-se a proceder do mesmo modo, colocando casas alternadamente nos dois retângulos, mas de modo disperso num e encostadas a um dos cantos no outro, até haver cerca de 15 casas em cada campo.

Com menos de 4 anos, as crianças não se mostram muito interessadas nas questão, dando respostas ao acaso e preferindo brincar com as casas e as vacas.

Por volta dos 5 a 5 anos e meio, as suas respostas vão no sentido de que a quantidade de pasto que fica não é igual, geralmente a partir da colocação da segunda casa no canto do retângulo. Enquanto as primeiras casas estão no meio, percebe visualmente a igualdade das superfícies, mas logo que as casas começam a ser colocadas num dos cantos, ficando mais espaço visível no centro, a criança passa a responder que nesse campo há mais pasto.

Aos 6-7 anos apresentam inicialmente a ideia correta, mas começam a duvidar quando o contraste visual se torna demasiado evidente.

Só por volta dos 8 anos é que respondem de modo seguro e justificam adequadamente as suas respostas.

5. O Corpo e o Espaço

"– A estrutura espacial não se ensina nem se aprende. Descobre-se!" (Lapierre, 1978) sendo sempre o corpo o ponto de referência da estruturação espacial:

1 – na organização espacial do corpo (dominância lateral);
2 – no espaço do corpo;
3 – no espaço dinâmico e na noção de espaço;
4 – no espaço vital;
5 – no espaço social;
6 – no espaço contextual;
7 – na simbologia espacial.

1 – A organização espacial do corpo (dominância lateral):

"*A dominância funcional de um lado do corpo é determinada, não pela educação, mas pela predominância de um hemisfério cerebral sobre o outro*" (Broca, 1865).

A dominância do hemisfério esquerdo sobre o direito manifesta-se pela dextridade e o inverso pelo canhotismo. Ajuriaguerra e Diatkine referem, porém, que o sinistrismo não é absolutamente o inverso da dextralidade:

" – as lesões no hemisfério direito de canhotos acarretam uma sintomatologia que não é diretamente comparável àquela consequente das lesões do hemisfério esquerdo dos dextros, tanto no aspeto qualitativo como no quantitativo". A predominância poderá ser mais ou menos forte, variando de indivíduo para indivíduo. A predominância poderá ser diferente, num mesmo indivíduo, para os diversos membros e órgãos sensoriais.

Em relação à lateralidade, haverá que se considerar: a lateralidade visual (com que vista espreita pelo buraco de uma fechadura), a lateralidade auditiva (em que ouvido usa o telefone), a lateralidade manual (com que mão escreve) e a lateralidade pedal (com que pé dá um pontapé numa bola).

2 – O espaço do corpo:
A noção do espaço que o corpo ocupa está intimamente ligada à noção do corpo (imagem corporal e somatognosia), referindo-se de modo particular à estatura e à configuração corporal (alto, baixo, magro, gordo) tem muita importância no gosto que tem pelo seu corpo.

3 – Espaço dinâmico e noção do espaço
O espaço dinâmico refere-se ao espaço necessário para o corpo se movimentar (andar, correr, saltar), estando intimamente ligado à noção de espaço.

A noção de espaço organiza-se através de todos os sentidos e da movimentação, registando-se de modo inconsciente antes de tomar aspetos da realidade ou de se poder estruturar em conhecimentos traduzidos pela expressão (por exemplo o bebé, ao ser manuseado e transportado pela sua mãe já está a organizar a sua noção de espaço).

As diferentes estruturas que constituem o conceito geral da noção de espaço nascem, desenvolvem-se e completam-se através da ação vivida pela criança, através da sua movimentação e do seu contacto com os objetos.

A noção (cognitiva) do espaço, compreende a compreensão das seguintes dimensões espaciais:

1 – Itinerários (*"foi para a escola", "desce a escada", "passa pela sala e vai para o jardim"*);
2 – Direção (*"para a frente", "para a direita", "para a esquerda"*);
3 – Sentido (*"da direita para a esquerda", "de cima para baixo"*);
4 – Distância (*"comprido-curto", "perto-longe", "vinte passos", mais longe que..."*);

5 – Localização (*"dentro-fora", "frente-atrás", "à direita", "à esquerda", "vinte passos para a direita"*).
sempre concebidos em relação ao eu corporal.

A escrita com falta de paralelismo vertical e de igualdade dimensional das letras é às vezes resultado de atrasos na maturação da noção de espaço.

4 – O espaço vital

O espaço vital de qualquer animal é aquele de que necessita para poder sobreviver, sendo defendido das intrusões de outros animais da mesma espécie com a maior agressividade. O território de caça ou de pasto do animal, a casa em que a pessoa vive com a sua família, o "seu lugar" que a criança tem na sala de aula, não são mais do que espaços vitais, fundamentais para a sua segurança e referenciação.

No homem, o espaço vital fundamental está reduzido ao seu espaço corporal íntimo. O homem reage violenta e agressivamente, quando há qualquer intrusão estranha nesta esfera íntima (exemplo da agressividade latente que aparece na superlotação de espaços reduzidos: autocarro, metropolitano, sala de aula, etc.).

5 – O espaço social

A seguir ao espaço vital e sensivelmente a uma distância de cerca de 3 metros, situa-se o espaço social, aquele espaço em que se estabelecem as relações sociais, em que as pessoas conversam e fazem amizades.

A seguir a este, todo o espaço circundante é igualmente constituído por um espaço impessoal, no qual raramente as pessoas estabelecem relações. A relação social baseia-se no respeito mútuo dos espaços vitais, mantendo-se a nível do espaço social e impessoal.

O espaço vital, que gera reações agressivas quando sofre intrusões de desconhecidos, é também o espaço afetivo, o seio que acolhe os entes familiares (tato, festas, carinhos, afagos, carícias, beijos, etc.).

6 – O espaço contextual

O espaço contextual refere-se ao espaço onde está o corpo (sala. rua, pátio), bem como ao espaço onde vive (cidade, cultura, costumes).

O meio tem importância fundamental no desenvolvimento da pessoa. São exemplos os casos de meninos-lobo e o desenvolvimento rápido dos sentidos olfativo e auditivo das crianças africanas.

7 – A simbologia espacial
Refere-se aos símbolos que são utilizados para representar as relações espaciais: comprimento, largura, área, perímetro, volume, desenhos, esquemas, croquis, plantas, mapas, etc.

O Raciocínio Temporal
1. A Noção de Tempo
Pode-se referir como *"tempo"* a perceção imaterial da duração que separa duas perceções espaciais sucessivas.

"– O tempo não é percetível como tal, contrariamente ao espaço ou à rapidez, dado que não é percetível pelos sentidos. Só se toma perceção das suas consequências, da sua ação, das suas velocidades e dos seus resultados." (Piaget, 1963: 121).

O tempo constitui com o espaço um todo indissociável. Os períodos temporais das deslocações físicas no espaço ou dos movimentos internos, são ações planeadas, antecipadas ou reconstituídas pela memória, pensando-se num ato como uma sucessão de eventos ou como uma deslocação no espaço durante um período de tempo.

Piaget (1973) distingue três aspetos característicos do tempo: o *tempo psicológico*, o *tempo qualitativo* e o *tempo métrico*.

Distinto do tempo físico, real (métrico, marcado pelo relógio), o tempo psicológico é um tempo de certa forma intuitivo, no qual a organização temporal se relaciona com as experiências vividas. A noção da sua duração depende dos acontecimentos e da importância que tiveram para quem os viveu, em relação aos seus pensamentos e recordações (o imenso tempo de uma aula aborrecida e o pouco tempo de um filme de que se gosta).

A noção de espaço está ligada à ação e a noção de tempo está ligada à vivência. Só comparando tempos a outros já vividos e guardados na memória se tem a noção da sua duração. Seja na criança ou no adulto, encontramos o tempo sempre ligado à memória, a um processo causal complexo e a um movimento espacialmente bem definido.

Poderemos mesmo considerar a memória como uma intuição direta do tempo, dado ser a memória uma reconstituição do passado, de algo que já sucedeu temporalmente. A memória estabelece uma imediata relação temporal de sucessão: o que já se passou, o que se está a passar, ou seja, as noções de *"antes"* e *"agora"*, de *"passado"* e de *"presente"*.

A criança retém uma série de impressões e de recordações com uma vivacidade por vezes desconcertante, mas não as ordena em séries temporais coerentes nem estima as durações, o que gera grandes confusões. Dos 2 aos 4 anos, quando uma criança conta um passeio, uma visita a casa de uns amigos ou as aventuras de uma viagem, ela é incoerente, apresentando geralmente um conjunto de detalhes simplesmente justapostos em que cada um se associa a outro por pares ou em pequenas sequências, mas em que escapa a ordem geral, não havendo ainda qualquer ordenação temporal, pelo que a narração resulta desordenada. Por volta dos 6-7 anos nota-se já uma melhoria organizacional, mas só pelos 7-8 anos é que há uma coerência organizacional da narrativa.

O tempo qualitativo é uma noção essencialmente cognitiva, baseada no tempo intuitivo, referindo-se às relações de sucessões e de duração obtidas pela perceção imediata, externa ou interna.

O tempo métrico é um tempo qualitativo em que se fazem intervir unidades numéricas. Mais ainda que o tempo qualitativo, o tempo métrico supõe uma geometria, uma cinemática e um mecanismo porque, para além das relações entre as ações efetuadas e as suas velocidades, coloca em jogo a sincronização e as diferenças de velocidade.

"– O tempo, como cada um dos outros sistemas quantitativos, começa por se apresentar sob a forma de qualidade e de quantidade brutos ou intuitivos, para se organizar então progressivamente sob o duplo aspeto da qualidade lógica e da quantidade extensiva ou métrica. Subsiste entretanto uma diferença de grau, em que o tempo qualitativo conserva, logo que se torna operatório (no estádio das operações concretas), um papel prático muito maior, em relação ao tempo métrico. O que se explica pela existência da duração interna, ligada à memória das nossas ações ou às peripécias da ação atual" (Piaget, 1973: 131).

A nível intuitivo, a criança, segundo as leis gerais do egocentrismo intelectual que a caracteriza, julga o tempo físico como se se tratasse de durações internas, contratáveis e dilatáveis em função das características da ação, formando em seguida a ideia de um tempo homogéneo, comum a todos os fenómenos, graças à construção lógica das operações agrupadas num sistema de conjunto coerente.

O tempo psicológico resulta, como o tempo físico, das operações propriamente ditas (operações quantitativas tais como comparações, seriações e encadeamentos, ou mesmo operações métricas tais como as dos tempos da música e da poesia), ou como o tempo físico inicial de regulações simplesmente intuitivas.

O tempo psicológico adulto conserva a estrutura das noções temporais infantis, em que a intuição da duração aparece de *"imediato"*, aplicando-a aos domínios da atividade e da afetividade, por oposição às ações e aos sentimentos regulados pelas normas intelectuais.

É, porém, errado pensar que esta intuição interna se constrói independentemente dos objetos e da sua ação. Em todos os estádios de desenvolvimento o tempo psicológico apoia-se no tempo físico e vice-versa. De uma objetivação inicial do tempo psicológico, em que há um pensamento egocêntrico que situa o tempo físico em relação ao Eu, evolui-se para uma subjetivação do tempo psicológico no sentido preciso de uma coordenação interior e representativa das ações da criança, passadas, presentes e futuras. Estas objetivação e subjetivação estão em estreita interação e modificam-se mutuamente.

A noção psicológica de duração resulta desta inteligência de construção, da ação no quotidiano, da experiência e da vivenciação com as durações físicas.

> *"– O tempo métrico resulta de uma elaboração paralela à do desenvolvimento do número a partir dos agrupamentos qualitativos de sequenciação de classes e de seriação lógica, apenas com a diferença de que se tratam de operações infralógicas nas quais o encadeamento das durações, que é uma adição das partes de um mesmo objeto total, substitui o das classes (ou conjuntos de objetos), o deslocar das durações, que é uma operação de deslocamento dos movimentos geradores de tempo, substitui a seriação lógica (independentemente da ordem espaço-temporal), e nas quais a síntese operatória da adição partitiva e de deslocamento é uma medida ou uma métrica e não um sistema de números abstratos"* (Piaget, 1973: 142).

Em relação à noção de número, logo que a criança é capaz de incluir objetos num sistema de classes encadeadas, suscetíveis de conservação ou de serem seriadas em sequências ordenadas, passa à abstração das qualidades destes objetos, concebendo cada um como uma unidade substituível por qualquer outra no seio das suas classes e das suas séries, transformando-se assim os primeiros em números cardinais e os segundos em números ordinais, ambos indissociáveis. Sucede exatamente o mesmo no que se refere à noção de tempo métrico. A noção de sucessão qualitativa das durações, uma vez adquirida, constitui um sistema bem definido, no qual cada duração não pode ficar sem ser substituída pela seguinte.

2. A Ordem Temporal

A noção da sequenciação das ações no tempo foi estudada por Piaget utilizando o teste das imagens em desordem de Krafft e Piaget (1925). A série de imagens da água a correr de um jarro para um copo, que se apresentam à criança, de modo desordenado, pedindo-lhe para as ordenar correctamente, resume a capacidade que se pretende avaliar com aquele teste.

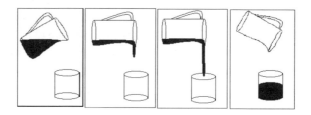

Antes dos 6-7 anos, a criança mostra algumas dificuldades na ordenação sequencial das imagens, tanto maior quanto menor for a sua idade. Depois dos 7-8 anos de idade, consegue ordenar sequências de imagens deste género sem qualquer dificuldade.

3. A Duração

A duração não é operatoriamente compreendida senão na medida em que corresponda univocamente a um sistema de sucessões e de simultaneidades. A noção métrica do tempo é simultaneamente ordinal e cardinal: à ordem temporal ou sucessão ordinal dos pontos de referência, corresponde a duração ou valor cardinal dos intervalos entre estes pontos.

Para se avaliar estas características da noção de duração, desenha-se uma auto-estrada numa folha de cartolina grande e faz-se deslocar nela dois pequenos automóveis-brinquedo, de madeira ou de plástico, paralelamente mas a velocidades diferentes.

Explica-se à criança que:

- Os dois automóveis vão para o ponto C.
- O nº 1 parte do ponto A e o nº 2 parte do ponto B.
- O automóvel nº 2 chega primeiro ao ponto C.

Pergunta-se: *"– Qual o automóvel que andou mais tempo?"*
As crianças com menos de 4 anos e meio não possuem ainda a capacidade de distinguir entre relações temporais e espaciais. *"Menos tempo"* associa-se a *"chegar primeiro"* e *"mais tempo"* associa-se a *"chegar depois"*. Não compreende a simultaneidade e pensa na duração temporal como proporcional à distância percorrida, havendo constantes contradições e mudanças de opinião.

Dos 5 aos 6 anos e meio, as ordenações temporais e espaciais começam a ser percebidas dissociadamente, havendo progressos no conceito de sucessão mas não no de duração ou vice-versa. Não compreende ainda corretamente a simultaneidade nem as durações coincidentes. Poderá compreender uma, mas ainda não as outras.

Por volta dos 7 anos e meio, começa a relacionar a sucessão e a duração e às vezes, no meio de algumas confusões, já é capaz de aprender a noção de simultaneidade e a de durações coincidentes.

Depois dos 8 anos e meio, a criança é capaz de efetuar a separação por completo entre o tempo e o espaço, distinguindo claramente a sucessão temporal da ordem espacial, coordenando a duração e a simultaneidade num sistema único e reversível.

4. A Sucessão

"– De um modo geral, a organização das durações obedece a um processo exatamente paralelo àquele que intervém na ordem das sucessões. Inicialmente confundido com o espaço percorrido, devido às centrações sobre os pontos de chegada, a duração estrutura-se em seguida sob a forma de sincronizações que se emparelham com a descentração das simultaneidades e de uma sequencialização por sincronismos parciais, que resulta da transitividade operatória nascida de uma descentração análoga àquela que permite o agrupamento das sucessões" (Piaget, 1973: 87).

A noção de sucessão é facilmente entendida pela criança quando se trata da sequência de movimentos de chegada. Ela entende perfeitamente, numa corrida, quem é que chega em 1º lugar, em 2º, etc. As dificuldades começam a surgir quando, em vez da ordem de chegada, se questiona quem levou menos tempo.

Para a avaliação da noção temporal de sucessão na criança, Piaget usou um teste com dois caracois-brinquedo, que aqui se resume:

O caracol I e o caracol II partem ao mesmo tempo de um ponto A, seguindo uma estrada reta. O caracol I segue devagar, sem parar, até ao ponto D. O caracol II vai mais rápido mas para uns segundos no ponto B e mais uns segundos no ponto C.

Chegam, os dois caracóis, ao mesmo tempo ao ponto D.

Pergunta-se à criança: "– *Qual o que demorou menos tempo?*".

Pelos 4-5 anos, a criança não diferencia ainda as sucessões espaciais das sucessões temporais, referindo que demoraram ambos o mesmo tempo, porque chegaram simultaneamente ao ponto D.

Entre os 5 e os 7 anos só dissocia o tempo do espaço. As intuições iniciais começam a diferenciar-se ou a articular-se, de tal modo que o antes e depois temporais se dissociam da ordem espacial, de tal modo que a simultaneidade é reconhecida como independente das posições ou da velocidade, compreendendo que a duração se tornou inversa da velocidade. Estas intuições iniciais não são, no entanto, ainda compostas entre si num agrupamento de conjunto, daí haver muitas respostas incongruentes.

Pelos 7-8 anos, já se verifica um agrupamento operatório de todas as relações, num sistema coerente, integrando as durações e a ordem de sucessão.

5. A Simultaneidade

O desenvolvimento da aquisição da noção de simultaneidade temporal é também analisado por Piaget através de uma extensão da prova anterior.

Os dois caracóis partem do ponto A, seguindo a mesma linha, andando o caracol I mais depressa. Param ao mesmo tempo, o caracol I no ponto C e o caracol II no ponto B.

Pergunta-se à criança: *"– Qual o que demorou mais tempo?"*.

Pelos 4-5 anos de idade, a criança ainda não possui a noção de simultaneidade nem da proporcionalidade da duração temporal em relação ao espaço percorrido, considerando geralmente que o caracol I demora mais tempo que o II porque *"– É mais longe"* ou *"– Vai mais depressa"* e que o II *"– Para primeiro porque é menos longe"*.

Entre os 5 e os 7 anos, ainda não apreende a simultaneidade e a igualdade das durações sincronizadas, mas crê que o II andou mais tempo porque ia mais devagar.

Só por volta dos 7-8 anos é que admite em conjunto a simultaneidade e a igualdade das durações, apoiando-se uma na outra.

6. Associação, Adição e Diferença das Durações

A compreensão de que se podem associar, adicionar e subtrair diferenças temporais é uma operação mental de natureza eminentemente métrica mas que começa por ser qualitativamente percebida.

A construção da noção de sincronismo, que marca a passagem do campo temporal intuitivo ao tempo homogéneo do estádio das operações concretas, leva à avaliação das durações em geral. Esta avaliação baseia-se, direta ou indiretamente, na ideia de sincronismo: comparar duas durações é julgá-las iguais ou desiguais, seja em função das suas partes sincronizadas, seja em função duma terceira duração que serve de medida comum.

No primeiro caso há uma sequenciação qualitativa que permite comparar as durações parciais às durações totais de diversas ordens:

$$A < B; B < C; \text{etc.}$$

No segundo caso, faz-se intervir o tempo métrico.

A adição de duas durações constitui ainda uma duração inequivocamente considerada como tal:

$$A + A' = B \text{ logo } A < B$$
$$(A + A') + B = C$$

A transitividade aplicada às igualdades (se A = B e B = C, logo A = C) é também aplicada às desigualdades (A ≠ B e B ≠ C, logo A ≠ C) e às seriações (A < B < C, logo A < C). No entanto, uma seriação de durações não se limita a durações sucessivas mas a durações simultâneas.

Na criança, pelos 6-7 anos, não há ainda sincronização das durações elementares nem associação ou adição. Não sendo também ainda capaz de efetuar comparações dois a dois, não deduz logicamente as durações.

Pelos 7-8 anos já consegue apreender a sincronização das durações elementares mas não ainda a associação nem a adição. Compara já bem os termos dois a dois, mas sem coordenar os pares entre si; compreende, por exemplo, A < B e A < C, faltando compreender ainda a transitividade das relações de igualdade e desigualdade.

Depois dos 8-9 anos, geralmente, a sua compreensão das seriações e sequências operatórias permite-lhe o raciocínio por transitividade. Em A < C, percebe que pode haver um meio termo B entre A e C de modo a que A < B < C ou mesmo A < A' < A" < C.

7. A Noção de Idade

O quantos anos tem, quem é mais velho e quem é mais novo, é uma preocupação que aparece muito cedo na criança e que lhe causa grandes confusões quando procura esclarecimentos para os quais as suas capacidades intelectuais não estão ainda preparadas.

Geralmente a sua primeira noção de *"mais velho"* associa-se à realidade espacial (espaço e tempo andam sempre juntos) exterior mais manifesta: maior ou mais alto. A criança mais alta da sua classe é quase sempre percebida como a mais velha – o *"maior"* em idade.

Noutras situações, como por exemplo em relação à sua família, em que o avô é o mais velho mas o pai é o que possui maior estatura, a criança envereda por outras possibilidades.

A noção de idade não resulta, na criança, de uma intuição direta do tempo individual interior, mnésica. A idade é, ao princípio, apenas a estatura, ou seja, o índice mais espacial e mais exterior do crescimento físico, concebido como desenrolando-se num ritmo uniforme.

Segundo Piaget (1973), pelos 4-5 anos, a criança concebe as idades como independentes da ordem de nascimento e julga que as diferenças de idade se podem modificar com o tempo.

Por volta dos 6-7 anos, já compreende que as idades dependem da ordem de nascimento mas as diferenças de idade não se conservam no decorrer da existência, ou conservam-se, mas não dependem da ordem de nascimento.

Pelos 7-8 anos, a duração e as sucessões são coordenadas entre si e as suas relações conservam-se graças a esta mesma coordenação.

O Raciocínio Espaço-Temporal
1. O Movimento e a Velocidade

A velocidade é o movimento de um móvel, percorrendo um dado espaço numa dada fração de tempo. É, pois, essencialmente uma noção de movimento.

Depois de organizadas as operações concretas, a noção de movimento consiste essencialmente na compreensão de mudanças sucessivas de localização, seguindo uma dada direção, avaliando-se em relação à ordem de sucessão dos seus pontos de chegada, desenhando-se claramente a noção de caminho percorrido como intervalos entre os pontos, ordenados, de partida e de chegada.

"A ideia de movimento supõe, de início, a noção de ordem e esta não apenas matematicamente, mas também psicologicamente: do ponto de vista genético, uma "deslocação" é necessariamente relativa a um sistema de "localizações", ou seja, precisamente de posições segundo uma certa ordem...

A experiência da ordem, do número, do espaço, etc., é uma experiência que a criança faz na realidade sobre ela mesma, isto é, sobre as suas próprias ações e não sobre os objetos como tais, aos quais as ações se aplicam simplesmente." (Piaget, 1972: 93).

As ações, uma vez coordenadas em agrupamentos coerentes, podem, num dado momento, passar de toda a experiência a dar lugar a uma comparação interna puramente dedutiva, que será inexplicada se a experiência inicial consistiu em extrair o conhecimento dos objetos em si mesmos.

Embora a ordem linear direta (reta) seja um dado intuitivo, as diversas relações de ordem não são constituídas sob uma forma completa (ordem linear inversa e ordem cíclica nos dois sentidos), necessitando de ser agrupados num sistema operatório que Piaget designa por *"agrupamento de deslocações"*.

A deslocação, o movimento, não é, portanto, qualitativamente, mais do que uma mudança de posição ou de ordem. O caminho percorrido ou o intervalo entre os pontos de partida e de chegada, resta indiferenciado da ordem em si, tanto que permanece intuitivo.

Só quando a ordem atinge o nível das operações concretas (7-8 anos) é que os caminhos percorridos são concebidos a título de intervalos ou distâncias encadeadas e suscetíveis de estimação métrica.

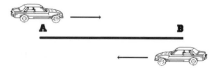

Apresentando-se à criança uma reta AB e um carro que se desloca primeiro de A para B e em seguida de B para A, se lhe perguntarmos se o caminho percorrido na ordem inversa é igual ao de A para B, há diferenciação nas respostas em conformidade com o desenvolvimento da sua noção de composição das deslocações:

- Pelos 4-6 anos refere que são diferentes;
- Entre os 6 e os 6 anos diz que são iguais, mas não generaliza esta noção a outras situações;
- Depois dos 8-10 anos já os compreende iguais e generaliza.

2. A Velocidade

Há uma noção interna de velocidade, baseada nas sensações cinestésicas e nas regulações energéticas do esforço (aceleração) e da fadiga (desaceleração) e há uma perceção da duração do movimento dos objetos exteriores cuja deslocação é observada pela criança, que se interligam para alicerçar a cognição da velocidade.

A noção intelectual da velocidade baseia-se também, como a de movimento, numa intuição de ordem: um objeto móvel é concebido como mais rápido que outro, quando o ultrapassa, numa trajetória paralela, vindo de trás, no mesmo sentido, passando-lhe à frente.

"– A velocidade não é apreendida de modo imediato, sendo necessária uma longa elaboração, inicialmente de caráter sensório-motor, depois intuitiva e por fim operatória." (Piaget, 1972: 87).

As duas provas que a seguir se descrevem, permitem observar o desenvolvimento da noção de velocidade na criança:

1 – A Velocidade de dois movimentos quando só se veem os seus pontos de chegada:
Fazem-se passar dois carros-brinquedo (de madeira ou plástico) sob dois túneis retos (retângulo de cartolina arqueado), um com 55 cm e outro com 40 cm de comprimento. Os carros partem e chegam ao mesmo tempo.

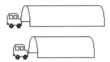

Pergunta-se à criança se algum deles andou mais depressa que o outro.
Se há engano na resposta, repete-se o procedimento à vista da criança, sem os túneis de cartolina, para que possa verificar que um se move mais depressa que o outro. Colocam-se de novo os túneis, volta a proceder-se como no princípio e repete-se a pergunta.
Pelos 5-6 anos, a criança insiste em dizer que os dois carros se movem à mesma velocidade, porque chegam ao mesmo tempo, mesmo após ter verificado a execução sem os túneis.
Por volta dos 6 anos, após a exemplificação sem os túneis, a sua resposta muda.
Só pelos 7 anos é que dá a resposta certa logo de início, compreendendo corretamente as relações entre espaço e tempo.

2 – A velocidade de dois movimentos visíveis:
Primeira situação: Apresenta-se à criança um desenho com um caminho horizontal reto AB e outro oblíquo, AC, que se desvia do primeiro. A reta AC é nitidamente mais longa que a outra.

Diz-se à criança que são duas estradas em que dois automóveis partiram ao mesmo tempo do ponto A, seguindo à mesma velocidade, cada um, pela sua estrada.

Segunda situação: Apresenta-se à criança dois caminhos paralelos, AB, mas em que um é cheio de curvas. Os carros partem ao mesmo tempo e à mesma velocidade.

Após a aplicação de cada uma destas situações, fazem-se à criança as seguintes perguntas:

"– *Chegarão ao fim ao mesmo tempo?*"
"– *Chegará um antes do outro? Qual?*"
"– *Porquê?*".

Terceira situação: Os automóveis seguem as estradas da primeira situação, mas chegam aos seus respetivos destinos ao mesmo tempo.
Quarta situação: Repete-se a segunda situação, mas de modo a que os carros cheguem ao fim ao mesmo tempo.

Pergunta-se, no final de cada uma destas situações:

"– *Qual é que andou com mais velocidade?*"
"– *Qual é que percorreu uma distância maior?*"
"– *Porquê?*".

As crianças de 5 anos esperam que os dois automóveis, tanto na situação 1 como na 2, cheguem ao mesmo tempo. Quando se lhes mostra que um chegou de facto primeiro, dizem que *"andou mais depressa"*, mesmo quando se lhes explicou previamente que seguiam à mesma velocidade. Nas situações 3 e 4 mantêm que os carros andaram à mesma velocidade chegando mesmo a afirmar que, na situação 4, o carro que percorreu o caminho reto andou a maior velocidade porque o caminho era mais curto. Nesta idade ainda não compreendem a ideia de velocidade, ou seja, do tempo necessário para percorrer uma distância. Para si, maior velocidade significa chegar primeiro e chegar ao mesmo tempo é entendido como deslocar-se com a mesma velocidade.

Por volta dos 6 anos, a maioria das crianças responde acertadamente às duas primeiras situações, reparando que os tempos dependem dos comprimentos dos caminhos, mas a chegada simultânea nas situações 3 e 4 ainda as deixa confusas.

Pelos 7 anos, depois de se ter chamado a atenção para as velocidades de deslocação de cada um dos carros, nas situações 3 e 4, a criança começa a perceber a diferenciação de velocidades.

Dos 8 anos em diante, as três ideias de extensão do caminho, do tempo e da velocidade já são adequadamente estruturadas desde o princípio.

O Raciocínio Duplo

Designámos por Raciocínio Duplo a capacidade de efetuar mentalmente problemas que exijam uma sequência de duas linhas de pensamento, ou seja, dois problemas encadeados, em que o segundo utiliza dados conseguidos na resolução do primeiro.

Por exemplo: *"– Tens três sacos, cada um com cinco berlindes. Perdeste oito berlindes. Com quantos ficaste?"*

A criança começa por resolver mentalmente o primeiro problema (fazendo a contagem multiplicativa de três sacos com cinco berlindes, dando quinze berlindes), efetuando a seguir um raciocínio subtrativo, contando de oito para quinze.

Trata-se de um procedimento mental de elevada exigência, requerendo grande capacidade de concentração para não se desviar da linha de raciocínio, boas capacidades de memória, para não se esquecer dos dados e muita prática anterior a nível da resolução mental de problemas de raciocínio simples (não duplo).

Nem todas as crianças são capazes de atingir esta capacidade de raciocínio duplo. Nos nossos estudos, somente as crianças que, pelos 3-4 anos, efetuaram atividades de resolução de problemas através da Movimentação Corporal, pelos 4-5 anos efetuaram atividades de raciocínio através da Manipulação de Objetos e que, pelos 5-6 anos, efetuaram resolução de problemas através do Pensamento (cálculo mental), é que conseguiram resolver problemas de raciocínio duplo.

Destas crianças, apenas algumas, poucas, foram capazes de efetuar problemas de raciocínio duplo lidando com quantidades de centenas e dezenas. Possuindo todas a mesma experiência de três anos (na metodologia de Movimento-Objetos-Pensamento), o que diferenciava estas crianças não era, porém, a sua inteligência, mas as suas capacidades mnésicas (esta investigação foi controlada por testes psicológicos).

Na apresentação destes problemas de raciocínio duplo a adultos, verificámos que também eles mostravam grandes dificuldades, tentando tomar nota escrita dos dados ou fazer as contas mentalmente, *"vendo"* algarismos e não os objetos.

Encontrámos vendedores de mercado, iletradas, que conseguiam efetuar com rapidez assombrosa cálculos multiplicativo-subtrativos (preços, custos e demasia), mas que colocados perante problemas de outro tipo de raciocínio duplo (por exemplo divisão-adição) já mostravam dificuldades.

Pensamos que o raciocínio duplo será o expoente máximo, a capacidade máxima que será possível atingir pela criança no estádio Pré-Operatório, pelo que o consideramos como a meta final a atingir pela nossa metodologia de Movimento-Objetos-Pensamento.

A Representação Gráfica: Algarismos e Números
Tendo o presente trabalho como seu objetivo o desenvolvimento das capacidades de raciocínio lógico na criança, considerando-a portanto no estádio Pré-Operatório e no momento que antecede o final do seu desenvolvimento neurológico (7-8 anos), todos os nossos esforços são no sentido de promover uma metodologia que fomente maior maturação neurológica e melhores estruturas cognitivas, não desejando perder tempo com as aprendizagens da matemática dos algarismos e números no papel, aprendizagens estas que poderá fazer após a entrada para o estádio das Operações Concretas e ao longo de toda a sua vida

Para desenvolver o raciocínio lógico, é até cerca dos 6-7 anos a melhor altura para o fazer.

No entanto e apenas para compreensão do educador daquilo com que a criança se irá deparar a seguir – as aprendizagens da leitura-escrita de palavras e números –, faremos uma breve abordagem à principais questões que se colocam nesse campo.

> Não nos interessa a aprendizagem da escrita e utilização dos algarismos. Interessa-nos o desenvolvimento do raciocínio da criança.
> A aprendizagem precoce da escrita dos números e das operações com papel e lápis leva a automatismos que não estimulam o raciocínio.

> Nunca se deverá iniciar a aprendizagem da escrita de algarismos sem que a criança tenha capacidades para aprender a ler e a escrever (há testes psicológicos para verificar isso).
> A Função Semiótica e a passagem para o estádio das Operações Concretas são condições imperativas para se poder iniciar a aprendizagem da leitura-escrita de letras, algarismos, palavras e números.
> Só depois de resolver mentalmente um problema é que a criança poderá efetuar a respetiva conta no papel.

1. Dificuldades na Aquisição da Noção de Número:
As dificuldades de audição, de fala e de leitura coincidem por vezes com igual dificuldade para compreender a numeração e para efetuar as operações elementares de cálculo mental.

Podem estas dificuldades ter as suas raízes no campo da semiótica, quando perturbações de audição e da fala não permitem à criança uma boa apreensão dos símbolos verbais numéricos ou quando deficits de acuidade ou de perceção visual causam perturbações na apreensão da simbologia escrita dos algarismos e sinais (simbologia escrita esta que se recomenda ser efetuada apenas na altura da passagem do estádio Pré-Operatório para o das Operações Concretas, pelos 7-8 anos, portanto).

Imaturidade no desenvolvimento das capacidades de abstração reflexiva, de inclusão hierárquica e de memorização, bem como a falta de boa compreensão no que respeita às noções de ordem, de constância da quantidade e de número, situando-se a um nível cognitivo mais profundo, geram dificuldades de raciocínio lógico-matemático mais difíceis de ultrapassar.

Aparecem bastante em crianças com dificuldades intelectuais, mas também aparecem em crianças sem quaisquer problemas de inteligência, geralmente devido a imaturidades fatoriais e à falta de boa organização das noções referidas.

O desejo de muitos professores de *"ensinar matemática"*, sem antes terem verificado se os seus alunos possuem de facto bem amadurecidas todas as capacidades e noções intelectuais necessárias para tal. é erro que leva geralmente a situações de Discalculia, por vezes bem difíceis de recuperar.

2. A Simbolização da Ideia de Número

A tradicional abordagem da Matemática como ciência, considera-a apenas em termos da sua linguagem simbólica, escrita, e não como um processo de raciocínio.

Há, de facto, todo um conjunto de convenções, criadas pela sociedade para registo escrito dos encadeamentos de raciocínio lógico-matemático que se desenrolam a nível do cérebro e que são os algarismos, os números e os sinais, que variam de sociedade para sociedade (português, árabe, chinês, etc.), enquanto o processo mental é o mesmo.

Ao observar um grupo de vacas que estão a pastar, um português, um árabe ou um chinês, apercebem-se igualmente da sua quantidade, mas o português dirá que são *"quatro"* vacas e escreverá o algarismo *"4"*, enquanto o árabe e o chinês traduzirão o mesmo pensamento noutros sinais verbais e gráficos. O raciocínio mental é o mesmo, havendo diferenças apenas nos sinais empregues para transmitir para o exterior o que se efetua internamente.

A noção de que os sinais simbolizam coisas, factos ou pensamentos é uma estrutura cognitiva que se começa a organizar muito cedo e que só pelos 7-8 anos atinge a maturação que permitirá o início da aprendizagem da língua simbólica escrita da cultura em que a criança estiver inserida (só por esta idade é que a criança está apta a aprender a ler e a escrever, letras ou números).

Esta simbologia e as suas regras, produto das convenções sociais, é suscetível de ser ensinada, constituindo a *"Matemática"* usualmente considerada nas escolas. É e será sempre, porém, apenas um processo de transcrever e registar o que é processado mentalmente e nunca qualquer operação intelectual em si.

O sinal 4, por exemplo, pode ser ensinado, mas a ideia de que simboliza uma quantidade abstrata, que tanto se poderá referir a quatro carneiros como a quatro aviões, é uma noção que só poderá ser construída pela própria criança, podendo apenas o educador, na pré-escolaridade, ajudar no processo maturacional desta construção.

3. Símbolo e Sinal:

"– No final do período sensório motor, entre o 1,5 e os 2 anos, surge uma função fundamental par a evolução das condutas ulteriores, que consiste em poder representar alguma coisa (um significado qualquer: objeto, acontecimento,

esquema conceptual, etc.) por meio de um significante diferenciado e que só serve para essa representação: linguagem, imagem mental, gesto simbólico, etc." (Piaget, 1941: 97).

Piaget designa esta função fundamental por *Função Simbólica ou Semiótica*, referindo que inclui em si a Imitação Diferida, o Jogo Simbólico, o Desenho, a Imagem Mental e a Evocação Verbal, cujos processos maturacionais se desenvolvem durante todo o período pré-operatório, conjugando-se no início das operações concretas para organização da Função Simbólica, que permitirá à criança compreender que um dado sinal representa uma dada ideia.

Assim, quando a criança constrói uma ideia numérica através da abstração reflexiva, de por exemplo a quantidade cinco, percebe que pode representar verbalmente esta ideia pelo *sinal* verbal *"cinco"* ou graficamente por *símbolos* como " | | | | | " ou "□ □ □ □ □", ou pelo algarismo (sinal) *"5"*.

Segundo Piaget (1941), um *símbolo* é um significante que tem uma semelhança figurativa com o significado e que pode ser inventado pela criança. Por isso não é necessário ensinar-lhe o símbolo.

O *sinal*, pelo contrário, é um *significante convencional*. Os sinais não são portadores de quaisquer semelhanças com o significado e pertencem aos sistemas inventados para comunicar com os outros. A palavra *"cinco"* e o algarismo *"5"* são sinais que necessitam de uma transmissão social, ou seja, necessitam de ser aprendidos.

4. Associativismo Versus Cognitivismo:

As metodologias e os manuais escolares de Matemática possuem uma longa tradição académica associativista de ensino à qual a maioria dos professores tem dificuldade em escapar.

Por outro lado, o desenvolvimento do raciocínio lógico-matemáico e a aprendizagem da sua semiótica é algo bem mais complicado do que o que pretendem as metodologias associativistas de ensino da Matemática.

O associativismo considera, por exemplo, que os sinais, tais como o algarismo *"5"*, se aprendem por simples associação, ou seja, que o sinal *"5"* se aprende associando-o a cinco objetos, a uma gravura de cinco objetos e/ou à palavra *"cinco"*.

Considera igualmente que os sinais de operação, como *"+"*, *"-"*, etc., se aprendem por associação através de ações observáveis de *"unir"* ou *"retirar"* elementos a conjuntos, paralelamente a uma explicação verbal dizendo que aquela ação significa *"adicionar"* ou *"subtrair"*.

Estes pressupostos, ligados a uma prática empirista, levam alguns professores a pensar na criança como desprovida de pensamento e de mecanismos neurofisiológicos de auto-aprendizagem, acreditando que todo o conhecimento advém de fontes externas à criança, sendo mais importante o que o professor ensina do que o que ela aprende.

Inclusivamente, nos cursos de formação de professores é ainda raro estudar-se o *"como a criança aprende"*, enfatizando-se o *"como ensinar"*.

Segundo Piaget (1941), não é por associação, mas por *assimilação*, que a criança aprende os sinais convencionais. *A criança assimila os sinais nas ideias que constrói por abstração reflexiva.*

Quando a criança não possui ainda capacidades para realizar uma relação hierárquica, assimila, por exemplo 3 + 2 = 5, nas relações que consegue fazer e lê aquela expressão como três quantidades justapostas ao mesmo nível (Kamii, 1982).

O manuseio de sinais como os algarismos pressupõe que a criança tenha primeiro construído as estruturas cognitivas de *"codificação"* e de *"descodificação"* que lhe permitem codificar um pensamento abstrato reflexivo num dado sinal e a operação contrária, ao ver um sinal, criar um pensamento correspondente (Kamii, 1990).

A Neuropsicologia (Penfield e Rasmussen, 1950; Geschwind, 1972, 1975; Luria, 1966, 1977) já verificou e corroborou esta posição, localizando inclusivamente os centros neurológicos onde, no córtex cerebral, se desenrolam estes processos:

Há um centro neurológico – a Área de Wernicke –, que só existe num dos hemisférios cerebrais, que efetua todo o processamento de descodificar sons (fala) transformando-os em imagens mentais (pensamento) e de proceder no sentido inverso, de codificação pensamento-fala.

Quando se trata de descodificar-codificar simbologia gráfica, o processo torna-se mais complexo, existindo uma Área de Associação que efetua a transformação dos símbolos gráficos em imagens sonoras, para que a Área de Wernicke as transforme em imagens mentais possíveis de serem entendidas pelo pensamento.

O ato de escrever ainda mais complexo é, dado que para além de todas estes processamentos ainda compreende as praxias visuo-neuro-motoras finas da mão.

AS ESTRUTURAS BÁSICAS DO RACIOCÍNIO LÓGICO

– **Da Audição para o Pensamento:**

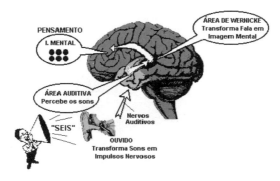

– **Do Pensamento para a Fala:**

– **Da Leitura para o pensamento:**

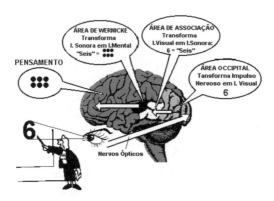

– **Do Pensamento para a Escrita:**

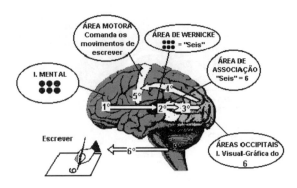

Ao ver os algarismos 2 2, uma criança poderá dizer que *"são dois dois"*, que são *"vinte e dois"*, que são *"quatro"* ou até que são *"dois patinhos"*, de acordo com a descodificação que fizer daqueles dois sinais.

É mais importante este processo cognitivo do que a mera associação externa, em que a criança é levada pelo professor a memorizar que 2 e 2 são 4, dando automaticamente esta resposta ao ver aqueles algarismos, em vez de fazer a sua própria descodificação e consequente reflexão.

Não são apenas os algarismos como também os sinais matemáticos (+, -, x, :, <, >, =, etc.) que terão de ser assimilados e organizados nas estruturas de codificação-descodificação.

Brun (1981) refere que a utilização dos símbolos matemáticos não pode ser considerada apenas como uma simples *"passagem ao simbolismo"*. A criança não aprende os sinais matemáticos por associação ou absorvendo--os do meio, mas por *assimilação* nas ideias que eles constroem.

Os números são mais fáceis de assimilar porque as quantidades são construídas em primeiro lugar. Uma operação (+) sobre estas quantidades situa-se num grau de abstração mais elevado e a relação que resulta (=) a um grau ainda mais elevado.

Só depois de poder construir uma relação hierárquica é que a criança poderá ler uma operação.

5. Desenhos, Algarismos e Números

Nas origens mais remotas do Homem encontra-se, segundo a Antropologia, um símio que teria vivido nas árvores das grandes florestas que há milhões de anos cobriam a superfície da Terra. Quando qualquer cataclismo transformou aquela floresta em savana, aqueles macacos passaram a viver no solo, andando em postura ereta para terem um melhor campo de visão sobre a savana. Tendo necessidade de se manter imóveis de pé, para não serem detetados pelos seus predadores nem pelas suas presas, desenvolveram a capacidade de mexer os olhos, sendo este o ponto em que se passou a considerá-los como hominídeos (as ossadas da *"Lucy"*).

Foi através da movimentação que estes macacos conquistaram a posição de pé, o andar na vertical e a movimentação dos olhos, evolução igual à do bebé dos nossos dias, que já nasce com a capacidade de mover os olhos e que num ano recapitula o que a evolução da espécie demorou milhões de anos a conquistar – o erguer-se e andar ereto.

A Neuropsicomotricidade (V. Fonseca, 1976, 1989 e 1991; Kendel, Schwartz e Jessel, 1991; Zeki, 1992) mostrou que o movimento é o impulsionador do desenvolvimento do sistema nervoso e de todos os circuitos neuro-sensório-motores.

Qualquer metodologia desenvolvimental deverá, por isso, basear-se numa pedagogia da ação, proporcionando o movimento como sua técnica fundamental.

A oposição do polegar naquele hominídeo ancestral, terá ajudado a utilização de utensílios, gravetos, paus, pedras, e uma crescente manipulação de objetos, que terá levado à construção de instrumentos (pedra lascada), o que mais nenhum outro animal, senão o homem, conseguiu (V. Fonseca, 1989).

Terá sido, portanto, a manipulação de objetos que desenvolveu no homem, não apenas a inteligência, que outros animais também possuem, embora em muito menor grau, mas as capacidades criativas, que são de facto exclusivas do homem (V. Fonseca, 1989).

Desde muito cedo que o bebé gosta de mexer e manipular objetos. Pelos 6 meses já se senta agitando rocas, batendo com bonecos, atirando bolas.

A manipulação de objetos será, portanto, a metodologia que se seguirá à da movimentação, não substituindo-a, mas complementando-a, passando ambas a funcionar pedagogicamente em simultâneo.

As capacidades de imaginação, de invenção e de criação, desenvolvidas pelo movimento e a manipulação de objetos, terão impulsionado o desenvolvimento das capacidades de pensamento. A necessidade de transmitir este pensamento aos companheiros terá dado origem à linguagem, desenvolvendo-se a função simbólica e a fala.

O que demorou milhões de anos a adquirir pela espécie, de novo vemos retratado no desenvolvimento da criança: a imaginação, a invenção, a evolução da mímica, dos gestos, da função simbólica e da fala. Segundo Piaget (1957) a função semiótica está organizada por volta dos 7-8 anos e, segundo os neurologistas, o sistema nervoso central termina o seu desenvolvimento também por volta desta idade, tendo-se já organizado as áreas de Broca e de Wernicke por volta dos 5-6 anos.

A metodologia que se coloca a terceiro nível será, portanto, voltada para o exercício da criatividade, da imaginação e do pensamento, bem como para a comunicação desse pensamento através da fala. O raciocínio, o encadeamento de ideias, o cálculo mental e a metacognição são objetivos fundamentais, capacidades a desenvolver através do seu exercício. Todas as ações pedagógicas deverão convergir para este objetivo e todas as metodologias deverão estar ao seu serviço.

O pensamento criativo, a imaginação e o raciocínio estavam já extremamente desenvolvidos no homem neolítico, tendo-lhe permitido a evolução agrícola (arado), arquitetónica (construção em pedra), industrial (roda, mó), metalúrgica (bronze), etc.

Pelos 5-6 anos a criança já possui todas as capacidades que lhe permitem a sua independência e sobrevivência, usando a imaginação e o raciocínio para resolver todos os problemas que se lhe deparem na sua vida.

Tanto o homem pré-histórico como a criança de 6-7 anos são capazes de efetuar mentalmente cálculos complexos: unir rebanhos ou juntar bonecos, separar colheitas ou repartir brinquedos, estimar distâncias, cargas, tempo, velocidade, etc.

O cérebro humano parece ter uma capacidade quase ilimitada para efetuar mentalmente os mais difíceis e complicados cálculos mentais.

As suas capacidades de memorização, porém, embora apreciáveis, são comparativamente muito menores. Quando surgem problemas envolvendo vários dados como, por exemplo, no adicionar vários conjuntos diferentes (cinco laranjas, mais três, mais duas, mais quatro, mais oito...), não se consegue reter na memória a curto prazo todas aquelas quantidades.

Para ultrapassar esta dificuldade, a imaginação humana terá começado a inventar processos para registar estes dados, primeiro usando os dedos, a seguir fazendo riscos em paus e ossos e provavelmente depois começando a desenhar o seu pensamento O mesmo se verificando com a evolução da criança: *"o desenho tem maior memória que a cabeça".*

AS ESTRUTURAS BÁSICAS DO RACIOCÍNIO LÓGICO

O'Connor e Robertson (2002) referem que os riscos que se encontraram em ossos com mais de 30.000 anos AC terão provavelmente sido efetuados como processo de registo de qualquer tipo de contagem, o que de certo modo poderá corresponder à contagem que a criança faz com os dedos ou aos riscos que faz no chão cada vez que consegue acertar com um berlinde num buraco.

Pinturas rupestres do neolítico mostram nitidamente a intenção de indicar quantidades. Por exemplo, três caçadores que terão caçado quatro veados, apresenta-os estilizados empunhando arcos e flechas, com os quatro veados ao lado.

Igualmente, uma criança de 5-6 anos representa a quantidade de cães que estão na rua, desenhando-os.

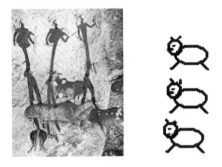

Egiptólogos encontraram lápides com cerca de 3.400 anos AC em que a representação de quantidades era efetuada com traços e desenhos. A representação mais antiga de quantidades através de desenhos hieroglíficos é de 3.000 anos AC.

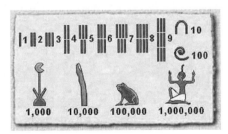

ATIVIDADES PARA O DESENVOLVIMENTO DO RACIOCÍNIO LÓGICO-MATEMÁTICO

A quantidade 276, por exemplo, era representada desenhando verticalmente os seguintes sinais:

Algumas crianças, de 5-6 anos, também usam desenhos para representar quantidades:

34 berlindes são representados desenhando três sacos de berlindes e mais quatro por baixo; 22 bombons são duas caixas e dois bombons.

Estamos, portanto, na passagem da Pré-História para a História, no momento do aparecimento da escrita. Ontogeneticamente, no momento da organização da função semiótica estudada por Piaget (1975) e, consequentemente, da passagem do pensamento pré-operatório para o raciocínio operatório. As *"operações"* escritas, realizadas no papel (na pedra, em fragmentos de cerâmica, em papiro, xisto, ardósia, pergaminho).

Da ideografia para a fonografia decorreram também milhares de anos. Parece ter sido apenas por volta de 800 anos AC que os Arameus ou os Fenícios terão criado o primeiro alfabeto fonético. Da passagem da representação desenhada do pensamento, para a representação gráfica dos sons da fala que representam o pensamento, terão decorrido mais de 2.000 anos.

Pedagogicamente parece, pois, que deverá haver uma fase de representação ideográfica, desenhando a criança as etapas do seu raciocínio enquanto efetua cálculos mentais, antes de se passar à escrita com letras e algarismos.

Egipto 3.000AC (15)		Grécia 500AC (15)
∩	10	△ Delta: 1ª letra da palavra DEKA (dez)
||| ||	5	⌐ Penta: 1ª letra da palavra PENTA (cinco)

154

AS ESTRUTURAS BÁSICAS DO RACIOCÍNIO LÓGICO

Se considerarmos que a Matemática é a técnica da representação escrita do cálculo mental, da operacionalização escrita do que é operacionalizado mentalmente, esta passagem da representação ideográfica para a pictográfica corresponderá ao nascimento da Matemática. A própria História da Matemática começa com os autores gregos, referindo-se aos períodos anteriores em termos de *"pensamento matemático"* e não como *"Matemática"*.

Antes de se iniciar a criança ao algarismo e às operações aritméticas com papel e lápis, deverá haver um período de operacionalização ideográfica que permitirá evitar muitas situações posteriores de discalculia.

O pensamento, o raciocínio interno e o cálculo mental é que são o objetivo importante. A sua representação gráfica (por desenhos ou por algarismos) nunca deverá ser considerada como objetivo mas apenas como um simples meio subsidiário, com o propósito de ajudar aquele raciocínio e nunca de o substituir.

Nunca se deverá desenhar ou escrever no papel
nada que não se tenha primeiro conseguido resolver mentalmente.
O risco de se efetuarem operações matemáticas no papel por puro automatismo, sem nada se compreender do que se está a representar,
é tanto maior quanto mais precocemente se levar a criança
à manipulação dos algarismos e da aritmética.

As grandes dificuldades dos alunos em Matemática são essencialmente devidas a esta situação, com sintomas que parecem uma toxicodependência dos algarismos escritos, perdendo-se quase por completo a capacidade de efetuar cálculos mentalmente.

A Matemática é apenas uma técnica de escrever, representando no papel a elaboração intelectual sucedida internamente, a nível psicológico. Embora a aprendizagem da escrita dos algarismos e das contas se suceda posteriormente às atividades de raciocínio, é este que é o único e exclusivo objetivo educacional a que nos propomos.

Mais do que saber Matemática, interessa ser inteligente,
saber pensar e raciocinar.
A Matemática deverá estar sempre ao serviço
do raciocínio e nunca o contrário.

Quando perguntamos a uma criança de 8-10 anos quanto custam 3 metros de tecido, a 2€ cada metro e ela nos responde *"– É multiplicar!"*, está a dizer-nos que em vez de pensar, de *"ver"* mentalmente o tecido e as moedas, está a *"ver"* mentalmente os algarismos que escreveria no papel e a operação que efetuaria com eles, de modo automático. Quando chegar à geometria correrá sérios riscos de bloquear, não conseguindo avançar por incapacidade de *"ver"* mentalmente as representações espaciais.

A passagem pela representação ideográfica é eminentemente preventiva destes problemas. A criança fica com a compreensão de que a representação escrita do pensamento é o seu desenho e quando for aprender os algarismos perceberá que estes são a representação simbólica dos desenhos, a representação da representação do pensamento.

Uma das constatações que nos surpreendeu quando efetuávamos investigações neste campo, foi a de que as crianças começavam por desenhar as quantidades no sentido vertical, de cima para baixo, só passando mais tarde para a horizontal e, neste caso, tanto desenhando para direita como para a esquerda, independentemente do desenvolvimento da sua dominância lateral.

Na revisão histórica da escrita de quantidades, também encontrámos uma evolução semelhante, em que os egípcios, chineses e indús da Antiguidade desenhavam inicialmente de cima para baixo e só muito posteriormente (provavelmente a partir da Grécia de 500AC) passaram a escrever da esquerda para a direita, com exceção dos algarismos indo-arábicos, que passaram da vertical para a horizontal e da direita para a esquerda:

Na prática pedagógica dever-se-á, portanto, pedir apenas à criança para desenhar o seu pensamento, deixando-lhe inteira liberdade para que o faça na sequência que o desejar, de modo espontâneo, sem se deter a pensar neste pormenor. Interessa a originalidade criativa da representação, a sequência do seu raciocínio e não a orientação dos desenhos ou a sua qualidade artística.

IV
Estratégia Metodológica

Depois da revisão dos estudos de natureza científica acabada de fazer nos capítulos anteriores haverá a necessidade de se estabelecer uma metodologia educacional que deles decorra naturalmente. Se as ciências mostram que o desenvolvimento do raciocínio lógico da criança se processa deste modo, deveremos estabelecer então uma metodologia educacional que a vá ajudar nesse desenvolvimento.

Uma metodologia sem estar inserida, porém, num contexto de integração educacional, não terá qualquer razão de ser.

Taba (1962) refere que uma Programação Educacional deverá começar por uma Análise da Situação, seguindo-se a definição dos seus Objetivos, a indicação dos Conteúdos Curriculares, a descrição das Metodologias e das Técnicas Educacionais através das quais se irá implementar aquelas Metodologias.

Vamos utilizar esta sequência para melhor compreensão da metodologia que propomos com o propósito de ajudar no desenvolvimento do raciocínio lógico-matemático da criança.

Análise da Situação
A atual situação educacional centra-se na Matemática científica, na operacionalização com papel e lápis de símbolos e não no desenvolvimento das capacidades cognitivas da criança.

Em alguns países chega-se ao ponto de procurar ensinar esta matemática à criança, pelos 5-6 anos de idade, antes de ter organizada a sua Função Semiótica e antes de estar no estádio das Operações Concretas.

Muito pouco é efetuado durante o estádio Pré-Operatório para ajudar a criança a desenvolver as suas capacidades de raciocínio lógico, mas procura-se que ela efetue operações escritas de procedimentos matemáticos para os quais necessita daquelas capacidades.

Tendo entrevistado alguns oradores de diferentes países, que participaram no Congresso Internacional sobre Educação Europeia, que sucedeu no Algarve, em 1998, constatou-se que nos países em que as crianças entram para a escolaridade obrigatória pelos 5-6 anos, tendo logo nos seus programas do primeiro ano o ensino de Matemática, quando chegavam ao final da escolaridade secundária, a taxa de reprovações em Matemática era alarmantemente elevada.

Nos países em que o ensino da Matemática se inicia apenas por volta dos 7 anos de idade, parece não existir grandes problemas ao nível dos resultados no último ano do secundário.

No nosso país os educadores e professores dos primeiros anos de escolaridade tiveram como seus professores de Matemática pessoas formadas em Matemática, portanto matemáticos e não educadores ou professores, centrando-se por isso as suas aprendizagens apenas nos conteúdos da Matemática, ignorando por completo as características do desenvolvimento do raciocínio lógico da criança.

A Matemática tornou-se deste modo imperativa: a criança tem que aprender aquela Matemática; é a criança que tem que estar ao serviço da Matemática e não esta ao serviço da criança, ajudando-a no seu desenvolvimento.

Os conteúdos curriculares são a Adição, a Subtração, a Multiplicação, a Divisão, etc. e não os raciocínios de Igualdade, Diferenciação, Seriação, Classificação, Quantificação, Numeração e Contagem.

A metodologia é a de ensino teórico-prático, consistindo este quase exclusivamente em efetuar operações com papel e lápis, de modo automático e descontextualizado de qualquer problematização, olvidando-se por completo os processos de assimilação-acomodação da criança.

A programática é definida em termos coletivos, pressupondo o termo *"educação democrática"* que todas as crianças são iguais, tendo o mesmo ritmo e o mesmo nível de desenvolvimento, devendo por isso todas aprender o mesmo e ao mesmo tempo.

ESTRATÉGIA METODOLÓGICA

> A perspetiva piagetiana que defendemos é completamente oposta a esta:
> – O seu objetivo é a criança. É a criança que constitui o centro de todos os esforços educativos, considerando-se estes como um apoio ao seu auto-desenvolvimento.
> – Se é até aos 7-8 anos que se desenvolvem as estruturas neurológicas e se é até esta mesma idade que se organizam os esquemas cognitivos básicos do raciocínio lógico, será na pré-escolaridade que deverão convergir todos os esforços educativos conducentes a ajudar neste processo desenvolvimental neuropsicológico.
> – Não se ensina a raciocinar. É a criança que auto-aprende, é a criança que auto-desenvolve as suas capacidades. O educador apenas cria as oportunidades que mais favoreçam este auto-desenvolvimento, estimulando e incentivando a criança a vencer as dificuldades que se apresentem.
> – Tem-se consideração pela criança, aceitando-se as suas diferenças individuais, os seus ritmos próprios de desenvolvimento, os seus interesses e as suas dificuldades. É o educador e só ele, porque é o único que conhece bem as capacidades das suas crianças, quem poderá estabelecer as organizações programáticas mais adequadas para as características específicas das suas crianças.

Esta perspetiva de que não se ensina, sendo a criança que auto-aprende já foi, no que respeita ao raciocínio lógico, bem realçada por C. Kamii:

"– Quando os educadores descobrem os níveis de aquisição do número por parte das crianças, pensam frequentemente que lhes cabe a tarefa de as levar ao nível de desenvolvimento seguinte. Trata-se de uma aplicação falsa da teoria de Piaget.

De acordo com ele, o número é construído por cada criança a partir de todos os tipos de relações que ela cria entre os objetos.

O ensino direto da conservação é também uma falsa aplicação da teoria de Piaget" (Kamii, 1995: 13).

"– A teoria do número de Piaget é contrária ao pressuposto comum de que os conceitos numéricos podem ser ensinados, especialmente o ato de ensinar as crianças a contar" (Kamii, 1995: 23).

Pode-se ensinar que o Natal é sempre no dia 25 de dezembro, que as pessoas se cumprimentam apertando as mãos e que as mesas são para se comer ou escrever e não para andarmos em cima delas. Podem-se ensinar convenções, normas construídas pelas pessoas e combinadas entre si. Um mesmo Objeto pode ter diferentes nomes, em diferentes línguas (cadeira, chaise, chair, etc.), porque as línguas são convenções.

Pode-se ensinar a criança a memorizar designações numéricas, os números, porque são uma criação convencional (um, dois, três; un, deux, trois; one, two, three), mas não se pode ensinar a noção da quantidade. É algo que requer uma estrutura lógico-associativa para a sua assimilação e organização. Não se trata de um conceito socialmente convencionado, mas de uma capacidade intelectual.

Não se podem ensinar capacidades, apenas ajudar o seu auto-desenvolvimento. Pode-se ensinar as palavras *"verde"* ou *"vermelho"*, mas é necessário que a pessoa possua a capacidade de ver e de distinguir as cores para as poder associar às suas respetivas características físicas.

A capacidade de raciocínio lógico-associativo permite a assimilação-acomodação, tanto dos dados sensório-percetivos como dos conceitos sociais.

"– As pessoas que acreditam que os conceitos numéricos devem ser ensinados através da transmissão social falham por não fazerem a distinção fundamental entre o conhecimento social e o lógico-matemático" (Kamii, 1995: 23).

Nos conceitos sociais, o conhecimento matemático (a *"Matemática"*, a *"matéria"*, os *"conteúdos"*) é o objeto central, o que deverá ser ensinado pelo professor e aprendido pela criança. Na realidade escolar verifica-se, porém, que o professor ensina, mas a criança não aprende. Às vezes memoriza, decorando operacionalizações aritméticas, mas sem as compreender.

"– No conhecimento lógico-matemático, a base fundamental do conhecimento é a própria criança, e absolutamente nada é arbitrário neste domínio" (Kamii, 1995: 25).

Pode-se ensinar a uma criança que três botões e dois berlindes são *cinco* objetos (ou *cinq*, ou *five*) e ela pode memorizar tudo isto, mas falha quando em vez de botões ou berlindes se trata, por exemplo, de *cães* e de *gatos*, num conjunto de *animais*.

Piaget chama a atenção para que a noção de número é algo que não é conhecido de modo inato, por intuição, empiricamente, pela observação ou por qualquer outro processo de ensino. A tarefa da conservação da quantidade, demonstrando que as crianças não conservam a quantidade antes dos cinco anos de idade, é uma prova de que a noção de número leva muitos anos a ser construída.

Se os conceitos numéricos pudessem ser ensinados através da linguagem, as crianças não diriam que *"– Há oito em cada fileira, mas a mais comprida tem mais"*.

"– Os educadores devem favorecer o auto-desenvolvimento das infra-estruturas mentais da criança, em vez de tentar ensiná-las a dar respostas corretas e superficiais a questões matemáticas" (Kamii, 1995: 28).

As estruturas lógico-matemáticas não podem ser ensinadas, uma vez que são capacidades intelectuais que a criança tem que construir por si própria.

No ensino tradicional da Matemática apenas interessa o produto, o resultado, avaliando este apenas em termos de *"certo"* ou *"errado"*. Provavelmente devido a influências behavioristas, gratificando-se o resultado *"certo"* e punindo-se (com admoestação ou nota negativa) o resultado *"errado"*.

Tomemos o seguinte exemplo: um professor pergunta a um aluno: *"– Se dividires oito rebuçados por quatro meninos, quantos dás a cada um?"* O aluno responde: *"– Dou um a cada um"*. O professor repreende-o dizendo-lhe que a reposta está errada.

Outro professor, não ligando à superficialidade da resposta em si, centra-se no mais importante, no raciocínio, perguntando à criança: *"– Como é que procedeste mentalmente para chegares a esse resultado?"* A criança responde: *"– Como não era para dividir igualmente, dei um a cada um e fiquei com os outros para mim"*.

Em vez de desempenhar um papel de educador, formador, o primeiro professor investe-se dos atributos de um juiz (ajuíza, julga o resultado) e de carrasco (pune quando está errado: má cara, repreensão, má classificação).

"– Quando ensinamos o número e a aritmética como se nós, os adultos, fôssemos a única fonte válida de conhecimento, ensinamos também, sem querer, que a verdade só pode sair de nós. A criança aprende então a ler no rosto do professor sinais de aprovação ou desaprovação... resultando numa aprendizagem que se conforma com a autoridade do adulto.

Piaget (1948) opunha-se vigorosamente a esta espécie de ensino, insistindo em que o bloqueio emocional que muitos estudantes desenvolvem em relação à matemática é completamente evitável" (Kamii, 1995: 62).

> O professor não é um juiz, mas um educador.
> Não deve ajuizar o resultado em si nem nunca dizer
> se está "certo" ou "errado" – isso não interessa.
> O que interessa é o raciocínio, o modo como a criança chegou
> àquele resultado: a metacognição, a reflexão sobre como procedeu
> mentalmente e a explicação verbal de como pensou.

O *"clima"* afetivo criado pelo educador na sala de aula é também de fundamental importância para que a criança se possa sentir com liberdade e segurança para ter os seus próprios pensamentos e expô-los sem ser imediatamente sujeita a julgamento e censura, por serem diferentes do que o professor esperava ou considerava como *"certos"*.

O que o adulto considera muitas vezes como disparates da criança são muitas vezes produto de raciocínios com grande lógica e profundidade. Basta perguntar-lhe porque disse isto ou fez aquilo, para se verificar que o que aparentemente parecia ilógico, na realidade não o é.

A tendência do adulto em impor as suas verdades à criança é, porém, um forte impeditivo para falar com ela, procurando inteirar-se das verdades da criança, mesmo sabendo que ela se desenvolve intelectualmente mais, fazendo uma auto-reflexão sobre o seu pensamento e no ato de o explicar a um interlocutor, do que apenas memorizando o que o adulto lhe ensina.

Um *"clima"* de Alegria, Humor, Divertimento, Risos, Felicidade, em que a Liberdade e a Espontaneidade sejam estimuladas, a Imaginação e a Criatividade gratificadas, em que as Palhaçadas e os Disparates naturais da criança sejam aceites, mostrando elevada consideração pela criança, é um *"clima"* propício para a criança se sentir Feliz e, portanto, para poder efetuar todas as vivências necessárias ao desenvolvimento da sua personalidade e em especial ao desenvolvimento das suas capacidades de raciocínio lógico.

O oposto, um *"clima"* de seriedade, silêncio, solenidade, deveres, responsabilidades, coerção, autoritarismo, saber, copiar, medo, disciplina, castigo, em que eventualmente possam suceder situações de desconsideração pela criança, menosprezo, escárnio, ou de ridicularização das suas ideias, é um *"clima"* esmagador, que inibe o desenvolvimento equilibrado da criança.

O educador atrás de uma secretária, em cima de um estrado ou sistematicamente colocado numa disposição espacial afastada das crianças, também não é recomendado.

Uma proximidade de menos de três metros entre duas pessoas é designada pela psicologia como *"espaço relacional"*, o espaço que leva automaticamente as pessoas a estabelecerem relações verbais. A deslocação constante do educador pela sala, entre as crianças, leva a que estas sintam que estão a ser objeto da sua atenção e vão falando com ele, dizendo o que estão a fazer e a pensar.

Há ainda um outro espaço, mais íntimo, o espaço do próprio corpo é designado por *"espaço íntimo"*, o espaço dos abraços, do colo, das festas, dos afagos, do carinho, dos beijos. A linguagem do amor é o tato. Nada pode incentivar mais uma criança nos seus esforços perante uma dada tarefa do que uma festa do educador no seu cabelo, uma mão encorajadora sobre o ombro ou qualquer outra carícia.

O número de crianças na sala e o seu espaço disponível é também um fator a ter em conta. Muitas crianças numa sala, não permitem um acompanhamento personalizado de cada uma por parte do educador, levando a procedimentos coletivos de duvidosa eficácia pedagógica.

Espaço disponível reduzido faz disparar os mecanismos psicológicos da agressividade. Alguns países têm legislação que obriga a que cada sala de aula tenha pelo menos dois a três metros quadrados por criança

Os Objetivos

Os objetivos são as metas, os alvos que se pretendem atingir com a programação educativa. Tal como numa estratégia militar, há os objetivos imediatos a conquistar e o objetivo final, que passa por estes e que é o ganhar a batalha.

Colocando-se a nossa perspetiva educacional numa posição puerocentrista, interessa-nos a Formação do Ser e não a Transmissão do Saber, rejeitando-se por isso o ensino-transmissão de conhecimentos para se colocar a Pessoa como objetivo final:

> *"– O principal objetivo da educação é a Felicidade da pessoa"* (Santos, 1977).
> *"– O objetivo da educação é o desenvolvimento equilibrado da personalidade do indivíduo"* (Constituição: Art.º 73º).

Fala-se no singular, na pessoa, no indivíduo e não em objetivos coletivistas da educação. Fala-se na Felicidade e na Personalidade e não em conteúdos livrescos a ensinar-aprender.

Deste modo:

> O nosso objetivo não é o de ensinar Matemática
> mas o de ajudar a criança no auto-desenvolvimento
> das suas capacidades de raciocínio lógico.
> Não nos interessa que saiba Matemática, mas que seja inteligente.

Não são os conhecimentos da Matemática que constituem a meta dos nossos esforços educacionais, mas o desenvolvimento das capacidades cognitivas da criança.

Não avaliamos o progresso no caminho para os objetivos com pontos e exames da Matemática, mas com testes psicológicos de Raciocínio e Inteligência.

Os Conteúdos Curriculares

Dado que o objetivo curricular não reside no ensino da Matemática, nunca poderão ser definidos como conteúdos curriculares áreas desta ciência. Ordinais, cardinais, unidades, dezenas, centenas, pertença, correspondência, operações de adição, de subtração, de multiplicação, de divisão e outras instâncias semelhantes, não são conteúdos a ter em conta na nossa perspetiva educacional.

Tomando-se o desenvolvimento da personalidade da criança como o objetivo principal e o desenvolvimento do raciocínio lógico como o objetivo imediato a atingir, os conteúdos curriculares terão necessariamente que corresponder aos fatores constituintes deste:

Raciocínio:
- de Igual e Diferente;
- de Maior e Menor;
- de Classificação, Agrupamentos, Conjuntos;
- de Ordem e Seriação;
- de Quantidade;
- de Quantidade e Número;
- de Contagem Aditiva;

- de Contagem Subtrativa;
- de Contagem Multiplicativa;
- de Contagem Divisiva;
- Duplo;
- Espacial;
- Temporal;
- Sobre Velocidade.

A Metodologia

O conhecido estudo de João dos Santos (1966) *"Se eu ensino, porque é que eles não aprendem?"* levou a sociedade pedagógica a deixar de considerar a metodologia de ensino-aprendizagem como eficaz.

As perspetivas behavioristas sobre a modificação de comportamentos com metodologia de ensino, reforço e punição, começaram a deixar de ser utilizadas com pessoas no último quarto do século passado, tendo sido completamente postas de lado com os mais recentes estudos da Neurologia.

Conhecem-se relativamente bem, atualmente, os processos de memorização e de processamento de informação a nível neurofisiológico, conhecendo-se as localizações cerebrais dos diferentes centros de atividade psíquica, mas não se encontraram nenhuns centros de aprendizagem.

Piaget (1967) já tinha abordado esta questão quando apresentou a sua perspetiva de assimilação-acomodação.

> Não há ensino nem aprendizagem, mas assimilação-acomodação, efetuada exclusivamente por parte da criança, em conformidade com as suas capacidades, perspetivas, expectativas e raciocínios.

> O educador, portanto, não ensina.
> Proporciona condições, oportunidades, atividades, experiências e vivências em que a criança efetua as suas assimilações-acomodações e desenvolve, por si própria, as suas capacidades.
> É a criança que auto-desenvolve as suas capacidades de raciocínio.
> Ao educador compete estimulá-la e incentivá-la nesse propósito.

"– Cada caminho pessoal caminho único é... educo aceitando que nada posso ensinar, isto é, aceitando que ninguém ensina nada a ninguém" (Bénard da Costa, 1979).

Kamii (1995) faz referência a uma série de princípios metodológicos que pela sua elevada pertinência resumimos:

"1. – A criação de todos os tipos de relações: encorajar a criança a estar alerta e colocar todos os tipos de objetos, eventos e ações em todas as espécies de relações;
2. – *A quantificação de objetos:*
a – Encorajar as crianças a pensar sobre o número e quantidades de objetos quando estes sejam significantes para ela;
b – Encorajar a criança a quantificar objetos logicamente e a comparar conjuntos (em vez de encorajá-las a contar);
c – Encorajar a criança a fazer conjuntos com objetos móveis;
3. – Interação social com os colegas e professores:
a – Encorajar a criança a trocar ideias com os seus colegas;
b – Imaginar como é que a criança está pensando, e intervir de acordo com aquilo que parece estar a suceder na sua cabeça" (Kamii, 1995: 43).

Kamii (1995) dá também alguns conselhos sobre diferentes formas de procedimento metodológico:

"1 – Encorajar a criança a estar alerta e colocar todos os tipos de objetos, eventos e ações em todas as espécies de relações;
– Encorajar a pensar: *"– Como dividir um brinquedo por dois meninos?"*;
2(a) – Encorajar a criança a pensar sobre o número e quantidades de objetos quando estes sejam significativos para elas;
– Contar bolas de papel, velas de um bolo, quem tem mais lápis, berlindes, caricas;
2(b) – Encorajar a criança a quantificar objetos logicamente e a comparar conjuntos (em vez de a encorajar a contar);
– Trazer chávenas para todos os que estão sentados à mesa, em vez de dizer para trazer seis chávenas; um guardanapo para cada prato; etc.;
– Tens mais (menos ou a mesma quantidade) de contas que eu?;
– Temos chávenas a mais?;
– Que fazes, para que o João tenha tantos berlindes como tu?;
– Quem tem mais?.
2(c) – Encorajar a criança a fazer conjuntos com objetos móveis:
– Comparações entre conjuntos (iguais, o que tem mais, o que tem menos);
– Distribuição de chávenas até haver número igual ao dos pires;

> Os cadernos e fichas de exercícios escritos não são aconselháveis *"porque impedem qualquer possibilidade de que a criança possa mover objetos para fazer conjuntos"* (Kamii, 1995: 57) e porque *"as crianças não aprendem conceitos numéricos com desenhos"* (Kamii, 1995: 58).

3(a) – Encorajar a criança a trocar ideias com os seus colegas;
– Em vez de analisar as respostas como certas ou erradas, pedir o encadeamento do raciocínio que levou à resposta;
– Perguntar se todos concordam, se há outras ideias, se poderia seguir-se outro caminho mental;

> *"– Não é verdade que as crianças tenham que ser instruídas ou corrigidas por alguém que sabe mais do que elas. No âmbito lógico-matemático a confrontação de duas ideias pode fazer surgir outra que seja mais lógica"* (Kamii, 1995: 63)

3(b) – Imaginar como é que a criança está a pensar e intervir de acordo com o que parece que está a suceder na sua cabeça.

"– Considerando que todo o erro é um reflexo do pensamento da criança, a tarefa do professor não é a de corrigir a resposta, mas de descobrir como foi que a criança fez o erro, podendo levá-la a corrigir o processo de raciocínio" (Kamii, 1995: 65).

A Metodologia de Ação-Objetos-Pensamento

Procurando uma maior sistematização metodológica, encontramos em Piaget a indicação dos caminhos que nos parecem melhor poder conduzir ao adequado desenvolvimento do raciocínio lógico da criança:

"– Em primeiro lugar há a imensa categoria dos conhecimentos adquiridos graças à experiência física em todas as suas formas.

A extensão indefinida das condutas de aprendizagem ou de inteligência prática, com todos os tipos de novidades que devem ser explicadas.

– Em segundo lugar, há a categoria dos conhecimentos baseados em estruturas percetivas (visão das cores, dimensões do espaço, etc.).

– Em terceiro lugar, há a categoria dos conhecimentos lógico-matemáticos" (Piaget, 1996:306) inicialmente procedentes da experiência com os objetos mas rapidamente se tornando independentes deles para se tornarem procedimentos inteiramente intelectuais.

Referindo Piaget a atividade física, a experiência com objetos e os procedimentos inteiramente intelectuais como de importância fundamental para o desenvolvimento do raciocínio lógico, uma metodologia objetivada para o mesmo propósito terá que, inevitavelmente, passar pelas situações de:

> A – Atividades de Movimentação Corporal;
> B – Atividades de Manipulação de Objetos;
> C – Atividades de Pensamento (cálculo, raciocínio mental).

V
Atividades de Movimentação Corporal
(3-4 anos)

O debate entre a posição dos platónicos e cartesianos, defendendo que *"no princípio era o Verbo"* (ou seja, o pensamento) e a posição de Goethe, *"no princípio era a Ação"*, cessou de existir quando a Psicologia e a Neurofisiologia provaram cientificamente que a verdade estava do lado de Goethe.

Piaget (1971) verificou, na atividade do bebé, movimentações que precedem as primeiras manifestações intelectuais ou mesmo intencionais. A movimentação do bebé e a sensorialidade desta movimentação produzem os esquemas motores que estão na base dos esquemas psicomotores.

É a sucessão dos movimentos que provoca a evolução psíquica. São os esquemas motores em ação que operam a passagem do biológico para o mental, ultrapassando deste modo os esquemas motores para fazer surgir uma atividade que os supera e que é a do sujeito. Da motricidade para o psiquismo e para a psicomotricidade.

Esta situação foi também demonstrada por Fonseca – *"o movimento é o elemento determinante de todos os processos psíquicos"* (1976) – e mais recentemente provada em laboratório neurológico por Damásio (1995) na obra que intitulou *"O Erro de Descartes"*.

Wallon (1966), na sua obra *"Do Ato ao Pensamento"*, demonstrou cientificamente que é a Ação que leva à estruturação e desenvolvimento do sistema nervoso e que quanto maior, qualitativa e quantitativamente, for a movimentação da criança, melhor será o desenvolvimento das suas capacidades biológicas e psicológicas. É a Ação motora que leva à organização das estruturas intelectuais. *"A movimentação produz influxos nervosos que fazem despertar para a atividade partes dos centros neurológicos, acelerando também o processo de mielinização"* (Wallon, 1966).

Hubel e Wiesel, que ganharam o Prémio Nobel de 1981, mostraram laboratorialmente o aumento do número de sinapses como consequência da atividade neuronal e de transmissão sináptica, verificando um desenvolvimento significativo neurológico e mielínico dependente da atividade que ocorre após o nascimento, sob profunda influência das estimulações sensório-motoras da primeira infância.

Bear, Connors e Paradiso (2002) referem diversas investigações provando que a movimentação favorece a multiplicação dos neurónios, o aumento do número de dentritos, da quantidade de sinapses, de maior diversificação destas (ligação a maior número de outros neurónios) e maior concentração de vesículas de acetilcolina nos botões sinápticos.

Graybidel, investigadora do McGovern Institute for Brain Research, recebeu a National Medal of Science de 2001 pelos seus trabalhos em que demonstrou a importância do movimento em relação à maturação das glândulas basais e regiões cerebrais implicadas na cognição e na habilidade para adquirir hábitos.

Perante estas evidências científicas, será lógico que se inicie a estimulação do auto-desenvolvimento do raciocínio lógico utilizando como metodologia a movimentação corporal: andar, correr, saltar e rodar:

A metodologia de Movimentação Corporal refere-se, portanto, a sessões de movimento, em que se utiliza como técnicas educacionais os jogos expressivo-criativos, nas suas dimensões de dramatização (imitações, mímicas, improvisações), de expressão verbal e de expressão musical, para se efetuarem operações de raciocínio através da Ação.

Igual, Diferente, Maior e Menor

Igualdades:
- Com todas as crianças sentadas no chão, o professor pede a uma que se levante;
- Todas as que tiverem vestido alguma peça de roupa com a mesma cor das roupas da primeira, deverão ir-se colocar ao seu lado.

Seguir o Chefe:
- Pede-se às crianças para se organizarem em pequenas filas, colocando-se atrás de um *"chefe"* de fila;
- O *"chefe"* desloca-se pela sala, tomando diferentes direções e fazendo movimentações diferentes, que as outras deverão seguir e imitar.

Dança dos Cabelos:
- Com as crianças dispostas em roda, de mãos dadas;
- Dançam uma canção que vão cantando ou seguindo uma música;
- A um sinal do professor, todas as crianças que tiverem cabelos curtos, vão dançar para o centro;
- A outro sinal, regressam aos seus lugares, para irem para o centro as que tiverem cabelos compridos;
- Fazer o mesmo para os cabelos de comprimento médio.

Dança da Cor dos Cabelos:
- Todas as crianças de mãos dadas, fazendo uma roda;
- Andam, dançando uma canção que vão cantando ou seguindo uma música;
- A um sinal do professor, as que tiverem cabelos pretos, vão para o centro da roda;
- A outro sinal do professor, regressam aos seus lugares e vão para o centro as que tiverem cabelos castanhos;
- Fazer o mesmo para cabelos louros e ruivos.

Comboios de Camisolas:
- Pede-se às crianças para fazerem comboios (filas com as mãos nos ombros do da frente), segundo as cores das camisolas que trazem vestidas;
- Depois de circularem pela sala durante algum tempo, imitando comboios, pede-se-lhes para formarem comboios em que as camisolas sejam diferentes.

Imitar o Rei:
- Uma das crianças é o *"Rei"*, colocando-se de frente para as outras;
- O *"Rei"* vai fazendo movimentos (contorções, saltos, posições, etc.) que as restantes deverão imitar.

Opostos:
- Fazer-se: grande/pequeno; largo/estreito; estendido/encolhido; cobra/caracol; gigante/bebé; etc.

Cabelos:
- Pede-se a uma criança para escolher o menino que tem o cabelo mais comprido e a menina que tem o cabelo mais curto.

A mais alta:
- Pede-se a um menino da classe para escolher a menina mais alta.

O mais pequeno:
- Uma menina escolhe o rapaz mais pequeno da turma.

Pés grandes:
- Pede-se a uma criança para verificar qual o menino que tem os pés maiores, e a menina que tem os pés mais pequenos.

Coleções, Conjuntos e Classificações

Profissões:
- Cada criança escolhe o nome de uma profissão. As crianças andam ao acaso na sala e quando o educador bate palmas, as crianças param e o educador diz: *"– Formar um grupo das profissões que usem bata branca"*.
- As crianças circulam novamente ao acaso pela sala e o educador bate as palmas e diz: *"– Os enfermeiros deitam-se no chão, os educadores ficam sentados e os pedreiros ficam de pé"*.
- Vai-se repetindo o jogo desta forma.

Vozes de Animais:
- Enquanto as crianças circulam à vontade na sala, o educador explica que deverão imitar as vozes dos seguintes animais: galinha, gato, cão, burro, etc.
  Seguidamente o educador diz em voz alta: *"– Galinha!"* E as crianças imitam o som que a galinha faz.
  "– Gato!" E as crianças imitam o som que o gato faz.
- O jogo continua desta forma com a imitação do som de vários animais.

Grupos de Animais:
- Dividem-se as crianças em vários grupos: três crianças formam o grupo das borboletas, quatro crianças formam o grupo dos cangurus, cinco crianças formam o grupo dos gatos, etc. Nenhum dos grupos deverá saber o nome do animal que caracteriza os outros grupos.
- As crianças dispersam-se ao acaso na sala. Quando o educador bater três toques no tamborete, o jogo inicia-se do seguinte modo:

- O primeiro grupo imita as borboletas e os restantes grupos têm que parar e adivinhar o que aquele grupo está a imitar.
- O jogo continua da mesma forma para os restantes grupos.

"Ser ou não Ser":
- Pede-se às crianças para formarem conjuntos: de meninas e de meninos; de meninos com o mesmo nome; de meninos com o mesmo apelido; dos meninos da turma que possuam um grau de parentesco comum.

"Cores":
- O objetivo deste grupo é formar conjuntos de meninos tendo em atenção a cor do cabelo e dos olhos. Pede-se, por isso, às crianças que formem grupos em conformidade com as diferentes cores de olhos; que tenham ao mesmo tempo olhos castanhos e cabelos castanhos; com olhos verdes; com olhos e cabelos pretos; com olhos azuis; com cabelo louro; com cabelo ruivo.

Seriação e Ordenação

Ordenação
- Pede-se a uma criança para colocar todas as outras por ordem, da maior para a menor.

Alturas
- Pede-se a um menino para colocar em fila, da maior para a menor, todas as meninas da classe. – Pede-se a outra criança que faça o mesmo com os meninos.

Os morenos e os loiros
- Pedir às crianças que façam duas filas diferentes, uma de morenos, e uma de loiros.
- De seguida, pedir para se colocarem em fila por ordem: moreno, loiro, alternadamente.

Aniversário
- Pedir para formarem uma fila, em que os primeiros serão aqueles que fazem anos em Janeiro, a seguir os que fazem anos em Fevereiro e assim sucessivamente.

Comboio
- Pede-se às crianças para se deslocarem em fila, umas atrás das outras, como um comboio, mas com a carruagem mais pequena à frente e a maior atrás de todas.

Fileira
- Pedir às crianças para se colocarem ao lado umas das outras, por alturas.

Fila da Animais
- Cada criança escolhe um animal, diz o seu nome e imita-o a andar. Deverão andar em fila, com o maior animal à frente e o menor atrás (por exemplo: girafa, elefante, leão, macaco, rato, pulga, etc.).

Marchar
- Marchar batendo com os pés no chão cada vez com mais força, numa seriação de sons de intensidade crescente.

Palmas
- Bater palmas cadenciadamente, acelerando lentamente, numa seriação de pulsação crescente.

Contagem

Lengalengas
- Muitos educadores utilizam canções e lengalengas em que as crianças vão fazendo movimentos com o corpo e com os dedos ao ritmo das numerações que vão cantando.

Palmas
- Pede-se ao grupo de crianças que se movimente à vontade pelo espaço.
- O educador bate um determinado número de palmas. As crianças deverão formar grupos com tantos elementos quantas as palmas que forem ouvidas.

Comboios
- Neste jogo cada criança será uma carruagem do comboio. Após um tempo em que estas (as crianças) correm livremente pelo espaço, o educador pede que se formem comboios com um certo número de carruagens, depois com um número diferente, etc.

Animais
- Pede-se às crianças que se agrupem (cada grupo não deverá exceder as 5/6 crianças), com um número diferente de elementos. A cada grupo será dado o nome de um animal. Pergunta-se em seguida, a cada grupo, por exemplo, quantos ursos existem num outro grupo. Repete-se o procedimento com todos os grupos.

Ritmos
- O educador bate com palmas uma célula rítmica (por exemplo: • •• •), para que as crianças a reproduzam em seguida. Repetir, com diferentes células rítmicas.
- Pedir a diferentes crianças para criarem células para as outras repetirem.

Sons
- O educador diz um número e as crianças batem palmas (ou com os pés) esse número de vezes.

Cálculo "Aditivo"
(Jogo dramático, com numeração seguida do total. A *"numeração seguida"* é uma auto-contagem em que cada criança diz o seu número, seguindo a ordem em que estão dispostas: *"um", "dois", "três"*; etc,).

Passarinhos
- A Ana, ao acordar de manhã, abriu a janela e viu 1 passarinho a voar, foi então buscar migalhas de pão mas quando voltou estavam lá mais 4 passarinhos.

Autocarro
- Entraram no autocarro 3 senhoras, 2 homens e 1 menino.

Policias e ladrões
- Há 3 ladrões, 4 polícias e 1 detetive. O detetive e os polícias tentam apanhar os ladrões.

Abelhas
- Num jardim, há 3 flores, 4 árvores, 2 abelhas e 2 passarinhos. Os passarinhos voam à volta das árvores e as abelhas à volta das flores.

Pescadores
- Há 3 peixes, 2 pescadores e mais 4 meninos, que fazem de rede. O pescador com a ajuda da rede tenta apanhar os peixes.

Nozes
- Um esquilo apanhou 4 nozes (quatro meninos) que colocou na sua árvore, a seguir, apanhou mais 3 nozes e por fim mais 2.

Lagarta
- 4 rapazes e 3 meninas resolveram imitar o andamento de uma lagarta, sentando-se todos no chão, com as mãos nos ombros um dos outros.

Festa
- Na festa de anos da Cláudia estiveram 3 meninas, mais 3 meninos. Durante a festa dançaram uns com os outros.

Cálculo "Subtrativo"
(Jogo dramático, com numeração seguida dos que ficaram).

Polícias e ladrões
- Um carro de polícias leva 3 ladrões mas 1 conseguiu escapar.

Caçador
- No meio da selva estavam reunidos 4 animais diferentes. Um caçador que passava ali perto descobriu-os e tentou caçá-los mas só conseguiu capturar 2.

Praia
- A Daniela e os seus 4 amigos foram à praia. Quando lá chegaram 2 correm logo para a água.

Jardim zoológico
- No jardim zoológico há 5 elefantes. 2 foram para dentro da sua casa.

Baile mandado
- Toda a classe dança ao som de uma música. De vez em quando, o professor pára a música e diz para 3 meninos (variando o seu número e sexo) pararem e se sentarem.

Abelhas
- 5 abelhas voam contentes por entre campos de flores. De repente 3 pousaram para recolher o pólen das flores.

Roda
- 5 meninos estavam a cantar e a dançar numa roda de mãos dadas. Passado algum tempo saíram 2 e depois mais 1.

O Cálculo "Multiplicativo"
(Jogo dramático, com numeração seguida do total).

Soldados
- Fazer uma formatura, com 3 fileiras de 5 soldados; 3 filas de 4 soldados; etc.
- Numerar seguido (cada um conta o seu número).

Arcos
- Colocar no chão um determinado número de arcos de ginástica (ou desenhá-los a giz no solo), pedindo para se colocarem, por exemplo, 4 crianças nos primeiros 4 arcos..
- Numerar seguido.

Palmas
- Pedir às crianças para se juntarem em grupos de 3, de 4, de 5 ou de 6 meninos.
- Cada criança de cada grupo deverá bater um número de palmas igual ao número de meninos do grupo (3x3, 4x4, 5x5, etc.), contando todos em uníssono o número de palmas (um, dois, três... 9, 16, 25, etc.).
- Contar em sequência, em cânon, etc.

Divisão
(Jogo dramático, com numeração seguida do quociente).

2 cantos
- Pede-se que se distribuam igualmente por 2 cantos da sala.

3 cantos
- Pede-se às crianças que se distribuam igualmente por 3 cantos da sala.

4 cantos
- Pede-se às crianças que se separem pelos 4 cantos da sala de modo a ficar igual número em cada canto...

Comboio
- Formar um comboio com 4 carruagens. Cada carruagem é composta por 3 meninos.

Equipas
- Designam-se 2 capitães de equipa, pedindo-se-lhes que, alternadamente, vão escolhendo alunos da turma para as respetivas equipas.

Correntes humanas
- Pede-se às crianças que formem 2 correntes humanas, dando as mãos, com igual número de elementos.

Galinhas
- 3 meninos são galinhas e os restantes são pintainhos que brincam livremente pela sala. Cada galinha tem de apanhar o mesmo número de pintainhos.

Espaço

Formas de Andar
- O educador pede aos alunos que se movimentam pelo espaço das mais variadas formas, tentando recriar movimentos dos mais variados animais, meios de locomoção ou indivíduos.

Exploração da sala
- Pede-se aos alunos que se movimentem livremente pela sala de aula das formas que bem entenderem (de costas, de "gatas", a rastejar, etc.).

Diferenças
- Andar: alto/baixo, gordo/magro, grande/pequeno, frente/retaguarda, esquerda-direita, etc.

Pares
- Pedir às crianças que estabeleçam emparelhamentos com os colegas que se encontrem mais próximos e andem pela sala: de mãos dadas, de braço dado, abraçados, etc.

Mímica
- Definir um conjunto de gestos alusivos às relações cima/baixo, frente/trás, longe/perto. De seguida escolher um aluno de cada vez, que irá efetuar um gesto, para que os outros se coloquem naquela posição em relação a um ponto definido pelo professor.

Advinha
- As crianças são colocados em diversos pontos da sala, o professor vai perguntar-lhes a quantos passos estão de um determinado ponto da sala. As crianças, antes de percorrerem esse espaço, tentarão adivinhar o número de passos que as separam desse mesmo ponto.

Sons
- Com a ajuda de um tamborete ou de outro instrumento de percussão, estipular um número de batimentos para frente, retaguarda, direita, esquerda, em relação ao professor. Pedir aos alunos que se coloquem nas posições correspondentes aos batimentos combinados.

Tempo

Idades
- Pede-se aos alunos para imitarem o andar de um bebé, de um jovem e de um velho.

Derreter
- Imitar:
- um gelado a derreter ao sol / um gelado a derreter à sombra;
- uma pedra a cair / uma pena a cair;
- água a sair de uma torneira / água a evaporar-se.

Decrescendo
- Bater palmas (depois com os pés, repetindo uma sílaba, ou fazendo outro som), acelerando cada vez mais a sua repetição.

Crescendo
- O mesmo, mas começando com um ritmo rápido e indo decrescendo.

Progressão
- Uma criança emite um som, prolongando-o. A seguir um outro imita-o, prolongado mais a duração do som, depois outro e assim sucessivamente, prolongando sempre cada vez mais o som.

Entrada
- Pede-se às crianças (sem ter consigo nenhum relógio) que saia da sala e que, ao fim de 1 minuto, volte a entrar. Os que estão na sala cronometrarão o tempo para verificar se o tempo decorrido foi maior ou menor que o previsto.

Velocidade

Correr e saltar
- Pede-se às crianças para circularem na sala a andar, a correr, saltar ao pé coxinho, etc.

Veículos
- Pede-se às crianças para imitarem pessoas andar a pé, de bicicleta, de carro, de autocarro, etc.

Corridas
- Pede-se às crianças para imitarem corridas com carros de Formula 1, motas, camiões, etc.

Autocarros
- Formar três filas de meninos, que são os autocarros. O autocarro maior anda mais devagar, o médio anda normalmente e o mais pequeno anda depressa.

Lebre e Tartaruga
- Pede-se às crianças para se juntarem aos pares e para imitarem a corrida entre a lebre e a tartaruga.

Corrida de sacos
- Pede-se às crianças para fazerem uma corrida dentro de sacos.

Corrida de Colheres
- Pede-se às crianças que façam uma corrida segurando na boca uma colher com uma batata dentro.

Corrida de Gansos
- Corrida, em que os corredores terão que correr em grande flexão de pernas e com as mãos atrás das costas.

VI
Atividades de Manipulação de Objetos
(4-5 anos)

A movimentação desenvolveu na criança estruturas neurológicas que estão na base de todos os processamentos psicológicos. O manuseamento de objetos permite o desenvolvimento intelectual de um modo geral e o desenvolvimento do raciocínio lógico de um modo especial.

Há milhões de anos, quando o continente africano estava completamente coberto por floresta densa, existiram mamíferos que se adaptaram a viver exclusivamente nas árvores. Para melhor se suspenderem nos ramos os seus polegares tomaram uma posição de oposição aos outros dedos.

Quando, milhares de anos depois, as florestas se transformaram em savanas, aqueles macacos passaram a viver no chão, tendo necessidade de se erguer sobre os membros posteriores para poder ter uma melhor visão sobre o capim. Os seus olhos adquiriram mobilidade orbital, permitindo-lhes olhar em diferentes direções sem mexer a cabeça. A Antropologia considera este ser já como hominídeo. Os restos da Lucy pressupõem uma oposição do polegar que lhe permitiria levar alimentos à boca com as mãos, um andar ereto e uma mobilidade ocular.

Esta oposição do polegar e o desenvolvimento da sua coordenação neuropsicomotora, permitindo pegar e manusear objetos, parece estar na origem do aparecimento do ramo que se separou dos macacos para gerar a linhagem do homem atual.

Só alguns dos atuais chimpanzés, que se colocam no topo da escala de inteligência animal, é que utilizam uma palha para extrair formigas de um formigueiro. Nenhum outro animal utiliza objetos.

Onde acaba a capacidade animal, começa a capacidade humana. A movimentação dos dedos da mão terá desenvolvido as suas capacidades neuro-motoras de preensão e a consequente manipulação de objetos, manipulação esta que originou o desenvolvimento do raciocínio prático.

Se observarmos um bebé dos nossos dias, repararemos que quando nasce possui um reflexo palmar primitivo que lhe permite agarrar com oposição do polegar qualquer pequeno Objeto que toque a palma da sua mão. Por volta dos 4-5 meses, segura objetos entre o polegar e a palma da mão aberta. Pelos 6-7 meses já o segura entre o polegar e os outros quatro dedos. Aos 7-8 meses passa um objeto de uma mão para a outra e entre os 9 e 11 meses consegue a "pinça fina", segurando objetos pequenos com as pontas do polegar e do indicador.

Ainda no berço, um bebé de poucas semanas, agarrando quase que por ato reflexo uma roca, ao fazer os seus naturais movimentos funcionais de agitação dos membros, produz involuntariamente sons com a roca. Repara então, na repetição destes movimentos, que há som quando se movimenta e deixa de haver quando para. Esta perceção é considerada por alguns psicólogos já como um ato intelectual. Em seguida, depois de uma série de repetições desta ligação movimento-som, começa a ter consciência de que domina esta Ação, fazendo deliberadamente o movimento para produzir o som. Trata-se já de uma movimentação voluntária para o uso de um objeto.

A partir daqui, estende deliberadamente a mão para apanhar um cubo, atira uma colher para o chão, lança uma bola, brinca com bonecos, carrinhos, etc. É manipulando OBJETOS que vai desenvolvendo as suas capacidades intelectuais.

A manipulação de objetos parece estar, portanto, na raiz do desenvolvimento da inteligência, tanto do ponto de vista filogenético como ontogenético.

A própria Psicologia, nos seus estudos sobre a inteligência, tem considerado sempre uma forma de inteligência prática como base de sustentação e desenvolvimento da inteligência geral.

Parece ter sido Cattell (1971) o primeiro investigador a considerar dois tipos de inteligência. Wechsler (1974), criando as suas baterias de testes de inteligência (WISC e WAIS) obtém o QI geral a partir de testes de QI verbais e QI de realização. Os primeiros voltados para capacidades de memorização e de conceitos, os segundos envolvendo a realização de tarefas práticas de manipulação de objetos: cubos, puzzles, gravuras, etc.

Os testes de realização procuram medir as capacidades de cognição--ação que incluem o raciocínio de ensaio-e-erro, de criação-construção, experimentação-descoberta, etc.

Gardner (1985), na sua teoria das inteligências múltiplas inclui o raciocínio-acção no âmbito do que designa por corpo-cinestesia e Sternberg (1986), na sua teoria da inteligência tripla (componencial, experimental e contextual) inclui em todas a inteligência prática.

A necessidade da criança brincar com objetos (cubos, bolas, bonecos, berlindes, caricas, botões, pedras, conchas, etc.) relaciona-se muito estreitamente com as suas necessidades de desenvolvimento intelectual. Fazendo escadas com cubos, torres com caricas, filas de pedras, conjuntos de botões, a criança está a efetuar atividades de manipulação de OBJETOS que contribuem de modo muito especial para o desenvolvimento da sua inteligência prática.

Por exemplo, ela sabe, brincando com outros meninos, separar as meninas dos meninos e os que têm sapatos dos que têm ténis. Agora vai separar botões por cores, por tamanhos, espessura, número de furos, etc. Manipulando objetos vai desenvolver as suas capacidades de raciocínio com conjuntos.

O manuseamento de objetos é uma forma de desenvolvimento intelectual que sucede a seguir ao raciocínio corporal-cinestésico e que é fundamental para um bom acesso ao raciocínio mental, interno, unicamente baseado no pensamento lógico.

Material para a manipulação de objetos
Uma caixa de plástico de dimensões médias – a *"caixa dos feijões"* – é o mais adequado para guardar os objetos com que se trabalha.

O seu conteúdo poderá ser:

- feijões (brancos, encarnados, pretos, frades, etc.);
- feijocas;
- avelãs;
- grão;
- botões;

- tampas de garrafas de cerveja ou de refrigerante (caricas);
- paus de fósforo (10 de tamanho normal, 10 cortados ao meio, 10 cortados a um terço);
- conchas;
- pérolas de plástico (de vários tamanhos e cores) para enfiar e respectivos fios de enfiar.

Há à venda nos circuitos comerciais material propositadamente construído para manipulação de objetos, como por exemplo Ábacos, Blocos Lógicos, Calculadores, etc.

Sacos de feijões

Uma das melhores formas para a criança associar o nome dos números às respetivas quantidades consiste no manuseamento de objetos agrupados em múltiplos de dez.

Para este efeito, podem-se colocar feijões, grão, milho, pedrinhas ou outros objetos em caixas, boiões ou sacos, fazendo caixas com mil, com cem e com dez.

Caixas, boiões ou sacos de plástico, transparentes, proporcionam à criança uma visão dos objetos que estão dentro, apercebendo-se facilmente das diferenças de quantidade entre eles, pelo seu tamanho.

Sacos de plástico transparente contendo feijões, oferecendo-se como fáceis de fazer e de baixo custo, permitem-nos que cada criança possa dispor de:

- 10 sacos de mil feijões;
- 10 sacos de cem feijões;
- 10 sacos de dez feijões;
- 10 feijões avulsos.

Explica-se então à criança que, por exemplo,
- Quatro sacos de mil se diz *"quatro MIL"*;
- Que aos sacos de cem feijões se chama "centos", que quatro sacos de *"centos"* se diz *"quatroCENTOS"* (com as exceções de Cem, Duzentos, Trezentos e Quinhentos);
- Que os sacos de dez feijões são *"enta"*, dizendo-se *"quarENTA"* (com as excepções de Dez, Vinte e Trinta);

- Que aos feijões isolados (as crianças às vezes chamam-lhes *"solteiros"*) se dá o nome que é usual.

Por exemplo, 3 sacos de MIL feijões, 2 sacos de CENTOS, 4 sacos de ENTA e CINCO feijões, diz-se: *"Três mil, duzentos e quarenta e cinco".*

Esta quantidade de feijões mantém-se a mesma, independentemente da ordem pela qual se colocarem os sacos:

Um dos erros mais drásticos no antigo ensino da Matemática era a aprendizagem da numeração, não ligada à quantidade mas ao algarismo escrito. A criança não se apercebia de que os algarismos escritos representavam quantidades, deixando a quantidade de se manter se algum dos algarismos fosse trocado de lugar (o problema da constância do objeto e da quantidade que Piaget demonstrou com os copos com água e o rolo de plasticina).

A denominação de *"milhares", "centenas", "dezenas"* e *"unidades"* que a criança memorizava sem compreender, além de designar apenas a coluna em que o algarismo é escrito, constituem terminologias que não são correntemente usadas. Ninguém escreve num cheque bancário *"duas dezenas de milhar, três milhares, quatro centenas, uma dezena e cinco unidades de euros"*. Se perguntarmos a uma criança o que entende por *"unidade"*, ela responde que é um quartel, como o do pai, uma *"unidade de infantaria"*, logo tem muitos soldados, nunca podendo uma unidade ser apenas constituída por um soldado.

A utilização dos sacos de feijões permite à criança compreender a ligação do nome designativo da quantidade à respetiva quantidade, verificar as diferenças de quantidades, compreender que a mesma quantidade se mantém mantendo também o mesmo nome, independentemente do modo como juntamos ou alinhamos os sacos.

É o nome verbal, sonoro, que designa a quantidade e não o algarismo escrito. Este é apenas uma representação escrita do som verbal que é a designação da quantidade.

- A metodologia do desenvolvimento do raciocínio lógico segue uma evolução do Movimento para a Manipulação dos Objetos e daqui para o Pensamento (cálculo mental).
- É errada qualquer metodologia que use apenas os Objetos, sem primeiro ter efetuado o raciocínio através do Movimento,
- Erro ainda mais grave é o de se passar diretamente dos Objetos para a representação escrita, com algarismos, sem passar pelo Pensamento.

Não se deverá escrever nada num papel, sem que primeiramente tenha sido calculado mentalmente.

Igual, Diferente, Maior e Menor

A Caixa dos Feijões
- O professor pede às crianças para fecharem os olhos e, tateando, tirarem um feijão das suas respetivas caixas, colocando-o sobre a mesa. Abrindo em seguida os olhos, deverão tirar e colocar ao lado, todos os feijões:
- iguais,
- da mesma cor,
- do mesmo tamanho,
- diferentes, em cor e em tamanho.

Botões
- Retirar todos os botões:
- do mesmo tamanho,
- do mesmo formato,
- com o mesmo número de buracos,
- da mesma cor,
  etc.;

Fósforos
Material: fósforos cortados de diferentes tamanhos e misturados;
- Pede-se à criança para que retire os de um dado comprimento.

Caricas
- De uma coleção de diferentes tamanhos (e/ou cores), pedir à criança para retirar todas as que são de um mesmo tamanho (ou cor);

Feijão
- Da caixa dos feijões retirar o maior e o menor.

Giz
- Escolher o maior e o menor pau de giz.

Lápis
- Escolher os lápis de maior e menor comprimento.

Lego
- Escolher uma das peças mais pequenas e uma das maiores, do lego.

Mãos
- Descobrir qual o menino que tem as mãos maiores e o que tem as mãos mais pequenas.

Mala
- Descobrir a mala ou mochila maior e a mais pequena, que estiverem na sala de aula.

Coleções, Conjuntos e Classificações

Conjuntos de Pedras
- Depois de um passeio no campo ou num jardim e de recolher pedras, pede-se às crianças que formem conjuntos: com pedras da mesma cor, com pedras do mesmo tamanho, com pedras de tamanho diferente, com o mesmo número de pedras.

Conjuntos Diversos
- Em cima de uma mesa estão várias caricas, pedras, berlindes, lápis. Pede-se às crianças para formarem: um conjunto de caricas; um

conjunto de berlindes; um conjunto de pedras e berlindes; um conjunto de pedras e caricas.

Lápis e Canetas
- Coloca-se em cada mesa uma caixa contendo vários lápis e canetas de tamanho e cores diferentes. Pede-se depois às crianças para formarem um conjunto de lápis e canetas da mesma cor; um conjunto de lápis e canetas de cores diferentes; um conjunto de lápis e canetas do mesmo tamanho; um conjunto de lápis e canetas de tamanhos diferentes.

Botões
- O material utilizado neste jogo são botões. O objetivo desta atividade é que as crianças façam conjuntos: de botões com tamanhos diferentes; de todos os botões de cor verde; de todos os botões que tenham mais do que uma cor; de botões com riscas; atendendo à sua espessura; que tenham dois buracos; que tenham mais do que dois buracos; etc.

Todo o Material
- Fazer um conjunto de todas as borrachas da turma; de todas as borrachas que tenham mais do que uma cor; de borrachas por cor; dos apara-lápis da turma; dos apara-lápis de plástico; dos apara-lápis de metal; de todos os lápis; dos lápis vermelhos; das canetas azuis; etc.

Seriação e Ordenação

Copos
- Pede-se à criança que coloque em fila diversos copos, de diferentes tamanhos, do maior para o menor.

Pregos
- Formar um conjunto de pregos, colocando-os em fila, do menor para o maior.

Bonecos
- Dá-se à criança um conjunto de bonecos de tamanhos diferentes. Em seguida pede-se que os ordene do maior para o menor e depois ao contrário.

Lápis
- Ordená-los do maior para o menor.

ATIVIDADES DE MANIPULAÇÃO DE OBJETOS

Livros
- Ordenação dos livros e cadernos escolares do maior para o menor.

Material
- Colocação do material do estojo, de forma decrescente.

Cola
- Pede-se a uma criança que recolha os tubos de cola de toda a turma, e os disponha de forma crescente e decrescente.

Enfiamentos
- O professor faz um enfiamento de algumas pérolas, alterando os seus tamanhos e cores. Pede em seguida às crianças para que cada uma, com as suas pérolas, faça um enfiamento igual.

Torre
- Pede-se a uma criança para construir uma torre com caricas de cores diferentes. As outras crianças deverão construir torres iguais, atendendo ao tamanho e à sequência das cores.

Contagem

Caixa de areia
- Deixar que a criança brinque livremente, com medidas de volume de diferentes capacidades, na caixa de areia.

Alguidar de água
- Deixar que a criança brinque livremente, com copos de diferentes capacidades e tamanhos, no alguidar de água.

Balança (de braços iguais)
- Deixar que a criança brinque livremente com a balança, com pesos diferentes.

Encaixes
- Deixar que a criança brinque livremente, com diferentes jogos de encaixe (por exemplo Lego).

Plasticina
- Pedir à criança para fazer: uma bola, um rolo, um cubo, um boneco, etc. Ir perguntando se *"-tem mais ou menos"* plasticina, a cada forma que ela vai produzindo. Se a criança disser que tem mais ou menos plasticina, pedir-lhe para voltar a fazer de novo a primeira forma e perguntar-lhe se precisou ou não de mais plasticina ou se é a mesma.

Água
- Com copos de diferentes tamanhos, formatos e capacidades e um jarro com água, dar um pouco de água à criança e pedir-lhe para a deitar num copo, depois noutro, depois para outro e assim sucessivamente. Perguntar-lhe de cada vez, se *"– tem mais ou menos água que o anterior?"* (a água é sempre a mesma quantidade). Se a resposta for de mais ou de menos, pedir-lhe para voltar a deitar a água no copo anterior e perguntar-lhe se precisou ou não de mais água.

Dados
- A criança lança 2 dados. Em seguida tira da caixa tantos berlindes quantas as pintas,

Caricas
- O educador mostra ao grupo de crianças determinado número de dedos. As crianças tiram da caixa o mesmo número de caricas.

Lápis
- O educador bate um determinado número de palmas. Cada criança deverá tirar do estojo um número de lápis igual ao das pancadas ouvidas.

Fila de feijões
- O educador bate um determinado número de palmas. Cada criança tira da caixa igual número de feijões, colocando-os em fila.

Plasticina
- O educador começa por distribuir uma porção de plasticina a todas as crianças e em seguida desenha no quadro algumas bolinhas. As crianças devem então moldar tantas bolinhas quantas as que o educador desenhou no quadro.

Fósforos
- O educador pede às crianças para, com paus de fósforos, formarem grupos com tantos quantos os desenhos afixados nas paredes da sala (ou dando como referência outros objetos: janelas, canetas na secretária de uma criança, etc.).

Sacos de Feijões (44)
- Pedir à criança para colocar sobre a mesa "Quarenta e quatro feijões" (4 sacos de dez e 4 feijões avulsos).

Sacos de Feijões (786)
- Pedir à criança para colocar sobre a mesa "Setecentos e oitenta e seis feijões" (7 sacos de cem, 8 sacos de dez e 6 feijões avulsos).

Sacos de Feijões (4444)
- Pedir à criança para colocar sobre a mesa "Quarto mil, quatrocentos e quarenta e quatro feijões" (4 sacos de mil, 4 sacos de cem, 4 sacos de dez e 4 feijões avulsos).

Sacos de Feijões (Leitura de 473)
- Colocar sobre a mesa 4 sacos de cem feijões, 7 sacos de dez e 3 feijões soltos, pedindo à criança para dizer quantos feijões estão ao todo.

Sacos de Feijões (Leitura de 6742)
- Colocar sobre a mesa 6 sacos de mil feijões, 7 sacos de cem, 4 sacos de dez e 2 feijões avulsos, pedindo à criança para dizer quantos feijões estão ao todo.

Cálculo *"Aditivo"*
(Pedir à criança para contar o total).

Feijões
- Fazer um grupo com 2 feijões encarnados. Juntar, depois, 2 feijões pretos e, por fim, juntar mais 2 feijões brancos.

Giz
- Juntar 3 paus de giz cor-de-rosa, 3 azuis e 2 amarelos.

Objetos
- Colocar em cima da mesa 2 canetas, 5 clips e 3 lápis de cores.

Lápis
- Fazer um grupo com 4 lápis de cor, outro com 3 e outro com 2.

Clips
- Fazer uma enfiada com 5 clips pequenos, 4 médios e 3 grandes.

Plasticina
- Fazer 4 bolas pequenas de plasticina. Depois 3 rolos e a seguir 2 cubos.

Fósforos
- 4 palhinhas, 3 paus de fósforo e 5 clips.

Cubos
- Fazer uma escada com 1 cubo encarnado, 2 verdes, 3 vermelhos e 4 azuis.

Sacos de Feijões (70+8)
- Dizer à criança para colocar sobre a mesa 70 feijões mais 8 e dizer quantos estão ao todo ("Setenta e oito").

Sacos de Feijões (400+6)
- Dizer à criança para colocar sobre a mesa 400 feijões mais 6 e dizer quantos estão ao todo ("Quatrocentos e seis").

Sacos de Feijões (500+40)
- Dizer à criança para colocar sobre a mesa 500 feijões mais 40 e dizer quantos estão ao todo ("Quinhentos e quarenta").

Sacos de Feijões (500+40+7)
- Dizer à criança para colocar sobre a mesa 500 feijões, mais 40 e mais 7, pedindo-lhe para dizer quantos estão ao todo ("Quinhentos e quarenta e sete").

Sacos de Feijões (6000+5)
- Dizer à criança para colocar sobre a mesa 6000 feijões mais 5 e dizer quantos estão ao todo ("Seis mil e cinco").

Sacos de Feijões (6000+600)
- Dizer à criança para colocar sobre a mesa 6000 feijões mais 600 e dizer quantos estão ao todo ("Seis mil e seiscentos").

Sacos de Feijões (6000+600+40)
- Dizer à criança para colocar sobre a mesa 6000 feijões, mais 600 e mais 40, dizendo quantos feijões estão ao todo ("Seis mil seiscentos e quarenta").

Sacos de Feijões (6000+600+40+8)
- Dizer à criança para colocar sobre a mesa 6000 feijões, mais 600, mais 40 e mais 8, dizendo quantos feijões estão ao todo ("Seis mil seiscentos e quarenta e oito").

O Cálculo *"Subtrativo"*
(Pedir à criança para contar o que fica ou a diferença).

Borrachas
- Fazer um conjunto de 3 borrachas e tirar 1.

Canetas
- Colocar 4 canetas sobre a mesa. Retirar 1.

Lápis
- Colocar 4 lápis de cor sobre a mesa e retirar 2.

Berlindes
- Agrupar 4 berlindes. Tirar 3.

Giz
- Colocar 5 paus de giz sobre a mesa Tirar 4 para o lado.

Feijões
- Fazer um círculo com 5 feijões. Tirar 3 feijões para o lado.

Caricas
- De um grupo de 5 caricas, retirar 4.

Sacos de Feijões (60-30)
- Dizer à criança para colocar sobre a mesa 60 feijões, tirar 30 e dizer quantos ficaram ("Trinta").

Sacos de Feijões (600-300)
- Dizer à criança para colocar sobre a mesa 600 feijões, tirar 300 e dizer quantos ficaram ("Trezentos").

Sacos de Feijões (5000-3000)
- Dizer à criança para colocar sobre a mesa 5000 feijões, tirar 3000 e dizer quantos ficaram ("Dois mil").

Sacos de Feijões (572-461)
- Dizer à criança para colocar sobre a mesa 572 feijões, tirar 461 e dizer quantos ficaram (deverá tirar 4 sacos de cem, 6 sacos de dez e 1 feijão avulso, começando sempre pelos sacos de maior quantidade).

Sacos de Feijões (887-632)
- Dizer à criança para colocar sobre a mesa 887 feijões, tirar 632 e dizer quantos ficaram (deverá tirar 6 sacos de cem, 3 sacos de dez e 2 feijões avulsos, começando sempre pelos sacos de maior quantidade).

Sacos de Feijões (8475-4232)
- Dizer à criança para colocar sobre a mesa 8475 feijões, tirar 4232 e dizer quantos ficaram (deverá tirar 4 sacos de mil, 2 sacos de cem, 3 sacos de dez e 2 feijões avulsos, começando sempre pelos sacos de maior quantidade).

O Cálculo *"Multiplicativo"*

Botões
- Fazer 6 grupos de 4 botões. Contar e dizer quantos botões são ao todo. (Continuar, fazendo 5 grupos de 7, 3 grupos de 10, etc.).

Torres de Caricas
- Pedir à criança para fazer 3 torres de 4 caricas, 5 torres de 10 caricas, 6 torres de 6, etc., contando sempre quantas caricas estão ao todo.

Filas de Caricas
- Fazer 3 filas de 4 caricas, 5 filas de 3 caricas, 6 filas de 6, etc. Contando sempre o total de caricas.

Formaturas
- Com soldadinhos, fazer formaturas de 3 filas de 4, 6 filas de 3, 7 filas de 7, etc. Contando o total de todas as vezes que fizer uma formatura.

Sacos de Feijões (2 grupos de 40)
- Pedir à criança para juntar 2 grupos de 40 feijões (4 sacos de dez feijões mais 4 sacos de dez) e dizer quantos estão ao todo.

Sacos de Feijões (3 grupos de 20)
- Pedir à criança para juntar 3 grupos de 20 feijões (2 sacos de dez feijões, mais 2 sacos de dez e mais 2 sacos de dez) e dizer quantos estão ao todo.

Sacos de Feijões (5 grupos de 10)
- Pedir à criança para juntar 5 grupos de 10 feijões (5 grupos de dez feijões avulsos ou 5 sacos de dez) e dizer quantos estão ao todo.

Sacos de Feijões (2 grupos de 400)
- Pedir à criança para juntar 2 grupos de 400 feijões (4 sacos de cem feijões mais 4 sacos de cem) e dizer quantos estão ao todo.

Sacos de Feijões (3 grupos de 300)
- Pedir à criança para juntar 3 grupos de 300 feijões e dizer quantos estão ao todo.

Sacos de Feijões (3 grupos de 2000)
- Pedir à criança para juntar 3 grupos de 2000 feijões e dizer quantos estão ao todo.

Divisão

(Pedir à criança para contar o quociente, o que ficou para cada um).

Livros
- Pede-se às crianças que coloquem 4 livros e cadernos sobre a mesa. De seguida pede-se que os distribuam igualmente por 2 colegas.

6 Lápis
- Colocam-se 6 lápis de cor na mesa e pede-se que os dividam por 2 colegas.

8 Lápis
- Colocam-se 4 lápis em cima de uma mesa e pede-se a 4 crianças que os distribuam igualmente entre si.

Folhas de papel
- Colocam-se 6 folhas de papel sobre a mesa e pede-se que as distribuam por 3 meninos.

Caixas e berlindes
– Pede-se que distribuam igualmente os seus berlindes por 3 caixas.
Bolachas
– Dá-se 6 pacotes de bolachas a 3 crianças e pede-se-lhes que distribuam as bolachas entre si.
Canetas de feltro
– Pede-se às crianças que coloquem sobre a mesa 8 canetas de feltro. Em seguida pede-se que façam grupos de 2 canetas.
Botões
– Pede-se que coloquem sobre a mesa 8 botões e que com eles formem 4 grupos de igual número de botões.
Caricas
– Colocam-se 8 caricas sobre a mesa e pede-se que as separem em grupos de 2 caricas.
Borrachas e lápis
– Colocam-se sobre a mesa 9 lápis e 3 borrachas. Pede-se à criança que distribua o mesmo número de lápis por cada borracha.
Canetas
– Pede-se que, de um grupo de 9 canetas formem 3 grupos iguais de canetas.
Caderno
– O professor dá às crianças um caderno velho de 10 folhas e pede-lhes que rasguem as folhas duas a duas.
Baldes
– Colocam-se 3 baldes no chão e dá-se à criança 6 berlindes. Depois é lhe pedido que "enceste" os berlindes nos baldes, em igual quantidade por balde.
Feijões
– Com 9 feijões sobre a mesa, é pedido às crianças que formem grupos de 3.
Sacos de Feijões (40 divididos por 2)
– Coloca-se 4 sacos de dez feijões sobre a mesa e pede-se à criança para os dividir em dois grupos iguais.
Sacos de Feijões (400 divididos por 2)
– Coloca-se 4 sacos de cem feijões sobre a mesa e pede-se à criança para os dividir em dois grupos iguais.

Sacos de Feijões (6000 divididos por 3)
- Coloca-se 6 sacos de mil feijões sobre a mesa e pede-se à criança para os dividir em três grupos iguais.

Sacos de Feijões (642 divididos por 2)
- Colocam-se sobre a mesa 6 sacos de cem feijões, 4 sacos de dez e mais 2 feijões avulsos, pedindo-se à criança para os dividir em dois grupos iguais.

Espaço

Espaço preenchido
- Utilizando uma caixa, estimar qual a quantidade de feijões que é preciso para preencher esse espaço. Verificar em seguida.

Igualdades de tamanho
- Estimar quantos feijões alinhados fazem o comprimento da régua. Verificar.

Bola no tapete
- Utilizando um tapete e uma bola. Pedir que uma criança atire a bola, a rebolar, para o tapete, observando depois onde esta parou. Desenhar no quadro a localização da bola no tapete.

Jogo de busca
- Organizam-se pares. Uma criança de cada par descalça um dos seus sapatos e dá-o ao professor, que lhe venda os olhos com um lenço. Depois de todos vendados, o professor coloca os sapatos em diversos pontos da sala. Encostadas à parede, as crianças sem venda vão dando informações verbais ao seu colega vendado para este descobrir o seu sapato.

Jogo do pau
- Uma criança, de olhos vendados e com uma vara na mão, tenta acertar numa bola colocada num ponto mais elevado. Os colegas podem comunicar através da fala sobre a orientação que este deve tomar para poder atingir a bola.

Croqui
- Desenha-se no quadro uma planta da sala e desenha-se com giz vermelho um itinerário que uma criança deverá seguir (por exemplo, dirigir-se à secretária, ir até à porta, voltar à direita, passar entre a 2ª e a 3ª fila e voltar ao ponto de partida). Efetuar o percurso.

Tempo

Aviões
- Os alunos fazem aviões de papel e atiram-nos ao ar, todos ao mesmo tempo, para ver qual é o que se mantém mais tempo no ar.

Botões
- Lançam a rebolar, ao mesmo tempo, vários botões de diâmetro diferente. Verificar qual o que se manteve mais tempo a rebolar.

Meios de transporte
- Pede-se às crianças para, em grupo, recortarem de revistas gravuras e fotografias de diferentes meios de transporte e os colarem numa página, por ordem de antiguidade.

Habitações
- O mesmo, ordenando as habitações pela sua ordem de antiguidade de tipo de construção: caverna, cabana lacustre, citânia, etc.

Instrumentos
- O mesmo, com instrumentos musicais ou ferramentas.

Velocidade

Quedas
- Experimentar atirar ao ar diferentes Objetos (pena, balão, folha de papel, borracha, etc.) comparando as suas velocidades de queda.

Paraquedistas
- Com lenços e fio, construir pequenos paraquedas. Atando-lhes diferentes Objetos (lápis, pedra, caixa, etc.), verificar as diferentes velocidades de queda.

Corta-ventos
- As crianças enrolam tiras de papel e serpentinas; sopram para ver qual se desenrola mais rapidamente.

Aviões
- As crianças fazem aviões de papel e atiram-nos ao ar, todos ao mesmo tempo, para ver qual é o mais rápido.

VII
O Cálculo Mental
(5-6 anos)

As atividades de movimento corporal e de manipulação de Objetos destinaram-se essencialmente ao desenvolvimento do raciocínio neuropsicomotor e do raciocínio prático, gerando as organizações neurológicas e as estruturas psicológicas que estão na base do pensamento puro, interno, unicamente elaborado em termos de imagens mentais. É este tipo de raciocínio que é o objetivo principal de toda a metodologia e de todas as atividades desenvolvidas.

O melhor modo de desenvolver esta capacidade de raciocínio é colocando verbalmente problemas à criança, para que ela procure a sua resolução através do cálculo mental.

A colocação de um problema à criança, para que o resolva mentalmente, deverá suceder sob a forma de diálogo, tomando-se a sua 1ª resposta como ponto de partida para perguntas secundárias, terminando quando a criança tiver sido capaz de explicar o modo como pensou para chegar àquela solução.

As questões deverão ser colocadas de modo que estimulem a conversação sobre os processos de pensamento, em vez de se centrarem somente nos factos. Por exemplo, questões do tipo *"– Quantos olhos tem um gato?"*, exigem uma resposta única, que tanto o adulto como a criança já sabem e que por isso limita a conversação. Se o adulto colocar a seguir a questão,

"– Como é que tu sabes isso?", encoraja-se a criança a descrever como chegou àquela conclusão. De facto, somente a criança tem a resposta para esta questão. No processo de resposta à questão, a criança tem a oportunidade de consolidar aquilo que sabe, de reconhecer como chegou lá e de ter a satisfação de saber que o seu professor se interessa pelos seus pensamentos.

Há alguns anos, os professores do 1º ciclo do ensino básico, levantaram uma controvérsia sobre se deveria ensinar-se primeiro a fazer contas e depois a treinar a resolução de problemas ou se se deveria ensinar em simultâneo contas e problemas.

Como seria de esperar, não chegaram a conclusões, porque a discussão decorreu no âmbito do ensino e na perspetiva dos professores e não no das capacidades de raciocínio da criança.

C. Kamii (1982), refere que a criança compreende melhor uma situação em que se diz *"– Se tiveres 2 rebuçados e a tua mãe te der mais 3, com quantos ficas?"* do que uma em que se pergunta *"2 mais 3, quantos são?"*, sendo ainda muito mais difícil a compreensão do problema apresentado por escrito: 2 +3 = ?. Qualquer criança de 5-6 anos resolve mentalmente com facilidade a primeira situação, muito antes de saber sequer escrever algarismos.

> *"– Quando digo que se deve introduzir os problemas verbais como metodologia por excelência para o raciocínio matemático, não digo que estes deverão ser retirados de livros, como muitos professores fazem, mas retirados da vida real, imediata, da criança na sua classe e no seu meio próximo." (Kamii, 1982).*

A Resolução de Problemas

A resolução de problemas constitui uma metodologia de trabalho que tem sido muito estudada e aplicada nos campos da psicologia e da educação.

Dottrens (1974) e Pólya (1988) chamam a atenção para que a metodologia de resolução de problemas deverá fugir à tendência para o uso de cadernos ou fichas com problemas escritos, sendo indispensável que cada educador ou professor invente os problemas que apresenta a cada criança. Não há duas crianças iguais e o único a ter alguma compreensão sobre o modo como a criança raciocina é o seu professor. Só este é que poderá imaginar qual o tipo de problemas que mais estimulam a sua atenção e os que melhor favoreçam o desenvolvimento do seu raciocínio.

A resolução de problemas constitui o principal objetivo do desenvolvimento do raciocínio, pois a compreensão da questão exige uma adequada compreensão verbal, uma eficaz linha de pensamento, capacidades de elaboração intelectual da resposta, de metacognição, de comunicação desta metacognição e de argumentação.

Abrantes (1989) apresentou uma discussão sobre o que são situações problemáticas e situações não problemáticas.

As situações problemáticas são as que têm um contexto problemático, ou seja, exigem a formulação de uma ou mais questões específicas para as quais não existe uma única solução, estimulado deste modo a criança para conceber soluções, fazer suposições, desenvolvê-las e por vezes prová-las.

Não há um radicalismo de resposta certa ou errada, deixando-se ampla liberdade para a imaginação da criança. Este radicalismo inibe e anula a capacidade de raciocínio, preocupando-se a criança em acertar e não em pensar. Por exemplo, em vez de um problema como *"– Repartindo igualmente 6 rebuçados por 3 meninos, quantos dás a cada um?"* (só há uma resposta: 2), colocar uma situação como *"– Que farias se tivesses que repartir 3 chocolates por 5 meninos?"*. As respostas possíveis poderiam ser: *"mousse de chocolate"*, *"partia cada chocolate em 5 e dava 3 bocados a cada menino"* ou mesmo *"fica com todos para mim"*).

Nas situações não problemáticas não existe um problema tacitamente formulado, pretendendo-se porém que a criança explore criativamente o contexto. Por exemplo dar um título para que a criança invente uma história, terminar uma história inacabada, imaginar diferentes usos possíveis para um objeto, etc.

Citoler (1986), refere que na resolução de problemas verbais intervêm tanto o conhecimento linguístico como as capacidades de raciocínio, tendo comprovado que em muitas ocasiões a dificuldade e o fracasso na resolução de problemas provêm mais de uma inadequada compreensão da questão colocada do que devido a dificuldades nas operações intelectuais em si.

Durante muitos anos predominou a ideia de que as crianças deveriam dominar primeiro o sistema numérico e saber fazer contas no papel antes de lhes serem apresentados problemas de enunciado verbal. Depois das investigações de Piaget (1975), provando que a criança é capaz de efetuar elaborados cálculos mentais muito antes de possuir capacidades para a aprendizagem da escrita, esta posição inverteu-se, usando-se a resolução de problemas verbais como meio privilegiado de desenvolvimento do raciocínio, muito antes de se iniciar a aprendizagem da escrita de letras e algarismos.

É necessário fazer com que as crianças tenham consciência da importância de compreender o problema antes de pensarem no método mais conveniente de o resolver. Na prática, isto traduz-se em que as crianças primeiro ouçam atentamente o problema por completo, se for preciso várias vezes, até entenderem quais são as questões colocadas e os dados envolvidos, só depois tentando resolvê-lo.

A melhor maneira de levar as crianças a envolverem-se mais no desafio que lhes é lançado através da solução de problemas é proporcionar-lhes problemas de contextos que as interessem, isto é, problemas que lhes surjam do mundo que as rodeia e em que estejam direta ou indiretamente implicadas.

As Perguntas

Piaget (1923) referia que *"– Não há melhor introdução à lógica infantil do que o estudo das suas perguntas espontâneas"*. De facto, a melhor forma de estudar o raciocínio da criança é através do estudo das suas perguntas. O estudo das suas perguntas espontâneas permite-nos também inferir elementos sobre o modo como deveremos elaborar as perguntas através das quais pretendemos ajudá-la no auto desenvolvimento do seu raciocínio.

Nos inícios da Psicologia da criança, quando a observação diária e individualizada de crianças, era frequentemente feita com os filhos dos próprios investigadores, copiosas coleções de perguntas enunciadas pelas crianças no decorrer das suas atividades normais foram acumuladas e analisadas. Muitos trabalhos pertencentes a este período, distinguem duas fases: a primeira fase inicia-se por volta de um ano e meio, quando a criança descobre que cada coisa possui um nome; ela é caracterizada por uma abundância de pedidos de nomes de objetos e também de perguntas sobre o lugar. Por volta do dois anos e dez meses começa a segunda fase, com predomínio da pergunta do tipo *"por quê"* e *"quando"*.

Um estudo efetuado por Piaget sobre 750 perguntas de *"por quê"* realizadas por uma criança 6 anos levaram-no a distinguir um determinado número de categorias: pedido de explicação (em termo de causa ou finalidade) a respeito de objeto físicos; pedidos de motivação em relação a ações psicológicas, de justificações, de costumes e regras ou (justificação lógica) referente à classificação e conexão de ideias.

Piaget concorda com Stern em que a primeiras perguntas do tipo *"por quê"* não são expressões de curiosidade, mas simplesmente expressões de *"espanto com o que não é usual"* (Stern 1914), de uma reação afetiva ao desapontamento realizado pela ausência de um objeto desejado ou pelo aparecimento de um acontecimento esperado; isto é, surpresa e frustração. Um pouco mais tarde, contudo, a criança dirige evidentemente as perguntas *"por quê"* ao adulto na esperança de que alguma coisa lhe seja explicada, mas tanto as suas perguntas como as suas reações às repostas recebidas manifestam um pensamento "pré-causal", em que a causalidade física, as intenções humanas e a dedução lógica não estão nitidamente separadas. A causalidade, segundo Piaget *"permanece como assunto de conversa entre a criança e adulto ou como uma reflexão solitária da própria criança"*.

O papel essencial das perguntas, e especialmente das perguntas bem escolhidas, no pensamento dirigido é ilustrado por dois estudos experimentais.

Liublinskaia (1948) observou crianças em idade pré-escolar envolvidas em tarefas práticas e diversificou dois tipos de reação verbal: *"a fala lúdica"* que reflete reações emocionais à situação, e *"a fala para perguntar"*, que é *"dirigida ao estabelecimento de novas conexões e relações ainda desconhecidas para a criança"* (Zaporozhets, 1964). Perguntas sobre causas ocorriam com maior probabilidade quando as crianças se viam perante alguma dificuldade, como por exemplo, a impossibilidade de um brinquedo funcionar conforme o que era esperado. O aparecimento destas perguntas é importante, pois atestam a ocorrência das primeiras representações da presença de relações causais na criança. Alem disso, estas perguntas exercem uma influência fundamental no próprio processo pelo qual a criança resolve um problema prático, transmitindo às suas ações um empenho na procura de uma solução correta, dando ao processo de pensamento uma direção definida. Nas crianças mais novas, as tentativas de superar uma dificuldade têm um caráter caótico, mas uma pergunta proposta por um adulto pode induzi-las a procurar a causa e a tentar colocar a coisa de maneira correta, sob uma forma orientada para um alvo e organizada.

A formulação de perguntas tem também sido estudada em relação aos procedimentos que induzem ou solicitam a pergunta.

Stirling (1973) realizou uma investigação em que observava professores com crianças de diferentes idades, fazendo-lhes uma série de perguntas enquadradas em diferentes histórias com diferentes personagens, anotando o modo como os professores elaboravam as questões e a forma como as crianças faziam perguntas de esclarecimento.

Quanto maior a idade das crianças, maior o número de perguntas e mais largo o número de itens sobre os quais colocavam as questões. As razões, o tempo e os lugares eram objeto do maior número de perguntas, sucedendo relativamente poucas acerca de nomes, atributos e objetos.

O número de questões também aumentou em função do QI e do nível sócio-económico familiar.

Em todas a idades, as perguntas especificadas (perguntas que começavam com um adverbio interrogativo) parecem ser mais frequentes do que as perguntas de tipo sim-ou-não (falsa ou verdadeira). As perguntas explicativas parecem ser mais numerosas do que as perguntas sobre factos, mas as questões factuais são mais comuns em situações nas quais os factos estão ausentes. As perguntas explicativas do tipo sim-ou-não, que exigem a formação de uma hipótese explicativa, foram encontradas numa extensão notável apenas entre as crianças mais velhas.

A Metacognição
Espera-se geralmente que a uma pergunta se suceda uma resposta mas, pelas investigações que acabámos de referir, a pergunta não tem para a criança um objetivo de encontrar uma resposta mas de a ajudar no seu processo de raciocínio.

As perguntas a colocar à criança, deverão por isso motivar mais um raciocínio do que uma mera resposta única, objetiva e linear. Interessa que despolete uma ação intelectual e que leve a criança a refletir sobre essa reflexão intelectual. Interessa mais o *"como pensou"* do que *"a resposta certa"*.

A capacidade para pensar sobre o seu e sobre o pensamento dos outros, é designada em psicologia por metacognição. Trata-se de uma forma de auto-reflexão que proporciona um amplo alargamento da imaginação, visto que o raciocínio é por este modo objeto de análise através do próprio raciocínio.

Através da metacognição (*"Como é que eu pensei?"*) a criança toma consciência da diversidade de estratégias de raciocínio que podem ser utilizadas, oferecendo mais oportunidades de auto correção ao nível da resolução de problemas. Trata-se como que de um falar consigo próprio, um diálogo interno para chegar a novas formas de compreensão sem precisar de testar de facto e em concreto cada solução.

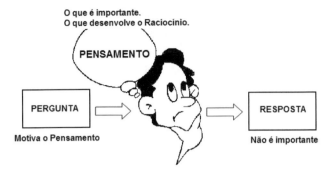

O Pensamento Perspetivista

Este tipo de pensamento está intimamente relacionado com a metacognição. Trata-se do aparecimento de uma nova consciência sobre o facto de pessoas diferentes possuírem diferentes pensamentos acerca da mesma ideia ou situação, desenvolvendo-se deste modo uma forma de relativismo, deixando de haver um único ponto de vista correto para poder haver diferentes perspetivas ou diferentes respostas para o mesmo problema.

Para se chegar a este pensamento perspetivista há, porém uma evolução em que a metacognição desempenha um papel fundamental. Piaget mostrou repetidamente que as crianças mais novas têm a tendência para pensar que todas as pessoas pensam como elas e que enfrentam as situações da mesma forma que elas próprias. Piaget descreveu então este pensamento como egocêntrico, devido ao facto de estar centrado unicamente na perspetiva da criança. Só com a maturação intelectual e a metacognição associada à resolução de problemas é que é possível à criança evoluir para uma posição em que reconhece que os outros podem possuir pontos de vista diferentes do seu.

Num estádio intermédio situa-se a compreensão de que um mesmo problema poderá vir a ter diferentes respostas, em conformidade com a linha de pensamento que seguiu mentalmente: se suceder isto, então a resposta será uma, mas se suceder aquilo, a resposta será outra.

Tudo depende do estádio cognitivo, da organização da função semiótica e das capacidades metacognitivas, sendo as crianças capazes de construir estratégias lógicas, racionais e abstratas.

Para se desenvolver o Raciocínio Duplo é necessário uma grande estimulação por parte do adulto, no nosso caso do educador ou do professor, para que a criança consiga organizar toda a informação apreendida a fim de conseguir atingir uma reversibilidade lógica, que só é possível por volta dos 7 anos (Estádio Operações Concretas).

Mas para isso é necessário a existência da *"construção de um caminho"* de ajuda, desde os pensamentos anímicos e intuitivos até às operações lógicas concretas, onde as respostas da observação do mundo começam a tornar--se conhecimento adquirido.

O Treino para Perguntar

Conforme salientou Mackworth (1965), *"Descobrir o problema é mais importante do que resolvê-lo"*. Guilford (1967) identificou também uma dimensão de *"sensibilidade ao problema"* como um importante fator da capacidade de pensar de forma criadora. Não surpreende, portanto, que a forma de perguntar exerça um papel fundamental em algumas técnicas pedagógicas mais atuais.

Alguns dos métodos de *"descoberta"* propõem perguntas às crianças e exigem delas que encontrem as repostas a partir dos seus próprios esforços intelectuais. Outros fazem com que a criança formule a sua própria pergunta como incentivo e guia para descobertas futuras.

Um exemplo notável é o projeto de *"Treino para Perguntar"*, de Suchman (1963), em que se começa com um curto filme que demonstra um fenómeno físico (uma bola de bronze que é suficientemente pequena para passar por dentro de um arco, mas que depois de aquecida já não consegue fazê-lo).

Procede-se depois a uma *"análise do episódio"* (Fase I), verificando se o conteúdo do filme foi corretamente entendido, seguindo-se um convite para descobrir o principio que comanda o fenómeno, colocando perguntas ao professor (Fase II), elaboradas de tal modo que possam ser respondidas apenas com *"sim"* ou *"não"* e correspondam a possíveis experiências que poderão ser realizadas.

A Fase III é dedicada à *"indução ou construção da relação"*, hipóteses relativas ao princípio físico e às relações que devem ser formadas, concebendo--se formas pelas quais elas podem ser verificadas por experimentação.

Um estudo comparativo entre um grupo experimental e um grupo de controle, indicou que a habilidade de perguntar em crianças de 6-8 anos pode ser aperfeiçoada num período de apenas 15 semanas.

Como Perguntar

Depois de se estar consciente da importância das perguntas no processo de pensamento da criança, tanto das que ela faz ao professor como das que são feitas à criança por este, interessa saber como é que este deverá Efetuar as suas perguntas de modo a suscitar a atenção e a reflexão da criança.

O modo como se fazem as perguntas à criança deverá ser estimulador, de tal modo que constituam desafios irrecusáveis à sua inteligência e ao seu desenvolvimento emocional.

A criança tem necessidades de respirar, de beber, de comer, de dormir, de amar e também de raciocinar. A não satisfação de uma necessidade causa sofrimento; a sua satisfação causa prazer e felicidade. Ao pensar na resolução de um problema, a criança sente a satisfação inerente ao satisfazer da sua necessidade de raciocínio. Ao atingir o êxito da descoberta da solução para o problema, o seu sentimento de auto-realização aumenta, sentindo-se feliz.

Na resolução de problemas a sua solução deverá, por isso, ser considerada como uma circunstância secundária, sendo objetivos prioritários a felicidade da criança, a satisfação das suas necessidades de raciocínio e o sentir-se realizada.

Ao formular um problema, o educador deverá preocupar-se em que este proporcione estas vivências, tendo o cuidado de evitar quaisquer circunstâncias desmotivadoras ou confrangedoras.

A formulação do problema deverá decorrer no ambiente de um diálogo ameno, entre dois amigos, numa proximidade que permita ao educador colocar a sua mão sobre o ombro, o braço ou a mão da criança, fazendo-lhe uma festa incentivadora no cabelo, gratificá-la com uma festa na cara ou mesmo um abraço, quando atinge a resolução do problema. O tato (festas, carícias, beijos, abraços) é a linguagem do amor. A educação não pode existir senão num clima de amor.

Outro dos grandes objetivos da resolução de problemas é a criação desta relação de amor entre a criança e o seu educador. O problema é apenas o objeto transacional, o pretexto que permite o estreitamento deste laço relacional.

A solução não é, portanto, o objetivo único que se coloca na resolução de problemas. Há outros aspetos que são muito mais importantes.

O educador deverá procurar evitar a tendência de concentrar todas as suas atenções e as da criança sobre a pertinência da resposta certa. Trata-se de uma tendência que é anterior ao behaviorismo mas que foi de tal modo reforçada por este que muitos professores, inconsciente ou conscientemente, a praticam.

No behaviorismo apenas se valoriza o estímulo e a resposta, ignorando-se o que se passa no meio, ou seja, a elaboração intelectual. Nas perspetivas psicopedagógicas que lhe sucederam considera-se acima de tudo esta elaboração intelectual.

A obsessão de alguns professores sobre se as respostas estão certas ou erradas, causam à criança frustrações, inibições, bloqueios do raciocínio, sentimentos de menos valia, sofrimento e mesmo traumatismos psicológicos.

O educador não é um juiz, não é um inquisidor nem um interrogador policial. Não interessa se a resposta da criança é verdade ou não, se está certa ou errada. Interessa o raciocínio que a levou àquela resposta.

Muito menos ainda será um carrasco ou um torturador, fazendo ameaças de reprovações ou humilhando a criança com epítetos de *"burra", "estúpida", "parva"* ou outros palavrões.

Tomemos como exemplo o seguinte problema:

"– Tens 4 flores e a tua mãe deu-te mais 5 flores. Com quantas flores ficas, ao todo?"

Se a criança responder *"nove"* perante um professor behaviorista, este diz-lhe que o resultado está certo e avança para o enunciado de outro problema. Se, porém, a resposta for, por exemplo, *"sete"*, diz que está errada e pune a criança, no mínimo com uma má cara e com uma ênfase depreciativa que a seguir dá às palavras que dirige à criança.

Um educador não se interessa pela resposta em si, considerando-a apenas como o pretexto de levar a criança a iniciar o processo de metacognição e até poderá eventualmente verificar que a resposta dela afinal era coerente: *"– Fiquei com sete porque duas murcharam".*

É através do modo como se formula o problema que se poderão evitar situações de resposta única que conduzem à indesejada alternativa de certo-ou-errado.

Por exemplo, uma questão como: *"– Tens que distribuir igualmente 6 chocolates por 3 meninos. Quantos dás a cada um?"*, leva a uma resposta única: *"dois"*. Se a criança indicar qualquer outra quantidade, a resposta será *"errada"*.

Basta não utilizar a palavra *"igualmente"*, para qualquer resposta estar *"certa"*, centrando-se as atenções da criança e do educador no que se segue, na metacognição e não na resposta em si.

Até são motivados por este processo, raciocínios criativos bastante interessantes: *"Não dou chocolates a ninguém, porque fazem mal aos dentes"*, *"Só dou um a cada um... e já vão com muita sorte"*, perfeitamente naturais em crianças em idade egocêntrica.

A regra geral para a formulação de um problema é a dos *"três cês"* – CCC. Um problema deverá ser Curto, Claro e Completo.

Deverá ser curto, sucinto, utilizando o menor número possível de palavras, evitando todas as circunstâncias ou elementos irrelevantes, mas também não o tornando de tal modo curto que se perca a clareza da sua compreensão.

A contextualização e o envolvimento emocional da criança deverão ser cuidados para que se mantenham, não encurtando qualquer problema à sua custa.

Exemplo de uma hipercontextualização que se deve encurtar:

"– O João, a sua irmã Mariana e a avó Joaquina foram ao mercado da Ribeira. O João comprou um saco com 10 berlindes mas não reparou que estava roto. Só quando chegou a casa é que viu o buraco e verificou que perdera 3 berlindes. Ficou muito triste. Com quantos berlindes ficou o João?"

Ficará muito mais compreensível se lhe retirarmos todos os elementos supérfluos:

"– O João comprou 10 berlindes e perdeu 3. Com quantos ficou?"

O implicado é o João (a criança pensa logo num seu amigo com este nome), o contexto é o de compra e perda e o objeto são os berlindes. A irmã, a avó, o mercado da Ribeira e a sua tristeza, são elementos supérfluos que só desviam a concentração sobre o verdadeiro âmago do problema.

Seria também inadequada a formulação de um problema tão curto que ficasse sem a designação dos Objetos ou da ação:

"– 10 menos 3, quantos são?"
"– A Ana tem 3 vasos com flores e 2 sem flores." (O que sucede a seguir? O que se pergunta?).

A segunda premissa é a de que o problema seja perfeitamente Claro, compreensível, sem quaisquer ambiguidades ou suposições. Serão de evitar formulações como, por exemplo:

"– O Manuel perdeu 5€, o pai deu-lhe 4€ e depois perdeu 2€. Quantos euros tinha o Manuel?"

Seria mais clara a seguinte formulação:

"– O Manuel tinha 10€. O pai deu-lhe 4€, mas ele perdeu 2€. Com quantos euros ficou?"

O problema deverá ser Completo, ou seja, indicar todos os dados indispensáveis para que seja compreensível e resolúvel. Dados a mais provocam confusão e dados a menos impossibilitam a resolução.
Exemplo de um problema sem clareza:

"– A Mariana tem 2 canetas vermelhas, 3 lápis azuis, 2 borrachas brancas e 4 canetas amarelas. Quantas canetas tem a Mariana?"

As cores, os lápis e as borrachas são dados irrelevantes para o problema, levando a concentrar a atenção da criança sobre eles e não nos Objetos que constituem o assunto do problema.
Também não é claro um problema com falta de dados:

"– A Mariana tem um colar de pérolas que se partiu, espalhando-se todas as pérolas. Apanhou 28 pérolas e ainda falta apanhar algumas, que estão debaixo do sofá. Quantas tem ainda que apanhar?"

Falta a indicação do número total de pérolas do colar ou do número que está debaixo do sofá.
Quando o educador está a trabalhar com um pequeno grupo de crianças, a formulação do problema deverá ser efetuado para todos em geral, deixando uns breves segundos para que cada criança comece a pensar, indicando então a criança com quem vai dialogar.
Se a indicação da criança for anterior à formulação da pergunta, as restantes não lhe darão muita atenção, não conseguindo posteriormente participar na discussão do raciocínio desenvolvido.

O CÁLCULO MENTAL

> O mais importante do problema não é a resposta mas o que sucede a seguir a esta, a segunda pergunta do educador.

Por exemplo:

1ª pergunta: *"– Tens 10 berlindes. Se perderes 3, com quantos ficas?";*
1ª resposta da criança: *"– Sete"* (ou qualquer outro número – não interessa esta resposta, quer esteja certa ou errada);
2ª pergunta: *"– Como é que chegaste a essa conclusão?";* ou *"Como é que conseguiste?", "Como pensaste?", "Como é que sabes isso?";*

A 1ª pergunta leva ao raciocínio resolutivo.

A 2ª pergunta desencadeia vários outros processos intelectuais:

1º – Metacognição: leva a criança a refletir sobre o modo como raciocinou;
2º – Metacognição da explicação: a criança tem que pensar no modo como irá explicar aquela sua linha de raciocínio;
3º – Explicação: a formulação verbal explicando o raciocínio que levou àquela solução.

Estes processos cognitivos desencadeados pela segunda pergunta contribuem de modo muito particular e preponderante para o desenvolvimento das capacidades intelectuais da criança. Se a primeira pergunta leva a um determinado desenvolvimento do raciocínio, esta segunda pergunta potencializa-o.

A partir daqui o diálogo poderá ser enriquecido com outras perguntas, procurando o educador levar a criança a elaborar raciocínios e não a debitar conceitos ou saberes memorizados. O objetivo será sempre o de levá-la *"a pensar com a sua própria cabeça".*

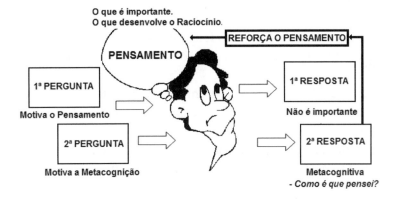

Exemplos de problemas que o educador poderá colocar à criança (a primeira pergunta):

Não esquecer nunca que se deverão fazer sempre a seguir as perguntas de metacognição.

Atenção: Embora, para melhor compreensão do leitor, apresentemos as operações na sua forma escrita, convém nunca esquecer que a criança não raciocina em termos grafo-numéricos mas em imagens mentais, assim, não "vê" mentalmente números, mas imagens. Por exemplo, quando se refere duas latas mais duas caixas, ela "vê" estes Objetos e conta-os:

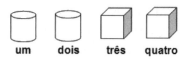

1. Igual e Diferente

Cores
- Que outros vegetais têm cor igual à: – laranja ? – banana ? – alface ?
- etc.

Formas
- Que outros frutos têm forma igual à: – maçã ? – pepino ? – cereja ?
- etc.

Tamanho
- Que outros frutos é que têm tamanho igual à: – cereja ? – maçã ? – melão ? – etc.

Material
- Que outros utensílios são feitos do mesmo material que: – uma tesoura ? – um copo ? – um prato ? – uma cadeira ? – um pente ? – etc.

Igualdades
- Que igualdades é que há, – num cão e num gato ? – numa cadeira e num armário ? – num homem e numa mulher ? – etc.

Diferenças
- Que diferenças é que encontras entre: – uma galinha e um peixe ? – um armário e uma mesa ? – uma panela e um copo ? – etc.

2. Maior e Menor

Fruto
– Qual o fruto maior: a melancia, a ameixa ou o morango?
Animal
– Qual o animal menor: o elefante, o crocodilo ou o gato?
Habitação
– Qual é menor: um arranha-céus ou uma vivenda?
Relógio
– Qual é menor: o relógio de parede ou o relógio de pulso?
Rodas
– Qual tem mais rodas: o carro ou o camião?
Dentes
– Quem tem os dentes maiores: o elefante ou o crocodilo?
Voar
– Qual é maior: o avião ou o helicóptero?
Altura
– Qual é mais alto: o escadote ou o banco?
Banco ou mesa
– Qual é menor: o banco ou a mesa?
Porta ou portão
– Qual é maior: o portão ou a porta?
Copo ou garrafão
– Qual é maior: o copo ou o garrafão?
Pinheiro ou arbusto
– Qual é mais alto: o pinheiro ou o arbusto?
Calçado
– Qual é maior: a bota ou o sapato?
Anão ou gigante
– Qual é maior: o anão ou o gigante?
Quadro ou caderno
– Qual o menor: o quadro ou o caderno?
Música
– Qual o mais pequeno: o piano ou a flauta?
Borracha ou caneta
– Qual a maior: a borracha ou a caneta?
Ouro ou prata
– Qual é maior: o anel de ouro, a pulseira de prata ou a coroa do rei?

Bolas
- Qual a menor: a bola de basquete, a bola de ténis ou a bola de ping--pong?

O animal maior
- Um cavalo, um porco e uma galinha. Qual é o maior?

Nomes
- Dos teus colegas de classe, qual tem o nome mais comprido? E o mais pequeno?

Lã
- O Zé veste camisolas do tamanho 6 e o Nuno camisolas com metade do tamanho. Em que camisola se gastou mais lã? Porquê?

Pulgas
- Dos seguintes animais: peixe, elefante, cavalo e girafa, qual é o maior? E o menor? E se o cavalo tiver pulgas?

Maior
- Dos seguintes transportes: avião, autocarro e comboio, qual é o maior? E se o autocarro for cheio de pessoas?

Cão
- O Manuel tem um cão e o Pedro também, mas com o dobro do tamanho. Qual deles tem o cão maior?

Árvore de Natal
- A Joana tem uma árvore de Natal grande, mas o pai quis comprar outra, com o triplo do tamanho. A árvore que o pai da Joana comprou é maior ou mais pequena que a anterior?

Calças
- O João comprou umas calças de tamanho 36 e o Paulo outras, mas com metade do tamanho. Qual deles comprou a calças maiores?

3. Classificações, Agrupamentos, Conjuntos

Brinquedos do Recreio
- Temos uma maçã, um pião, uma jarra, uma bola e uma corda. Quais são os Objetos que servem para brincar no recreio?

Frutos
- Diz nomes de frutos com as seguintes cores: cor de laranja; vermelho; amarelo.

Flores
- Diz nomes de flores com cor: amarela; vermelha; rosa; branca.

Amigos do Homem
– Diz o nome de animais amigos do homem.
Feras
– Diz o nome de animais que sejam feras.
Aves
– Quais são os animais que têm penas?
Irmãos
– Tens irmãos? Quantos?
– E irmãs? Quantas?
Animais
– Diz o nome de animais que têm quatro patas e que vivem na selva.
Idades
– Quem é o mais velho, a tua mãe ou o teu pai?
– O teu pai ou o teu tio (tia, ou outro parente)?
País
– Como se chama o teu país?
– E a província a que pertences?
– E a cidade onde vives?
– E a freguesia onde moras?
– Em que rua?
Mamíferos
– Diz o nome de animais que são mamíferos e de animais que não são.
Redondos
– Diz o nome de Objetos redondos.
Flora
– Diz o nome de hortaliças.
– Diz o nome de árvores.
– Diz o nome de frutos.
Pássaros
– Diz o nome de: aves que voam; aves que não voam; aves que nadam.
Transportes
– Diz o nome de transportes aéreos.
– Diz o nome de transportes marítimos.
– Diz o nome de transportes terrestres.
Famílias
– Um cão pertence a que família? Porquê?
– Um gato pertence a que família? Porquê?
– Um pássaro pertence a que família? Porquê?

O que está a mais
- Dos conjuntos que se seguem diz o que não faz parte deles:
- Cadeira, banco, mesa, bolo;
- Bolo, bolacha, biscoito, martelo;
- Livro, borracha, lápis, capacete;
- Pato, galinha, peru, cadeira;

Palavras
- Quais são as palavras alegres e engraçadas que tu mais gostas?
- Diz várias palavras tristes, que te lembres.

Conjuntos
- Um conjunto de porcos forma uma... ;
- Para formar uma manada é necessário termos um conjunto de... ;
- Um conjunto de cães forma um bando? Então o que forma?
- Um bando é formado por... ;

O Colar
- Tens um colar de pérolas estendido sobre a mesa. Que formas lhe podes dar?

Lápis
- Se pegares nos lápis de cor, os juntares e atares com um elástico, qual é a forma com que o conjunto fica?

A forma escondida
- Imagina que tens um quadrado formado por 4 feijões. Se tirares os 2 feijões de baixo e se os colocares ao lado dos outros dois, o que forma?

A construção
- Tens um quadrado formado por grãos e um triângulo formado por bagos de milho. Qual a figura que podes formar juntando as duas?

4. Ordem e Seriação

Ordenação
- Imagina um botão, um marcador e uma bola de ténis. Ordena-os de forma crescente.

Família
- Diz, por ordem de alturas (do mais pequeno para o maior) o nome dos membros da tua família.

Animais
- Diz o nome de alguns animais, sendo cada animal maior que o anterior.

Meninas
- Os meninos, quando crescerem tornam-se homens. E as meninas, quando crescerem, tornam-se ... ?

Comboio
- O que é que o comboio tem à frente das carruagens?

Dia
- Qual é o dia que se segue ao sábado?
- E o que se segue ao domingo?

Animal
- Diz o nome de um animal maior que um rato... e maior que esse? ... e maior que esse?...

Tropa
- Na tropa, há oficiais, soldados e sargentos. Diz quem é que manda mais e quem manda menos.

Barcos
- Ordena, por tamanho, os seguintes barcos: canoa, porta-aviões e pesqueiro.

Montes
- Ordena, por tamanho, as seguintes elevações de terreno: montanha, colina, monte, outeiro.

Mobília
- Ordena por alturas, as seguintes peças de mobiliário: cadeira, armário, tapete e mesa.

5. Quantidade

Passos
- Andamos 5 passos devagar para a frente e paramos. Do sítio onde paramos, andamos 5 passos para trás. Será que andámos mais para a frente ou para trás?

Peso
- O que pesa mais, um quilo de algodão ou um quilo de chumbo? Porquê?

Água
- Vamos encher uma jarra com água. Deitamos depois a água num prato largo e baixo. Qual é o que tem mais água? Porquê?

Sala – Secretaria
- Um menino foi da sua sala de aula à secretaria da escola, descendo uma escada muito grande. Outro menino veio da secretaria para a sala, pelo mesmo caminho. Quem andou mais?

Copos de barro
- Na aula de expressão plástica, construiu-se em barro, dois copos de tamanho diferente mas de igual capacidade. Um era alto e estreito e o outro baixo e largo.
  Se enchermos os dois copos com areia, será que a quantidade de areia que cabe em cada um é diferente ou igual?

Vinho
- Se um lavrador despejar o conteúdo de um garrafão de vinho para dentro de uma pipa vazia, a pipa fica com mais ou menos vinho do que o garrafão? Porquê?

Pérolas
- Tinha um colar de pérolas. O fio partiu-se. Meti as pérolas todas numa caixa. Onde havia mais pérolas, no colar ou na caixa? Porquê?

Lisboa – Porto
- Um comboio foi de Lisboa para o Porto e um avião veio do Porto para Lisboa. Qual é que andou mais quilómetros?

Bolo
- Um bolo foi feito com 6 ovos. Quando sai do forno, tem mais ou menos ovos? Porquê?

6. Quantidade e Número

Cão
- Quantas pernas tem um cão?

Mão
- Quantos dedos tens nas duas mãos?

Corpo todo
- Quantos dedos tens ao todo, nas mãos e nos pés?

Mesa e cadeiras
- 1 mesa e 2 cadeiras, quantas pernas têm?

Pneus
- Quantos pneus tem um carro, incluindo o suplente?

Familiares
- Quantas pessoas vivem em tua casa? Diz o seus nomes.

Filas
- Quantos alunos estão na primeira fila de mesas da sala de aula? E na segunda?

Meninas e Meninos
- Quantas meninas estão na sala? E meninos?

Meses
- Quantos meses tem um ano?

Dias
- Quantos dias tem uma semana?

Ratos e gatos
- Estão 5 ratos a dançar. Entretanto, e sem serem convidados, chegam os gatos e cada um come um rato. Quantos gatos eram?

Cálculo Aditivo
1. Desenvolvimento do raciocínio aditivo

Segundo C. Kamii (1990), a adição nasce de uma atitude natural do pensamento da criança, sendo necessário que se lhe proporcione, não ensinamentos mas situações problemáticas de operacionalização mental que lhe permitam desenvolver esta atitude.

Na realidade, a própria construção da noção de número já inclui a adição, repetida, de 1. Quando efetua uma contagem de Objetos, está também a efetuar uma adição de 1, uma vez que vai adicionando uma unidade cada vez que conta um elemento para além dos acabados de contar (1; 1+1=2; 2+1=3; 3+1=4; etc.).

Ao efetuar, na pré-escolaridade, jogos de movimento em que se adicionam carruagens de comboios ou que se contam conjuntos de feijões, a criança está a organizar as suas estruturas básicas do pensamento lógico-associativo aditivo.

Depois de estar perfeitamente à vontade na resolução prática de problemas de adição, tendo como elementos os colegas ou Objetos é que a criança se poderá passar à sua operacionalização mental, começando-se, ainda na pré-escolaridade, com problemas muito simples.

Logo que a criança comece a ter alguma facilidade em dirigir a sua própria capacidade pensar, desenvolve estratégias pessoais de raciocínio, sem que haja necessidade de lhe dizer como o deve fazer, adquirindo através da prática de resolução mental de problemas uma confiança cada vez maior e mais forte nas suas capacidades de calcular.

C. Kamii (1990) refere que, no 1º ano do ensino básico, a criança que teve na pré-escolaridade um adequado desenvolvimento inicial do raciocínio lógico-associativo, estará apta a efetuar mentalmente operações de adição, sendo necessário definir-se uma cuidada estratégia programática que através da evolução por níveis de progressiva dificuldade leve a criança a conseguir efetuar mentalmente adições de maior amplitude.

Esta evolução sucederá por níveis e não por graus de escolaridade, embora se processe ao longo dos primeiros dois ou três anos de escolaridade. A evolução de cada criança será individual e diferenciada das outras, pois que a velocidade e as estratégias de raciocínio são diferentes de criança para criança.

O professor não formulará os problemas, portanto, de modo coletivo, mas estimulará a metacognição de cada criança individualmente, de modo particular e diferenciado. Chamará uma de cada vez para junto de si e conversando com ela, irá apresentando-lhe problemas para resolução mental, com o grau de dificuldade que será inerente ao seu nível de desenvolvimento, procurando que suceda uma evolução mas com os cuidados devidos para que suceda baseada na compreensão e não em automatismos.

As pressas são desaconselhadas e, quando o professor verifique dificuldades na evolução de um nível para outro, procurará criar problemas que possam proporcionar uma evolução gradual no campo dos sub-níveis.

O professor poderá basear-se em livros (como o presente), para criar problemas a apresentar à criança, mas esta criação será efetuada por si, formulando-os e adaptando-os à criança com quem está a dialogar, em função do que constata das capacidades e do modo de pensar dessa criança em concreto.

A outra criança será necessário formular os problemas de outro modo, sempre adaptando o problema às capacidades específicas da criança e nunca o contrário. É errado pensar que as crianças são todas iguais ou que deverão aprender o mesmo e de igual modo.

2. A Sequência Programática

A programática tradicionalmente utilizada pela Matemática do papel-e--lápis, começa por adições até 5 ou 6, depois até 9, 10, 12 ou 18, considerando a quantidade numérica e não o modo como a criança efetua a apreensão do raciocínio de adição. Trata-se de uma perspetiva de *"como ensinar"*, desconhecendo por completo o *"como a criança pensa"*.

Tendo-se como objetivo programático o raciocínio da criança, não apenas na operacionalização intelectual como na sua compreensão e metacognição, a sequência dos problemas a apresentar à criança seguirá o modo como nela se desenvolvem estas capacidades.

Suydam e Weaver (1975), tendo investigado o modo como a criança desenvolve o seu raciocínio em relação ao pensamento aditivo, chegaram a um conhecimento que não poderá deixar de ser considerado como elemento básico de qualquer estratégia programática de desenvolvimento do raciocínio lógico-associativo de adição.

Reunindo este conhecimento com os estudos de C. Kamii (1990) e algumas ações de investigação-ação por nós desenvolvidas, chegou-se a uma estratégia de evolução programática do pensamento aditivo, seguindo os seguintes níveis:

1º NÍVEL: Problemas de adição de 2 quantidades, em que o resultado seja menor que 10

a) Quantidades iguais:

Em que os problemas requerem um raciocínio em que se adicionam quantidades iguais. Suydam e Weaver (1975) e C. Kamii (1990) referem que a adição de quantidades iguais são mais facilmente apreendidas que outras combinações, sendo a seguinte a ordem de menor para maior dificuldade de apreensão:

$$2+2=4 \quad 5+5=10 \quad 3+3=6 \quad 4+4=8 \quad 6+6=12$$
$$10+10=20 \quad 9+9=18 \quad 8+8=16 \quad 7+7=14$$

Exemplos:
Chapéus
- O Filipe tinha 2 chapéus e a Isabel ofereceu-lhe mais 2. Com quantos chapéus ficou o Filipe?

Caramelos
- A Ana comprou 5 caramelos e a mãe deu-lhe mais 5. Com quantos rebuçados ficou a Ana?

Berlindes
- O Miguel tem 3 berlindes e ganhou outros 3 a jogar com o André. Com quantos berlindes ficou o Miguel?

ATIVIDADES PARA O DESENVOLVIMENTO DO RACIOCÍNIO LÓGICO-MATEMÁTICO

Rebuçados
- O Ricardo comprou 4 rebuçados e o tio deu-lhe mais 4. Com quantos rebuçados ficou o Ricardo?

Ganchos
- A Marta tinha 4 ganchos de cabelo e a avó ofereceu-lhe mais 4. Com quantos ganchos ficou a Marta?

Carrinhos
- A Joana tinha 0 carrinhos e o João prometeu, mas depois não lhe deu nenhum. Com quantos carrinhos ficou a Joana?

Bonecas
- A Cristina tinha 1 boneca e a mãe deu-lhe outra. Com quantas bonecas ficou a Cristina?

Laranjas
- A Sónia comprou 2 laranjas e a Sara deu-lhe mais 2. Com quantas laranjas ficou a Sónia?

Canetas
- O José tem 3 canetas e a Maria ofereceu-lhe mais 3. Com quantas canetas ficou o José?

Carrinhos
- O Gustavo tinha 5 carrinhos e o pai deu-lhe mais 5. Com quantos carrinhos ficou o Gustavo?

b) Quantidades diferentes:
Em que mentalmente se juntam pequenas quantidades diferentes. Referindo os autores atrás citados que as pequenas quantidades são mais fáceis e que os números de 3 a 4 são os de maior facilidade de apreensão, parece-nos dever iniciar-se o desenvolvimento do raciocínio aditivo de quantidades diferentes através de problemas que se situem dentro destas dimensões:

$$1+2=3 \quad 2+1=3 \quad 3+2=5 \quad 4+2=6 \quad 5+2=7$$

Exemplos:
Passarinhos
- No ramo de uma árvore estão 2 passarinhos. Veio mais 1. Quantos ficaram?

Carros
- O Ivo tem 2 carros e o tio deu-lhe mais 1. Com quantos carros ficou o Ivo?

Laranjas
- O João tem 3 laranjas e comprou mais 1 laranja. Com quantas laranjas ficou?

Piões
- A Ana pôs 2 piões a rodopiar e ficou com 1 no bolso. Quantos piões tem a Ana?

Rebuçados
- O Tó tinha 4 rebuçados. A mãe deu-lhe mais 1. Com quantos rebuçados ficou?

Moedas
- O Paulo tinha no seu mealheiro 3 moedas. Hoje colocou 2 moedas. Quantas moedas tem o Paulo no seu mealheiro?

Meninos
- A Sara fez anos e à sua festa foram 2 rapazes e 2 raparigas. Quantos amigos foram ao todo à festa da Sara?

Balões
- O João tem 3 balões e o Carlos tem 1. Quantos balões têm os dois meninos?

Lápis
- A Catarina tem 2 lápis numa mão e 1 na outra. Quantos lápis tem a Catarina nas duas mãos?

Flores
- A Mafalda tem numa mão 4 flores e na outra 3. Quantas flores tem a Mafalda?

Berlindes
- O Nuno tem 4 berlindes num bolso e no outro bolso tem 1. Quantos berlindes tem o Nuno nos dois bolsos?

Sacos
- Um burro transportava 3 sacos de farinha e 1 de centeio. Quantos sacos transportava?

Bonecos
- A Rita ganhou 2 bonecos numa rifa e no aniversário ofereceram-lhe mais 2, com quantas bonecos ficou?

Rosas
- A Clara apanhou 4 rosas e a Ana 2 rosas, quantas rosas apanharam ao todo?

Bolas
– O Daniel tinha 3 bolas e deram-lhe mais 2. Com quantas bolas ficou?
Palhaços
– A Maria foi ao circo e viu 2 palhaços altos e 3 palhaços pequenos. Quantos palhaços viu no circo?
Amigos
– A Andreia encontrou 3 amigos a caminho do parque e no parque apareceram mais 2. Quantos amigos encontrou?
Selos
– A Carla foi à papelaria comprar 2 selos mas quando chegou a casa o pai tinha acabado de encontrar 3 numa gaveta. Com quantos selos ficaram?
Rebuçados
– A mãe da Carla deu-lhe 3 rebuçados e o pai deu-lhe mais 2. Quantos rebuçados recebeu?
Cromos
– O Zé comprou 3 cromos e um amigo deu-lhe mais 2, com quantos cromos ficou?
Papagaios
– No Jardim Zoológico havia 2 papagaios, mas certo dia receberam mais 3. Com quantos ficaram?
Marcadores
– A Rute tinha 2 marcadores e deram-lhe mais 3, com quantos marcadores ficou?
Galinhas
– O João tinha 3 galinhas na capoeira, mas foi à feira e comprou mais 2. Com quantas galinhas ficou?
Prendas
– O Jorge, no seu aniversário, recebeu dos pais 2 prendas e dos seus amigos mais 3. Quantas prendas recebeu?
Árvores
– Num jardim estavam 2 árvores e plantaram-se mais 3 árvores. Quantas árvores há agora?
Morangos
– A Joana apanhou 4 morangos na sua horta e a mãe apanhou mais 2 morangos. Quantos morangos apanharam?

Fruta
- A mãe da Lurdes foi à feira comprar peras e maçãs. A Lurdes trazia 2 maçãs e a mãe 3 peras. Que quantidade de fruta compraram?

Rebuçados
- O Ricardo guardou 5 rebuçados no bolso e ficou com 1 na mão. Quantos rebuçados poderá comer?

Flores
- A Daniela tem no jardim 2 rosas e 4 malmequeres. Quantas flores tem?

Castanhas
- O João encheu uma caixa com 2 castanhas e apanhou mais 2. Quantas castanhas tem ao todo?

Bonecas
- A Susana tem 2 bonecas e a avó ofereceu-lhe outra. Com quantas bonecas ficou a Susana?

Cadernos
- A Ana tem 3 cadernos e a mãe comprou-lhe mais 2. Com quantos cadernos ficou?

Lápis
- O Carlos tinha 4 lápis e o tio deu-lhe mais 5. Com quantos lápis ficou o Carlos?

Irmãos
- O João tem 1 irmão, mas a mãe está grávida e vai ter 2 gémeos. Quantos irmãos vai passar a ter o João?

Cavalos
- O pai do Vítor tem 5 cavalos, e comprou mais 2. Quantos cavalos tem agora o pai do Vítor?

Botões
- A Patrícia tinha 6 botões e a mãe deu-lhe 4. Com quantos botões ficou a Patrícia?

Carrinhos
- O Alfredo tinha 2 carrinhos e o tio deu-lhe 5. Com quantos carrinhos ficou o Alfredo?

Bonés
- O Pedro tinha 4 bonés e o pai deu-lhe outro. Com quantos bonés ficou o Pedro?

Pulseiras
– A Alice tinha 6 pulseiras e a madrinha deu-lhe 2. Com quantas pulseiras ficou a Alice?

Pastilhas
– O João tinha 5 pastilhas e o José deu-lhe outra. Com quantas pastilhas ficou o João?

c) Para que o resultado seja 5:
C. Kamii (1982 e 1990) encontrou, nas suas investigações, o número 5 como uma quantidade de fácil utilização pela criança nos seus raciocínios:

$$5+0=5 \quad 4+1=5 \quad 3+2=5 \quad 2+3=5 \quad 1+4=5$$

Exemplos:
Amêndoas
– O Pedro tem 5 amêndoas e o João prometeu, mas não lhe deu nenhumas. Com quantas amêndoas ficou o Pedro?

Pulseiras
– A Susana tem 4 pulseiras e a mãe deu-lhe outra. Com quantas pulseiras ficou?

Cromos
– O João tem 3 cromos e o Francisco ofereceu-lhe 2. Com quantos cromos ficou?

Anéis
– A Joana tem 2 anéis e nos anos recebeu 3. Com quantos anéis ficou?

Camisas
– A Francisca tinha 1 camisa e a mãe comprou-lhe 4. Com quantas camisas ficou?

Saias
– A Cristina não tinha saia nenhuma e por isso a avó fez-lhe 5. Com quantas saias ficou?

Berlindes
– O Ricardo tem 2 berlindes e ganhou 3. Com quantos berlindes ficou?

Morangos
– A Raquel tem 3 morangos e a irmã deu-lhe 2. Com quantos morangos ficou?

Pentes
- A Isabel tem 1 pente e comprou outros 4. Com quantos pentes ficou?

Canetas
- A Esmeralda tem 4 canetas e a mãe deu-lhe outra. Com quantas ficou?

d) Para que o resultado seja 10:
As adições de resultado 10 parecem ser relativamente fáceis de apreensão pela criança (Suydam e Weaver, 1975; C. Kamii, 1990), sendo a sua partição particularmente útil para trabalhar posteriormente com números maiores. Por exemplo, na adição de um conjunto de 8 elementos com outro conjunto de 6 elementos, muitas crianças primeiro pensam em 8+2=10 e a seguir juntam 4.

10+0=10   9+1=10   8+2=10   7+3=10   6+4=10   8+2=10

Exemplos:
Laranjas
- A Gertrudes tem 5 laranjas e o pai deu-lhe 5. Com quantas laranjas ficou?

Borrachas
- Ofereceram ao Filipe 4 borrachas, mas já tinha 6. Com quantas borrachas ficou?

Relógios
- A Joaquina tem 3 relógios e o pai deu-lhe 7. Com quantos relógios ficou?

Rosas
- A Isabel tem 6 rosas e o namorado deu-lhe 4. Com quantas rosas ficou?

Livros
- A Tita tinha 3 livros e a avó deu-lhe 7. Com quantos livros ficou?

Lenços
- A avó tem 6 lenços e a neta deu-lhe 4. Com quantos lenços ficou?

Chapéus
- O avô tem 2 chapéus e o neto deu-lhe 8. Com quantos chapéus ficou?

Bichos-da-seda
- O João tem 8 bichos-da-seda e o Pedro deu-lhe 2. Com quantos bichos-da-seda ficou o João?

Gomas
- A Ana tinha 6 gomas e a Jaqueline deu-lhe 4. Com quantas gomas ficou?

Livros
- O António tinha 4 livros de banda desenhada e recebeu 2 da Susana. Com quantos livros ficou o António?

2º NÍVEL: Adição de 2 quantidades, de modo a que o resultado seja maior que 10 e menor que 20

a) Quantidades iguais:

Recorrendo à facilidade da criança em Efetuar mentalmente adições de quantidades iguais, evolui-se para um nível em que se associam os números de 5 a 10:

5+5=10   6+6=12   7+7=14   8+8=16   9+9=18   10+10=20

Exemplos:

Elásticos
- A Carlota tem 10 elásticos e a mãe comprou-lhe outros 10. Com quantos elásticos ficou?

Bonecas
- A Susana tem 7 bonecas e a avó deu-lhe 7. Com quantas bonecas ficou?

Cintos
- A Ana tem 6 cintos e a Beatriz deu-lhe 6. Com quantos cintos ficou?

Peluches
- A Marina tem 8 peluches e a mãe deu-lhe 8. Com quantos peluches ficou?

Orquídeas
- A Rute tem 6 orquídeas e o namorado deu-lhe outras 6. Com quantas orquídeas ficou?

Garrafas
- O Alberto tem 7 garrafas e o pai deu-lhe outras 7. Com quantas garrafas ficou?

Livros
- O David tem 8 livros e a tia deu-lhe 8. Com quantos livros ficou?

Caramelos
- O José tem 9 caramelos e comprou outros 9. Com quantos caramelos ficou?

Carrinhas
- O Tiago tem 10 carrinhos e o padrinho deu-lhe outros 10. Com quantos carrinhos ficou?

b) Quantidades diferentes:
Adições de quantidades diferentes, em que o resultado seja maior que 10 e menor que 20, tendo o professor o cuidado para não apresentar ainda à criança operações que exijam transporte.

$$12+2=14 \quad 16+2=18 \quad 10+10=20 \quad 15+10=25 \quad 18+1=19$$

Exemplos:
Ganchos
- A Joana tem 10 ganchos de cabelo e a tia deu-lhe 6. Com quantos ganchos ficou?

Cromos
- O Hugo tem 12 cromos e o Bruno deu-lhe 4. Com quantos cromos ficou?

Meias
- O Nelson tem 16 meias e a mãe comprou-lhe outras 4. Com quantas meias ficou?

Cassetes
- O Nuno tem 10 cassetes e o pai deu-lhe 8. Com quantas cassetes ficou?

Rebuçados
- A Andreia tem 14 rebuçados e a Ana deu-lhe 5. Com quantos rebuçados ficou?

Fitas
- Maria tem 8 fitas de cabelo e a tia deu-lhe outras 6. Com quantas fitas de cabelo ficou?

Canetas
- A Luísa tem 6 canetas e a Fátima deu-lhe outras 9. Com quantas canetas ficou?

Cadernos
- A Leonor tem 12 cadernos e a mãe comprou-lhe outros 4. Com quantos cadernos ficou?

Livros
- A Ilda tem 13 livros e o irmão deu-lhe 7. Com quantos livros ficou?

Marcadores
– A Joana tem 7 marcadores e o Tiago deu-lhe 5. Com quantos marcadores ficou?

3º NÍVEL: Adição de quantidades que são múltiplas de 10 *("enta"+ "enta", "centos"+"centos" e "mil"+"mil")*

No seu raciocínio, a maioria das crianças recorre à estratégia de simplificar as quantidades, reduzindo *"dez"* para *"um enta"*, *"vinte"* para *"dois enta"*, *"setecentos"* para *"sete centos"*, sendo-lhe muito fácil deduzir que quatro *"enta"* mais cinco *"enta"* são sete *"enta"*: *"setenta"*.

Como mentalmente *"vê"* conjuntos grandes, bastante grandes e muito grandes, para os distinguir, baseia-se na maioria dos casos no som dos sufixos que são utilizados na simbologia falada.

Uma quantidade grande de laranjas, como por exemplo, dois *mil* trez*entos* e quar*enta* e três, é vista mentalmente pela criança (se na pré-escolaridade fez bastantes operações com o Corpo, com Objetos e Mentalmente) como 2 laranjais, 3 canteiros de laranjeiras, 4 laranjeiras e 3 laranjas.

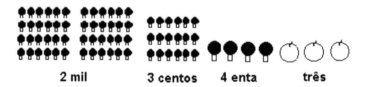

Por isso, quando pedimos à criança para nos dizer quantos são quar*enta* feijões mais quar*enta* feijões, a criança vê mentalmente dois conjuntos de *enta* feijões. Depois soma 2 + 2 e, por fim diz que são *"4 Enta feijões"*.

Emprega a mesma estratégia quando se trata de *"centos"* (tr*ezentos*, seis*centos*) e de *"mil"* (mil, cinco mil, oito mil).

40+40=[4+4+*enta*] 30+30=[3+3+ *enta*] 20+20=[2+2+ *enta*]
300+300=[3+3+*centos*] 2.000+2.000=[2+2+*mil*] 6.000+6.000=[6+6+ *mil*]

a) Quantidades iguais:
Exemplos:
Berlindes
– O Telmo tem 10 berlindes e ganhou outros 10. Com quantos berlindes ficou?

Calendários
- A Bela tem 20 calendários. A Cristina deu-lhe 20. Com quantos calendários ficou?

Livros
- A Célia tem 30 livros e o João deu-lhe outros 30. Com quantos livros ficou?

Moedas
- A Tânia tem 40 moedas e o pai deu-lhe outras 40. Com quantas moedas ficou?

Cromos
- Henrique tem 50 cromos e a Lúcia deu-lhe outros 50. Com quantos cromos ficou?

Pregos
- O Miguel tem 60 pregos e o irmão deu-lhe 60. Com quantos pregos ficou?

Selos
- O Diogo tem 70 selos e o Tiago deu-lhe 70. Com quantos selos ficou?

Parafusos
- O António tem 80 parafusos e comprou outros 80. Com quantos parafusos ficou?

Lápis
- A Mafalda tem 90 lápis e comprou outros 90. Com quantos lápis ficou?

Folhas
- O Bernardo tem 100 folhas de papel e comprou outras 100. Com quantas folhas ficou?

Rebuçados
- O Pedro tem 200 rebuçados e o tio deu-lhe 200. Com quantas rebuçados ficou?

b) Quantidades diferentes:

A estratégia de raciocínio empregue pela maioria das crianças é o mesmo referido na alínea anterior, mas envolvendo agora quantidades diferentes:

40+20=[4+2+*enta*]   30+10= [3+1+ *enta*]   20+30=[2+3+ *enta*]
300+400=[3+4+*centos*]   600+200=[6+2+ *centos*]   2.000+3.000=[2+3+*mil*]
6.000+4.000=[6+4+ *mil*]

Exemplos:
Brincos
- A Joana tem 30 brincos e comprou 10. Com quantos brincos ficou?

Carrinhos
- O Gabriel tem 20 carrinhos e no Natal ganhou 50. Com quantos carrinhos ficou?

CD's
- A Sofia tem 50 CD's e comprou outros 20. Com quantos CD's ficou?

Perfumes
- A Filomena tem 60 miniaturas de perfume e o marido deu-lhe outras 30. Com quantas miniaturas de perfume ficou?

Garrafas
- O Paulo tem 100 garrafas e comprou outras 300. Com quantas garrafas ficou?

Selos
- A Isabel tem 200 selos e deram-lhe 600. Com quantos selos ficou?

Berlindes
- O Tiago tem 300 berlindes e ganhou 500. Com quantos berlindes ficou?

Pincéis
- O João tem 100 pincéis o comprou outros 200. Com quantos pincéis ficou?

Canetas
- A Bela tem 1.000 canetas e deram-lhe 5.000. Com quantas canetas ficou?

4º NÍVEL: Adição de quantidades diferentes mas que são múltiplas de 10 ("enta"+ "enta", "centos"+"centos" e "mil"+"mil")

Quando se pede à criança para Efetuar mentalmente operações em que tem que adicionar quantidades na ordem das dezenas, centenas e milhares, continuamos a verificar que ela abstrai estas ordens, que na sua imagem mental as vê como *muitos*, para operar apenas com unidades, restituindo no final aquelas grandezas aos *"muitos"* jogando com os sufixos.

Por exemplo, se lhe pedirmos para nos dizer quantos são 600 mais 40 rebuçados, ela considera apenas as quantidades 6 e 4, associando-lhes *"centos"* e *"enta"*, dizendo: "– Seis c*entos* e quatro *Enta*". A própria fala corrente, designando esta quantidade representa esta adição: seis*centos* **e** qu*arenta*.

400+40=[4centos+4enta]   300+50=[3centos+5enta]
600+70=[6centos+7enta]   600+90=[6centos+9enta]
2.000+60=[2mil+6enta]   6.000+600=[6mil+6centos]

Exemplos:
Laranjas
– A Júlia tem 100 laranjas e comprou 10. Com quantas laranjas ficou?
Cromos
– O António tem 200 cromos e ganhou 30. Com quantos cromos ficou?
Lápis
– A Joana tem 600 lápis de cor e a mãe ofereceu-lhe 70. Com quantos lápis ficou?
Selos
– A Teresa tem 100 selos e deram-lhe 200. Com quantos selos ficou?
Moedas
– O Hugo tem 8000 moedas e deram-lhe 300. Com quantas moedas ficou?
Parafusos
– O Tito tem 200 parafusos e comprou 50. Com quantos parafusos ficou?
Pregos
– O Júlio tem 7000 pregos e o Pedro deu-lhe 100. Com quantos pregos ficou o Júlio?
Rolos
– A Filipa tem 100 rolos e deram-lhe 50. Com quantos rolos ficou?
Berlindes
– O Miguel tem 600 berlindes e ganhou 10. Com quantos berlindes ficou?
Tijolos
– O José tem 1000 tijolos e comprou 100. Com quantos tijolos ficou?
Rebuçados
– O Nuno tem 6000 rebuçados e a mãe deu-lhe 10. Com quantos rebuçados ficou?
Anilhas
– O Nelson tem 2000 anilhas e o João deu-lhe 400. Com quantas anilhas ficou?
Azulejos
– O Hipólito tem 7000 azulejos e comprou outros 50. Com quantos azulejos ficou?

Pêssegos
– A Anabela tem 600 pêssegos e comprou outros 50. Com quantos pêssegos ficou?

5º NÍVEL: Adição de quantidades múltiplas de 10, com mais 1

De um modo geral, verifica-se que a criança continua a operar mentalmente com a mesma estratégia referida no nível anterior, mas adicionando no final a unidade que inicialmente isolou.

Se, por exemplo, lhe perguntarmos quantos caramelos haverá se juntarmos 60 mais 31, ela considera que 6 *"enta"* mais 3*"enta"* são 7 *"enta"*, mais 1, ou seja: "– Setenta e um":

60+31=[6+3+*enta*+1]   40+31=[4+3+*enta*+1]   400+201=[4+2+*centos*+1]
3.000+2.001=[3+2+*mil*+1]   4.000+601=[4*mil*+6*centos*+1]
6.000+41=[6*mil*+4*enta*+1]

Exemplos:
Rebuçados
– A Daniela tem 10 rebuçados e a mãe deu-lhe mais 11. Com quantos rebuçados ficou a Daniela?
Revistas
– A D. Teresa vendeu 20 revistas de manhã e à tarde vendeu mais 31. Quantas revistas vendeu ao todo?
Alunos
– Na sala de aula existem 20 meninos e 11 meninas. Quantos alunos estão ao todo na sala de aula?
Maçãs
– A Joana colheu de uma macieira 30 maçãs e a Matilde colheu 41 maçãs. Quantas maçãs colheram ao todo?
Rebuçados
– A Mafalda comprou 40 rebuçados e o Pedro comprou 51. Quantos rebuçados compraram?
Flores
– O António plantou no seu jardim 50 tulipas e 61 rosas. Quantas flores plantou o António?
Aves
– O Joaquim tem um aviário com 60 galinhas e 71 galos. Quantas aves tem ao todo?

Quilómetros
- A Catarina, para visitar a sua prima, percorreu 100 Km de carro e mais 201Km de comboio. Quantos quilómetros percorreu a Catarina?

Minutos
- A Beatriz, para bordar uma toalha, demorou 200 minutos num dia e mais 301 minutos noutro dia. Quantos minutos demorou para bordar a toalha inteira?

Passageiros
- Um barco, ao fazer a travessia do rio Tejo, transporta 400 passageiros em baixo e 501 passageiros no piso superior. Quantos passageiros transporta ao todo?

Livros
- A biblioteca da escola tem 700 romances e 401 livros didáticos. Quantos livros tem a biblioteca?

Pessoas
- Numa manifestação estão presentes 700 homens e 801 mulheres. Quantas pessoas estão ao todo?

Carros
- Num parque de estacionamento estão 1.000 carros vermelhos e 901 carros pretos. Quantos carros estão no parque?

Páginas
- A Marta leu num dia 600 páginas de um livro e no dia seguinte leu mais 241 páginas. Quantas páginas leu nos dois dias?

Selos
- O Vasco tem uma coleção com 1200 selos e o pai ofereceu-lhe mais 451 selos. Quantos selos tem o Vasco agora?

Adeptos
- O David foi ao futebol. No estádio estavam 25.000 adeptos do Benfica e 22.001 adeptos do Sporting. Quantos adeptos estavam ao todo?

6º NÍVEL: Adição de quantidades múltiplas de 10, mais 2

Trata-se apenas de um ligeiro aumento de dificuldade em relação ao raciocínio do nível anterior, levando a criança a adicionar no final 2 unidades em vez de 1:

60+32=[6+3+*enta*+2]   40+32=[4+3+*enta*+2]   400+202=[4+2+*centos*+2]
3.000+2.002=[3+2+*mil*+2]   4.000+602=[4*mil*+6*centos*+2]
6.000+42=[6*mil*+4*enta*+2]

Exemplos:

Lápis
- O Tiago tinha uma caixa com 10 lápis e a tia deu-lhe mais 42 lápis. Com quantos lápis ficou o Tiago?

Convites
- A Joana, para o seu aniversário, distribuiu 20 convites a familiares e 32 convites a amigos. Quantos convites distribuiu a Joana?

Animais
- Um pastor tem no seu rebanho 42 cabras. Nasceram 30 cabritos. Quantos animais tem o pastor?

Patos
- Ao passar pelo jardim, o Ivo viu 10 patos na relva e 12 dentro do lago. Quantos patos estavam no jardim?

Passageiros
- Um avião transporta 70 mulheres e 22 homens. Quantos passageiros transporta ao todo?

Automóveis
- Numa corrida de automóveis participam 40 automóveis azuis e 32 amarelos. Quantos automóveis participam?

Conchas
- Na praia, a Carla apanhou 200 conchas e a Fernanda apanhou 132 conchas. Quantas conchas apanharam?

Marisco
- O pai do José pescou 60 kg de camarões e 32kg de lagostins. Que quantidade de marisco pescou ao todo?

Metros
- Numa corrida a Joana correu 300 metros e a Cláudia correu 322 metros. Quantos metros correram as duas?

Pratos
- Um armário tem 60 pratos de sobremesa e 52 pratos de sopa. Quantos pratos tem o armário?

Pessoas
- Um comboio transporta numa carruagem 630 pessoas e noutra transporta 232 pessoas. Quantas pessoas transporta ao todo?

Velas
- O Luís faz 20 anos e o seu pai faz 52 anos. Quantas velas tem a mãe que comprar?

Caricas
- O João tem 120 caricas e o Pedro tem 112. Quantas caricas têm os dois?

Tijolos
- O pai da Mariana comprou 680 tijolos e depois precisou de comprar mais 302 tijolos para acabar a construção de um muro. Quantos tijolos comprou?

Cereais
- Na quinta do João produziram-se 820 kg de trigo e 222 kg de centeio. Quantos quilos de cereais se produziram ao todo?

Quilómetros
- A Alice, para visitar a tia, percorreu 3.000 km de avião mais 42 km de automóvel. Quantos km percorreu ao todo?

7º NÍVEL: Adição de 3 quantidades, em que o resultado seja menor que 10

a) Quantidades iguais

Continuando a considerar a facilidade da criança em Efetuar operações com quantidades iguais, avança-se neste nível para a adição de três quantidades pequenos iguais:

$$1+1+1=3 \quad 2+2+2=6 \quad 3+3+3=9$$

Exemplos:

Animais
- Na casa da Maria há 1 gato, 1 cão e 1 periquito. Quantos animais existem na casa da Maria?

Brincos
- A Beatriz tem 1 par de brincos, a Filipa deu-lhe mais 1 e a Maria outro. Quantos pares de brincos tem a Beatriz?

Brinquedos
- No aniversário do Tiago, a Joana deu-lhe 1 carrinho, o João 1 comboio e a Maria 1 camião. Quantos brinquedos recebeu o Tiago?

Bolas
- O António tem 1 bola vermelha, mas a sua avó ofereceu-lhe 1 azul e a sua mãe 1 amarela. Quantas bolas tem o António?

Animais
- O António tem uma quinta e nessa quinta existe 1 vaca, 1 galinha e 1 coelho. Quantos animais há na quinta do António?

Sobremesas
- A Joana comeu ao pequeno-almoço 1 banana, ao almoço 1 maçã e ao lanche 1 pêssego. Quantos frutos comeu a Joana?

Meninas
- A classe da Carla tem 2 meninas de cabelo preto, 2 meninas de cabelo louro e 2 meninas de cabelo castanho. Quantas meninas tem a classe da Carla?

Bonecas
- A Maria tinha 2 bonecas, no Natal recebeu da sua mãe mais 2 e sua avó ofereceu-lhe outras 2. Quantas bonecas tem agora a Maria?

Bolas
- O Miguel comprou 2 bolas, a sua mãe deu-lhe outras 2 e o Filipe deu-lhe mais 2. Quantas bolas tem o Miguel?

Berlindes
- O Filipe tinha 2 berlindes, ganhou ao João outros 2 e ao António mais 2. Com quantos berlindes ficou o Filipe?

Livros
- No aniversário do Luís a sua mãe ofereceu-lhe 2 livros de banda desenhada, a sua avó 2 livros policiais e o seu irmão 2 livros de aventuras. Quantos livros recebeu o Luís no seu aniversário?

Cadernos
- A Luísa tem 2 cadernos de capa vermelha, 2 de capa azul e 2 de capa amarela. Quantos cadernos tem?

Motas
- O António não tem nenhuma mota, o João prometeu-lhe dar-lhe 1 mota, mas não deu, e a sua mãe outra, mas não conseguiu comprá-la. Quantas motas tem afinal o António?

Caramelos
- O Bruno tinha 3 caramelos, a sua irmã deu-lhe mais 3 e o seu pai deu-lhe outros 3. Quantos caramelos tem o Bruno ao fim do dia?

Amêndoas
- João tem 3 amêndoas, a Maria deu-lhe mais 3 amêndoas e a Joana outras 3. Com quantas amêndoas ficou o João?

Rebuçados
– O Luís comprou 3 rebuçados de ananás, 3 de morango e 3 de caramelo. Quantos rebuçados tem o João ao todo?
Frutos
– A Rosa levou para o lanche da escola 3 laranjas, 3 maçãs e 3 bananas. Quantos frutos levou a Rosa para o seu lanche?
Flores
– A Isabel tem no seu jardim 3 papoilas, 3 rosas e 3 margaridas. Quantas flores tem a Isabel no seu jardim?
Lápis
– A Maria tem no seu estojo 3 lápis amarelos, 3 azuis e 3 verdes. Quantos lápis tem a Maria no seu estojo?

b) Quantidades diferentes:
Adição de três pequenas quantidades diferentes:

5+2+1=8 6+1+2=9 7+1+1=9 8+1+0=9 3+1+0=4 4+2+1=6 3+2+2=7

Exemplos:
Pastilhas
– A Paula tinha 3 pastilhas, a senhora da loja deu-lhe outras 2 e a Joana ofereceu-lhe 2. Quantas pastilhas tem a Paula?
Ganchos
– A Rute tem 4 ganchos de cabelo, a Cristina emprestou-lhe 2 e a mãe comprou-lhe outros 3. Quantos ganchos tem a Rute?
Caramelos
– O Miguel recebeu do Bruno 1 caramelo, a Ana deu-lhe mais 4 caramelos e a sua mãe deu-lhe outros 3. Quantos caramelos tem o Miguel?
Gatos
– A Joana tem 1 gata e essa gata teve 4 filhotes brancos e 3 pretos. Quantos gatos tem agora a Joana?
Roupa
– A Ana recebeu no seu aniversário 2 camisolas, 3 blusas e 4 calças. Quantas peças de roupa recebeu a Ana?
Canetas
– A Helena tem no seu estojo 2 canetas amarelas, a Maria emprestou-lhe 3 vermelhas e o António 4 azuis. Quantas canetas tem a Helena no seu estojo?

Doces
- O Rui, quando foi ao café com os pais, comeu 2 gelados, a sua mãe deu-lhe ainda 4 pastilhas e o seu pai 2 caramelos. Quantos doces comeu o Rui?

Animais
- A quinta da Inês tem 2 cães, 3 galinhas e 1 gato. Quantos animais há na quinta da Inês?

Moedas
- A Carla tem 2 moedas de 50c, 3 moedas de 1€ e 4 moedas de 2€. Quantas moedas tem ao todo?

Objetos
- Em cima da mesa estão 2 copos, 1 prato e 4 garfos. Quantos objetos estão em cima da mesa?

Gelados
- Um vendedor de gelados vendeu 4 gelados de baunilha, 3 de caramelo e 2 de chocolate. Quantos gelados vendeu?

Lâmpadas
- Um candeeiro tem 2 lâmpadas azuis, 3 verdes e 4 brancas. Quantas lâmpadas tem o candeeiro?

Casas-de-Banho
- Na escola da Ana há 4 casas-de-banho para os rapazes, 3 para as raparigas e 2 para os professores. Quantas casas-de-banho existem na escola?

Sapatos
- A Alexandra tem 2 pares de sapatos azuis, 3 pares cor-de-rosa e 4 pares vermelhos. Quantos pares de sapatos tem?

Brinquedos
- A Beatriz tem 3 bonecas, 4 ursos e 2 cães. Quantos brinquedos tem a Beatriz?

Rosas
- O senhor Joaquim vendeu 3 rosas vermelhas, 3 amarelas e 1 branca. Quantas rosas vendeu?

Jogadores
- Num campo de futebol estavam 3 jogadores do Benfica, 4 do Porto e 2 do Sporting. Quantos jogadores estavam no campo de futebol?

Flores
- A Beatriz tem 3 rosas, 4 cravos e 1 orquídea. Quantas flores tem?

Roupa
- No estendal da senhora Dulce estão a secar 2 camisas, 3 lenços e 4 lençóis. Quantas peças de roupa estão a secar no estendal?

Alunos
- Na final de corta-mato da escola correram 3 alunos do 5º ano, 3 alunos do 6º ano e 2 do 7º ano. Quantos alunos correram nesta final?

8º NÍVEL: Adição de 3 quantidades, em que o resultado seja menor que 20

a) Quantidades iguais

Problemas envolvendo operações como:

5+5+5=15   4+4+4=12   3+3+3=9   2+2+2=1   1+1+1=3

Exemplos:

Fruta
- A Maria leva para o seu lanche 2 bananas, 2 laranjas e 2 pêssegos. Quantas peças de fruta leva a Maria para o seu lanche?

Roupa
- A Raquel tem 2 saias vermelhas, 2 calças verdes e 2 pares de botas. Quantas peças de vestuário tem a Raquel?

Perfumes
- A Maria recebeu nos seus anos 3 perfumes de embalagem verde, 3 de embalagem branca e 3 de embalagem amarela. Quantos perfumes recebeu a Maria nos seus anos?

Iogurtes
- A Rita, durante um dia inteiro, comeu 3 iogurtes de banana ao pequeno-almoço, 3 de morango ao lanche e 3 de ananás ao jantar. Quantos iogurtes comeu a Rita?

Peluches
- A Carlota tem no seu quarto 3 ursos, 3 cães e 3 coelhos. Quantos peluches tem a Carlota no seu quarto?

Rebuçados
- O Pedro deu 4 rebuçados ao Joaquim, 4 à Vanessa e 4 à Sofia. Quantos rebuçados deu o Pedro aos seus amigos?

Cães
- A Vanessa tem na sua quinta 4 cadelas, 4 cães pretos e 4 brancos. Quantos cães existem na quinta da Vanessa?

Pastilhas
- A Joana tem na sua mão 4 pastilhas de morango, 4 pastilhas de manga e 4 de banana. Quantas pastilhas tem a Joana na mão?

Bonecas
- A Tânia tem no seu quarto 5 bonecas, a sua prima emprestou-lhe 5 Barbies e a sua mãe deu-lhe outras 5 agora nos seus anos. Quantas bonecas tem a Tânia?

Objetos
- No estojo da Inês estão 5 canetas, 5 lápis e 5 esferográficas. Quantos objetos estão no estojo da Inês?

Berlindes
- O Ricardo tem 6 berlindes, ganhou do João mais 6 berlindes e do Miguel outros 6. Com quantos berlindes ficou o Ricardo?

Cavalos
- Numa corrida de cavalos existem 6 cavalos brancos, 6 pretos e 6 castanhos. Quantos cavalos existem ao todo na corrida?

Livros
- Na biblioteca da escola existem 6 livros de banda desenhada, 6 livros de ação e 6 de terror. Quantos livros existem na biblioteca?

Faltas
- O Miguel tem 4 faltas a Música, 4 a Inglês e 4 a História. Quantas faltas tem ao todo o Miguel?

Ourivesaria
- A ouriversaria vendeu 6 anéis, 6 fios e 6 pulseiras de ouro. Quantas peças em ouro foram vendidas?

b) Quantidades diferentes

Continuando num gradual aumento da dificuldade da operacionalização mental aditiva, avança-se neste nível para a soma de três grupos de pequeno número:

$$8+2+1=11 \quad 6+3+5=14 \quad 7+4+6=17 \quad 8+1+4=13$$
$$5+3+4=12 \quad 9+2+1=12 \quad 6+2+2=10$$

Exemplos:

Carrinhos
- O Ricardo tem 5 carrinhos azuis, 2 amarelos e 6 verdes. Quantos carrinhos tem o Ricardo?

Animais
— A Anabela tem 4 gatos, 5 cães e 4 periquitos. Quantos animais tem a Anabela?

Laranjas
— A Susana comeu 3 laranjas ao almoço, a sua mãe mandou-lhe mais 4 para o seu lanche e ao jantar comeu outras 5. Quantas laranjas comeu a Susana?

Passageiros
— Um autocarro parte de Faro com destino ao Porto levando 5 passageiros, parou em Lisboa, onde entraram mais 4 passageiros, parou ainda em Coimbra e entraram 6. Quantos passageiros transportou o autocarro?

Carros
— Num stand de automóveis estão 7 carros verdes, 4 azuis e 6 vermelhos. Quantos automóveis estão no stand?

Peixes
— O Bruno pescou 5 sardinhas, 7 carapaus e 4 ruivos. Quantos peixes pescou o Bruno?

Balões
— Na festa de anos do Pedro havia 5 balões azuis, 7 vermelhos e 3 brancos. Quantos balões havia na festa do Pedro?

Meninas
— A turma da Catarina tem 6 meninas espanholas, 4 portuguesas e 5 brasileiras. Quantas meninas tem a turma da Catarina?

Aves
— O João foi ao Jardim Zoológico e viu 6 falcões, 7 andorinhas, 5 águias. Quantas aves viu o João?

Pratos
— A mãe da Célia pôs a mesa do jantar, mas como não tinha pratos iguais que chegassem para todos, pôs 5 pratos brancos, 7 amarelos e 6 azuis. Quantos pratos pôs a mãe em cima da mesa?

Camisolas
— O Edgard tem 4 camisolas verdes, 7 azuis e 8 amarelas. Quantas camisolas tem o Edgard?

Fruta
— A Rita comprou 10 maçãs, 4 bananas e 6 peras. Quantas peças de fruta comprou a Rita?

Brinquedos
- O Rui tem 7 motas, 4 soldados e 9 carrinhos. Quantos brinquedos tem o Rui?

Árvores
- Na quinta existem 7 pinheiros, 4 oliveiras e 6 sobreiros. Quantas árvores existem na quinta?

Objetos
- A Manuela foi à praia e apanhou 8 conchas, 7 búzios e 3 pedras. Quantos objetos apanhou a Manuela na praia?

Lápis
- A Leonor tem na sua mala 6 lápis de cor, 7 lápis de cera e 2 lápis de carvão. Quantos lápis tem a Leonor na sua mala?

Alimentos
- No supermercado existem 8 bolos, 4 pacotes de manteiga e 5 alfaces. Quantos alimentos existem no supermercado?

Árvores
- No jardim existem 6 macieiras, 4 laranjeiras e 7 pereiras. Quantas árvores de fruto existem no jardim?

Talheres
- A mãe da Teresa ao pôr a mesa colocou 4 facas, 8 garfos e 8 copos. Quantos talheres colocou a mãe da Teresa em cima da mesa?

9º NÍVEL: Adição de 3 quantidades iguais, múltiplas de 10

a) Adição de "entas"

De um modo geral, a criança pensa em grupos de *"entas"*. Por exemplo, 40+10+40 é visto mentalmente pela criança como um grupo de 4*"enta"* (quar*enta*) outro grupo de 1*"enta"* (embora saiba que se diz *dez*) e mais um outro grupo de 4*"enta"*. Soma então (4+1+4=9) e coloca o prefixo *"enta"* ao nove (9*"enta"*= nov*enta*).

Como o raciocínio da criança se baseia no sufixo *"enta"* (embora saiba que há excepções: dez, vinte, trinta) não é aconselhável apresentar-lhe neste nível problemas que a levem para a ordem das centenas.

10+20+10=[(1+2+1)+ *enta]*   30+20+30=[(3+2+3)+ *enta]*
70+10+10=[(7+1+1)+ *enta]*   40+10+40=[(4+1+4)+ *enta]*

Exemplos:
Iogurtes
- A mãe da Madalena foi às compras e colocou no carrinho do supermercado 10 iogurtes de morango, 10 de ananás e 10 de banana. Quantos iogurtes comprou a mãe da Madalena?

Berlindes
- O Carlos tinha 20 berlindes e foi jogar com o Rui e o Pedro. Nesse jogo ganhou 20 berlindes ao Rui e outros 20 ao Pedro. Quantos berlindes tem agora o Carlos?

Pregos
- O Artur tinha uma caixa com 30 pregos. O pai deu-lhe uma caixa com outros 30 e o tio deu-lhe mais 30 pregos avulsos. Quantos pregos tem agora o Artur?

Flores
- A Carla tinha 50 margaridas. No dia do seu casamento deram-lhe mais 20 rosas e 10 cravos. Com quantas flores ficou a Carla?

Amêndoas
- A mãe da Andreia comprou-lhe 40 amêndoas. A sua irmã deu-lhe 30 amêndoas e o pai mais 10. Quantas amêndoas tem agora a Andreia?

Bolas
- O Américo tem 2 sacos de 20 bolas cada um. O seu irmão deu-lhe um terceiro saco contendo também 20 bolas, com quantas ficou?

b) Adição de "centos"

Quando se apresentam à criança adições de quantidades situadas na ordem das centenas, ela utiliza o mesmo processo cognitivo, colocando agora o sufixo "*centos*":

100+200+100=[(1+2+1)+ *centos*]   300+200+300=[(3+2+3)+ *centos*]
700+100+100=[(7+1+1)+ *centos*]   400+100+400=[(4+1+4)+ *centos*]

Exemplos:
Caixas
- A Carla tem 100 caixas amarelas, 100 caixas azuis e 100 caixas vermelhas. Quantas caixas tem a Carla?

Cromos
- O Pedro tem na sua coleção 300 cromos de bonecos, 400 cromos de futebol e 100 de carros. Quantos cromos tem o Pedro na sua coleção?

Gelados
– Na fábrica de gelados fazem-se por dia 400 cornetos de chocolate, 300 de morango e 100 de baunilha. Quantos gelados se fazem por dia?

Ovos
– Num aviário foram retirados 200 ovos de manhã, 300 ovos à tarde e 100 ovos à noite. Quantos ovos foram retirados até ao final do dia?

Cadeiras
– Na escola podemos encontrar 400 cadeiras no salão, 300 cadeiras na sala de cinema e 200 na sala de conferências. Quantas cadeiras existem ao todo nestes salões?

Selos
– Nos Correios existem 200 selos para o Brasil, 400 para a França e 100 para a Alemanha. Quantos selos existem nos Correios?

Bicas
– O Ricardo tem um café. Na segunda-feira foram servidas 200 bicas, na terça-feira 100 e na quarta-feira 400. Quantas bicas foram servidas nos três dias?

c) Adição de "miles"

O processo cognitivo utilizado pela criança continua, de um modo geral, a ser o mesmo, mas agora com o sufixo *"mil"*.

1.000+2.000+1.000=[(1+2+1)+ *mil]*   3.000+2.000+3.00=*[(3+2+3)+mil]*
7.000+1.000+1.000=[(7+1+1)+ *mil]*   4.000+1.000+4.000=[(4+1+4)+ *mil]*

Exemplos:
Moedas
– No banco de Portugal existem 5.000 moedas de prata, 8.000 de bronze e 3.000 de ouro. Quantas moedas existem no Banco de Portugal?

Peixes
– Um barco de pesca pescou, 2.000 sardinhas, 6.000 carapaus e 3.000 pargos. Quantos peixes pescou?

Amêndoas
– Na Páscoa uma pastelaria recebeu um pacote de 7.000 amêndoas de chocolate, outro de 4.000 amêndoas de licor e outro de 1.000 amêndoas torradas. Quantas amêndoas foram recebidas?

Clips
- A Mafalda tem 9.000 clips, comprou mais 6.000 e ainda lhe ofereceram uma caixa com 2.000. Com quantos clips ficou?

Parafusos
- O António tem 8.000 parafusos, comprou mais 4.000 e ainda lhe deram 3.000. Com quantos parafusos ficou?

Folhas
- O Bernardo tem 4.000 folhas de papel branco, 5.000 folhas de papel amarelo e 3.000 folhas de papel azul. Quantas folhas tem?

10º NÍVEL: Adição de "enta" com quantidades simples

De um modo geral, neste tipo de problemática a criança utiliza a estratégia mental de separar os grupos de *"entas"* (dezenas) das unidades, somando as dezenas e depois as unidades.

$$45+3=[(4enta)+(5+3=8)] \quad 53+4=[(5enta)+(3+4=7)]$$
$$62+5=[(6enta)+(2+5=7)]$$

O raciocínio da criança só começa a apresentar dificuldades quando a unidades somam mais de 10, porque a operação mental de transporte apresenta a complexidade do raciocínio duplo, ou seja, memorizar uma quantidade que deixa de ser unidade para passar a pertencer à manipulação dos *"entas"* (dezenas).

Por este motivo dever-se-á ter sempre o cuidado, neste nível de operacionalização mental, de não apresentar à criança problemas com quantidades que requeiram transporte.

Exemplos:

Chupa-chupas
- Venderam-se 45 chupa-chupas de morango e 3 chupa-chupas de café. Quantos chupa-chupas se venderam?

Chocolates
- A Cátia comeu num mês 56 chocolates e noutro mês 3. Quantos chocolates comeu a Cátia nesses dois meses?

Pratos
- Foram jantar à casa da Andreia alguns amigos, para comemorar o seu aniversário. Quando se iniciou a refeição aperceberam-se que

só tinham 21 pratos. A Andreia foi então à casa da avó, buscar mais 8 pratos. Quantos pratos foram necessários para servir a refeição?

Molduras
– Um carpinteiro construiu 30 molduras pequenas e 9 molduras de tamanho grande. Quantas molduras foram construídas?

Óculos
– Num oculista existem 85 óculos. A nova coleção trouxe mais 2 novos exemplares. Quantos óculos há agora no oculista?

Lojas
– Num hipermercado há 32 lojas que se encontram no seu exterior. Dentro do hipermercado, existem mais 6 lojas. Quantas lojas existem no interior e exterior do hipermercado?

Gravatas
– Um homem tem 21 gravatas. Comprou mais 5 gravatas. Com quantas gravatas ficou?

Barcos
– Num porto estão atracados 55 barcos. Chegaram mais 3. Quantos barcos estão agora atracados no porto?

Instrumentos
– Numa orquestra existiam 42 músicos e foram contratados mais 6. Quantos músicos há agora na orquestra?

Crianças
– Na escola existem 41 crianças na classe infantil e 8 crianças no infantário. Quantas crianças há na escola?

Borboletas
– Num passeio ao campo as crianças contaram 22 borboletas e a professora 5. Quantas borboletas foram contadas por todos?

Aviões
– Descolaram do aeroporto de Lisboa, de manhã, 32 aviões. De tarde descolaram mais 5 aviões. Quantos aviões descolaram do aeroporto de Lisboa?

Copos
– No café existem 63 copos para servir sumos e 6 copos de servir champanhe. Quantos copos existem no café?

Bóias
– Na praia, estão dentro de água 53 crianças e na areia estão 5. Quantas crianças estão na praia?

Legumes
- Dos legumes semeados numa horta nasceram 71 alfaces e 6 repolhos. Quantos legumes produziu a horta?

Bandeirinhas
- Numa festa, havia 11 bandeiras vermelhas e 9 amarelas. Quantas bandeiras havia?

11º NÍVEL: Adição de "entas"

O raciocínio da criança continua a ser o mesmo, agora mais elaborado: na sua imagem mental distingue os *"enta"* (dezenas) das unidades, somando primeiro aqueles grupos e depois estes.

$$45+31=[(4+3=7enta)+(5+1=6)] \quad 53+44=[(5+4=9enta)+(3+4=7)]$$
$$62+21=[(6+2=8enta)+(2+1=3)]$$

Pelos motivos já referidos, haverá que se ter o cuidado para que os problemas apresentados à criança não tenham quantidades que obriguem a operações de transporte.

Exemplos:

Balões
- O Pedro comprou 24 balões para a festa de Natal e 12 balões para o Carnaval. Quantos balões comprou ao todo?

Anéis
- Na ourivesaria existem 62 anéis de ouro e 21 anéis de prata. Quantos anéis existem na ourivesaria?

Bolos
- Na pastelaria foram vendidos de manhã 63 bolos e de tarde 24 bolos. Quantos bolos foram vendidos?

Candeeiros
- A mãe do José procura um candeeiro para a sala. Na primeira casa que visitou, haviam 22 candeeiros; na segunda casa haviam 33 candeeiros. De quantos candeeiros podia ela escolher o candeeiro para a sala?

Cadernos
- O André comprou 14 cadernos e o Pedro 13 cadernos. Quantos cadernos compraram ao todo?

Casas
- Numa aldeia há 30 casas. Noutra, existem 19 casas. Quantas casas existem nas duas aldeias?

Casacos
- No roupeiro há 27 casacos de Verão e 12 casacos de Inverno. Quantos casacos há no roupeiro?

Crianças
- Na maternidade nasceram, no mês de maio, 52 meninas e 23 meninos. Quantas crianças nasceram nesse mês?

Formigas
- Existem no pátio dois formigueiros. No primeiro formigueiro há 14 formigas e no segundo 73. Quantas formigas existem nos dois formigueiros?

Fotografias
- Num casamento foram tiradas 13 fotografias na igreja e 65 no parque. Quantas fotografias foram tiradas no casamento?

Laranjas
- No pomar só duas laranjeiras deram frutos este ano. Uma deu 65 laranjas e a outra apenas 11 laranjas. Quantas laranjas há nas duas árvores?

Meninos
- Na classe do João há 13 meninos e na classe do Rodrigo há 15. Quantos meninos há nas duas classes?

Pedras
- A Alexandra é colecionadora de pedras semipreciosas. Na sua coleção tem já 72 exemplares. A sua irmã foi viajar e trouxe-lhe como presente mais 15 pedras semipreciosas. Com quantas pedras ficou a coleção da Alexandra?

Berlindes
- O Tiago tem 38 berlindes. Num jogo que fez com o seu primo ganhou mais 11. Com quantos berlindes ficou o Tiago?

Postais
- Na papelaria existem 50 postais da cidade de Coimbra e 37 da cidade do Porto. Quantos postais existem na papelaria?

Prendas
- No Natal, o Pedro comprou 22 prendas para os seus familiares e 18 para os seus amigos. Quantas prendas comprou o Pedro?

Quadros
- Um pintor expôs 22 quadros numa galeria de arte, na primeira semana. Na segunda semana expôs mais 30 quadros. Quantos quadros expôs nas duas semanas?

Sapatos
- Numa sapataria existiam 61 pares de sapatos de diferentes feitios. Com a nova coleção, chegaram mais 52 pares de sapatos. Quantos pares de sapatos existem agora na sapataria?

12º NÍVEL: Adição de "enta" com duas quantidades simples
Trata-se de um desenvolvimento do nível anterior, em que a criança separa mentalmente os *"enta"* (dezenas), somando as unidades e depois juntando os resultados.

$$45+3+1=[(4enta)+(5+3+1=9)] \quad 53+2+4=[(5enta)+(3+2+4=9)]$$
$$61+4+2=[(6enta)+(1+4+2=7)]$$

Haverá que se ter o cuidado para que os problemas apresentados não necessitem de operações de transporte.

Exemplos:

Almofadas
- Na sala há 31 almofadas, no quarto 5 e pelas restantes divisões estão espalhadas mais 3 almofadas. Quantas almofadas existem na casa toda?

Animais
- Na capoeira existem 21 galinhas, 4 patos e 3 coelhos. Quantos animais existem na capoeira?

Armários
- Na carpintaria há 22 armários brancos, 5 armários cremes e 4 armários castanhos. Quantos armários há na carpintaria?

Bonecas
- A Inês tem 13 bonecas que comprou em Portugal, 2 que comprou em Espanha e 3 bonecas que lhe foram oferecidas pelos seus amigos. Quantas bonecas tem?

Brincos
- Na ourivesaria existem 21 pares de brincos de ouro, 4 pares de brincos de prata e 2 pares de brincos de ouro branco. Quantos pares de brincos existem na ourivesaria?

Cabides
- No roupeiro há 21 cabides com calças, 7 cabides com camisas e 5 cabides com casacos. Quantos cabides há no roupeiro?

Canetas
- A Laura tem 31 canetas ponta-de-feltro, 5 esferográficas e 2 canetas de tinta permanente. Quantas canetas tem?

Carrinhos
- O Carlos tem 21 carrinhos vermelhos, 3 pretos e 4 azuis. Quantos carrinhos tem?

Cobertores
- A Carina tinha 11 cobertores de casal e 4 cobertores mais pequenos. Comprou mais 2 cobertores. Quantos cobertores tem agora?

Lápis
- A Luciana tem uma caixa com 22 lápis de cor, na sua mala da escola tem mais 2 lápis de cor e 3 lápis de carvão. Quantos lápis tem a Luciana?

Passarinhos
- Na gaiola de uma loja de animais existem 11 canários, 6 melros e 2 periquitos. Quantos passarinhos estão na gaiola?

Patos
- Num lago existem 22 patos, 2 gansos e 4 cisnes. Quantas aves há ao todo?

Pintainhos
- Na quinta do João existem várias galinhas. No mesmo dia nasceram 11 pintainhos da galinha branca, 3 pintainhos da galinha pelada e 5 pintainhos da galinha preta. Quantos pintainhos nasceram neste dia?

Pneus
- Numa promoção, o meu pai comprou 40 pneus para o carro, 4 para a motorizada e 4 pneus para bicicletas. Quantos pneus comprou o meu pai?

Sabonetes
- A Albertina tem 13 sabonetes dentro do armário, 3 sabonetes na banheira e 2 no lavatório. Quantos sabonetes tem?

13º NÍVEL: Adição de dois "enta" com uma quantidade simples

O mesmo processo de operação mental, mas agora associando dois grupos de *"enta"* (dezenas):

45+32+1=[(4enta+3enta)+ (5+2+1=8)]   53+22+3=[(5enta+2enta)+ (3+2+3=8)]
61+34+2=[(6enta+3enta)+ (1+4+2=7)]

Exemplos:
Árvores
— No pátio da minha escola existem 13 árvores de fruto e 11 árvores que não dão fruto. Contando com as 3 árvores que se encontram à entrada da escola, quantas árvores existem?

Bilhetes
— Num cinema venderam-se 61 bilhetes para a 1ª sessão, 32 bilhetes para a 2ª sessão e apenas 4 bilhetes para a sessão da noite. Quantos bilhetes se venderam?

Botões
— Numa retrosaria existem 62 botões pretos, 54 botões castanhos e 2 botões dourados. Quantos botões existem nesta retrosaria?

Cãezinhos
— O João tem três cadelas. A Rosita teve 11 cãezinhos, a Bolinha teve 13 cãezinhos e a Fofinha teve 5 cãezinhos. Quantos cãezinhos tiveram as cadelas do João?

Carruagens
— De uma estação partem três comboios. Um comboio 21 carruagens, outro tem 53 e o terceiro tem apenas 4 carruagens. Quantas carruagens têm estes três comboios?

Desenhos
— O João fez 31 desenhos no 1º período, 53 desenhos no 2º período e 4 desenhos no 3º período. Quantos desenhos fez durante o ano letivo?

Lâmpadas
— Na casa da Júlia existem três candeeiros. O candeeiro da sala tem 32 lâmpadas, o do quarto tem 24 lâmpadas e o candeeiro da cozinha tem 2 lâmpadas. Quantas lâmpadas têm os 3 candeeiros?

Livros
— O André tem no seu quarto uma estante com livros. Nessa estante estão 11 livros policiais, 22 livros científicos e 4 romances. Quantos livros tem o André?

Portas
- O armário da cozinha tem 12 portas. O roupeiro do quarto tem 11 portas e na casa de banho há outro armário, com 4 portas. Quantas portas há ao todo nestes armários?

Puzzles
- O Carlos tem 3 puzzles. Um puzzle tem 42 peças, outro tem 33 peças e o terceiro tem 4 peças. Quantas peças têm os 3 puzzles?

Rosas
- No jardim existem 23 rosas vermelhas, 32 rosas brancas e 2 rosas amarelas. Quantas rosas existem no jardim?

Sumos
- Num café venderam-se 22 sumos de laranja, 51 sumos de ananás e 5 sumos de pera. Quantos sumos se venderam?

Tapetes
- Numa loja o produto mais vendido são os tapetes de Arraiolos. No mês de Maio foram vendidos 72 tapetes, em Junho 23 e em Julho 4 tapetes. Quantos tapetes foram vendidos, nestes três meses?

Talheres
- Na cozinha existem 32 colheres, 23 garfos e 4 facas. Quantos talheres existem na cozinha?

RESUMO DA ESTRATÉGIA PROGRAMÁTICA PARA O CÁLCULO ADITIVO

Evolução Programática	Exemplos
1º NÍVEL: Adição de 2 quantidades, em que o resultado seja menor que 10	
a) Quantidades iguais:	– O Filipe tinha 2 chapéus e a Isabel ofereceu-lhe mais 2. Com quantos chapéus ficou o Filipe?
b) Quantidades diferentes:	– A Susana tem 2 bonecas e a avó dela ofereceu-lhe outra. Com quantas bonecas ficou a Susana?
c) Para que o resultado seja 5:	– O Pedro tem 3 amêndoas e o João tem 2. Quantas amêndoas têm ao todo?

O CÁLCULO MENTAL

d) Para que o resultado seja 10:	– A Gertrudes tem 6 laranjas e o pai deu-lhe 4. Com quantas laranjas ficou?
2º NÍVEL: Adição de 2 quantidades, de modo a que o resultado seja maior que 10 e menor que 20	
a) Quantidades iguais:	– A Carlota tem 10 elásticos e a mãe comprou-lhe outros 10. Com quantos elásticos ficou?
b) Quantidades diferentes:	– A Joana tem 10 ganchos e a tia deu-lhe 6. Com quantos ganchos ficou?
3º NÍVEL: Adição de quantidades que são múltiplos de 10 ("enta"+"enta", "centos"+"centos", "mil"+"mil")	
a) Quantidades iguais:	– O Telmo tem 10 berlindes e ganhou outros 10. Com quantos berlindes ficou?
b) Quantidades diferentes:	– A Joana tem 30 brincos e comprou 10. Com quantos brincos ficou?
4º NÍVEL: Adição de quantidades diferentes que são múltiplos de 10 ("centos"+"enta", "mil"+"centos", etc.)	– A Júlia tem 100 laranjas e comprou 10. Com quantas laranjas ficou?
5º NÍVEL: Adição de quantidades múltiplas de 10, mais 1	– A Daniela tem 10 rebuçados e a mãe deu-lhe mais 11. Com quantos rebuçados ficou a Daniela?
6º NÍVEL: Adição de quantidades múltiplas de 10, mais 2	– O Tiago tinha uma caixa com 10 lápis e a tia deu-lhe mais 42 lápis. Com quantos lápis ficou o Tiago?
7º NÍVEL: Adição de 3 quantidades, em que o resultado seja menor que 10	
a) Quantidades Iguais	– João tem 3 rebuçados, a Maria deu-lhe mais 3 rebuçados e a Joana outros 3. Com quantos rebuçados ficou o João?
b) Quantidades Diferentes:	– A Paula tinha 3 pastilhas, a senhora da loja deu-lhe outras 2 e a Joana ofereceu-lhe 2. Quantas pastilhas tem a Paula?
8º NÍVEL: Adição de 3 quantidades, em que o resultado seja menor que 20	
a) Quantidades Iguais	– A Maria leva para o seu lanche 2 bananas, 2 laranjas e 2 pêssegos. Quantas peças de fruta leva a Maria para o seu lanche?

b) Quantidades Diferentes	– O Ricardo tem 5 carrinhos azuis, 2 amarelos e 6 verdes. Quantos carrinhos tem o Ricardo?
9º NÍVEL: Adição de 3 quantidades múltiplas de 10	
a) Adição de "entas"	– A mãe da Madalena foi às compras e colocou no carrinho do supermercado 10 iogurtes de morango, 10 de ananás e 10 de banana. Quantos iogurtes comprou a mãe da Madalena?
b) Adição de "centos"	A Carla tem 100 caixas amarelas, 100 caixas azuis e 100 caixas vermelhas. Quantas caixas tem a Carla?
c) Adição de "mil"	– No banco de Portugal existem 5.000 moedas de prata, 8.000 de bronze e 3.000 de ouro. Quantas moedas existem no Banco de Portugal?
10º NÍVEL: Adição de "enta" com quantidades simples	– Venderam-se 45 chupa-chupas de morango e 3 chupa-chupas de café. Quantos chupa-chupas se venderam?
11º NÍVEL: Adição de "entas"	– O Pedro comprou 24 balões para a festa de Natal e 12 balões para o Carnaval. Quantos balões comprou ao todo?
12º NÍVEL: Adição de um "enta", com 2 duas quantidades simples	– A mãe do João tem na sala 31 almofadas, no seu quarto tem 5 e pelas restantes divisões estão espalhadas mais 3 almofadas. Quantas almofadas existem na casa toda?
13º NÍVEL: Adição de dois "enta", com 1 quantidade simples	– No pátio da minha escola existem 13 árvores de fruto e 11 árvores que não dão fruto. Contando com as 3 árvores que se encontram à entrada da escola, quantas árvores existem?

Cálculo Subtrativo

A noção mental de subtração decorre da ideia de adição, sendo mais complexa, porque envolve um raciocínio de reversibilidade por inversão, obrigando a um processo mental em que se retira uma parte a um todo, fazendo intervir uma terceira noção: o que resta.

Em vez de se juntarem duas partes para se obter um todo, há um todo a que se tira uma parte, pretendendo-se saber a outra parte.

Problemas do tipo: *"– Tinhas 5 berlindes, mas perdeste 2. Com quantos ficaste?"*, levam a criança a estabelecer um raciocínio inverso ao da adição.

Entra aqui o raciocínio de *maior* ou *menor* quantidade. Em vez de ficar com *mais*, com uma quantidade *maior*, fica, nesta situação, com *menos*, com *menor* quantidade.

Quando perguntamos à criança como efetuou mentalmente a operação de retirar uma quantidade de outra, verificamos que por vezes lhe é bastante difícil pensar em termos de inversão, raciocinando melhor em termos *do que falta* para, de uma quantidade, chegar à maior.

Por exemplo, perante este exemplo dos berlindes, uma apreciável maioria das crianças efetua mentalmente uma *contagem de dois para cinco* (usando a memória visual ou os dedos, para contar esta diferença):

"– Dois para cinco são: três 👆 quatro ✌️ cinco 🖖." "– São: 1, 2, 3; São três!"

Só em alguns casos raros se verifica a contagem decrescente:

"– Cinco 👆, quatro ✌️, três 🖖. Vão um, dois, três. São três!"

e quase que só apenas quando se trata de menos uma ou duas unidades.

O modo, porém, para se construir esta capacidade de operacionalização mental, passa necessariamente primeiro pela resolução de problemas semelhantes com o corpo e com objetos:

Cálculo Subtrativo

1º NÍVEL: Compensação

Operacionalização mental em que a criança efetua uma contagem *"de ... para"*.

Exemplos:
Velas
- Tenho 3 velas. Preciso de ter 5 no bolo de anos. Quantas tenho que colocar?

Morangos
- A Isabel comprou 2 caixas de morangos. Tem que levar 5 caixas para casa. Quantas tem ainda que comprar?

Borrachas
- O Carlos tem 1 borracha. Precisa de 8. Quantas tem que comprar?

Flores
- A Catarina tem 8 flores e precisa de colocar 16 numa jarra. Quantas flores lhe faltam?

Páginas
- O Mário já escreveu 11 páginas de um livro que deverá ter 20. Quantas páginas lhe falta escrever?

Coleção
- O André tem 84 figuras para a sua coleção de banda desenhada. A coleção é de 90. Quantas figuras lhe faltam?

Pães
- Um padeiro já fez 5 de uma encomenda de 10 pães. Quantos pães lhe falta ainda fazer?

Andares
- Os operários que estão a construir um prédio já fizeram 8 andares. O prédio deverá ter 16 andares. Quantos faltam ainda construir?

Cromos
- O João tem 35 cromos de uma coleção de 40. Quantos cromos lhe faltam?

Chocolates
- A Beatriz tem apenas 45 gramas de chocolate, mas precisa de 50 gramas para fazer um bolo. Quantas gramas de chocolate lhe faltam?

Laranjas
- A Maria tem 91 laranjas e precisa de 100 para poder fazer doce. Quantas laranjas tem que ir comprar?

Autocarro
- Um autocarro leva 48 passageiros. Pode levar 60 pessoas. Quantas podem ainda entrar?

Automóvel
- Um automóvel já andou 192 km de uma viagem de 200 km. Quantos km lhe faltam ainda percorrer?

Pedras
- Um calceteiro já colocou 243 pedras num passeio que deverá ter 250. Quantas pedras faltam colocar?

2º NÍVEL: Partição
A criança inverte mentalmente os dados, para que em vez de uma contagem regressiva possa Efetuar uma contagem *"de ... para"*.

Exemplos:
Berlindes
- O João tinha 2 berlindes. Perdeu 1. Com quantos berlindes ficou o João?

Maçãs:
- A Rita comprou 3 maçãs. Mas assim que chegou a casa comeu 2. Com quantas maçãs ficou a Rita?

Canetas
- A tia da Rita deu-lhe 4 canetas, mas ela perdeu 2. Com quantas canetas ficou?

Pássaros
- Num ninho estavam 5 pássaros. Voaram 2. Quantos pássaros ficaram no ninho?

Queques
- A Manuela fez 4 queques, mas deu 3 à vizinha. Com quantos bolos ficou?

Cenouras
- Um coelho apanhou 5 cenouras, mas comeu 2 pelo caminho. Com quantas cenouras chegou o coelho a casa?

Carros
- Num estacionamento estavam parados 4 carros. Passado algum tempo saíram 3 carros. Quantos carros ficaram no estacionamento?

Pássaros
- Num ninho estavam 5 pássaros. Voaram 5. Quantos pássaros ficaram no ninho?

Galinhas
- Num poleiro estavam 5 galinhas a dormir. Quando o galo cantou 3 assustaram-se e saltaram para o chão. Quantas galinhas ficaram no poleiro?

Bolinhos
- O Mário levava 4 bolinhos, mas como era muito guloso comeu 2. Com quantos bolinhos ficou?

Moscas
- Um sapo apanhou 4 moscas, mas só comeu 2 porque as outras fugiram. Quantas fugiram?

Biscoitos
– A mãe fez 5 biscoitos, mas o João comeu logo 3 biscoitos. Quantos biscoitos sobraram?

Caricas
– O Vítor tinha uma coleção de 4 caricas, mas deu metade ao João. Com quantas caricas ficou o Vítor?

Nozes
– Um esquilo tinha apanhado 5 nozes. Mas um rato furou o fundo da árvore roubou-lhe 4 nozes. Quantas nozes ficaram?

Pássaros
– 5 de pássaros voaram para uma árvore mas 2 deles não pousaram. Quantos pássaros ficaram na árvore?

Ovos
– A Maria foi comprar 4 ovos, mas pelo caminho partiu metade. Com quantos ovos chegou a casa?

Rebuçados
– Tens 5 rebuçados. Dás-me 3. Com quantos ficas?

Bolos
– Um pasteleiro fez 20 bolos. Vendeu 15. Com quantos bolos ficou o pasteleiro?

Ovos
– A avó do Rui tinha uma dúzia de ovos. Deu 10 ao Rui. Com quantos ovos ficou?

Rosas
– No jardim da Ana havia 30 rosas. A Ana colheu 21. Quantas rosas ficaram no jardim?

Borrachas
– A Inês tem um pacote com 50 bolachas. Deu 43 à sua prima. Com quantas bolachas ficou?

Pombos
– No pombal há 38 pombos. Saíram 28. Quantos pombos ficaram no pombal?

Jogos
– O Eduardo tinha 50 jogos de computador. Mas ofereceu 41 ao Francisco. Com quantos jogos ficou?

Sardinhas
– A Micas peixeira comprou na lota 30 sardinhas. Vendeu uma dúzia. Com quantas sardinhas ficou?

Laranjas
- A laranjeira do quintal tem 35 laranjas. A Cláudia colheu 22 para dar ao irmão. Quantas laranjas ficaram na laranjeira?

Peras
- A pereira produziu 125 peras. O Luís colheu 115. Quantas peras ficaram na árvore?

Camioneta
- Uma camioneta tinha 48 passageiros. Saíram 30. Quantos ficaram?

Limões
- Um limoeiro tinha 40 limões. Colheram-se 39. Quantos ficaram?

Lápis
- A professora comprou 2 dúzias de lápis. Deu 20 aos seus alunos. Quantos lápis ainda tem?

Dinheiro
- O Pedro tinha 15 €. Perdeu 6 €. Com quanto ficou o Pedro?

Rebuçados
- O João levou para o recreio 2 dúzias de rebuçados de morango. Deu 1 dúzia à Joana. Com quantos rebuçados ficou o João?

Euros
- O Tó comprou uma bola por 85 €. Pagou com um nota de 100 €. Quanto recebeu de troco?

O arame
- Na escola da Catarina estão a fazer as prendas para o Dia da Mãe e compraram 85 metros de arame. Passados alguns dias tinha-se gasto 70 metros do arame. Que quantidade de arame gastaram?

A corda
- Na garagem da casa do Nuno há uma corda com 120 metros. O Nuno cortou 104 metros da corda. Que comprimento tem agora a corda?

3º NÍVEL: Comparação

Seja qual for o enunciado do problema, a criança efetua a contagem crescente, recorrendo à inversão dos dados quando estes aparecem do maior para o menor.

Exemplos:

Flores
- Tens 6 flores. Eu tenho 3. Quantas tens a mais do que eu?

Laranjas
– A Gertrudes tem 5 laranjas e a Fernanda tem 8. Quantas laranjas tem a mais a Fernanda?

Borrachas
– O Filipe tem 4 borrachas e o João tem 6. Quantas borrachas tem o Filipe a menos?

Carros
– O carro do João tem 10 anos e o carro da Patrícia tem 4 anos. Qual é a diferença de idades entre os dois carros?

Carrinhos
– O Rui tem 6 carrinhos e o Nuno tem 11. Quantos carrinhos tem a mais o Nuno?

Pesos
– A mãe da Paula pesa 78 kg e ela pesa 70 kg. Qual é a diferença entre o peso das duas?

Sala de aula
– A sala de aula do Ricardo mede 88 m² de área e a do Filipe mede 77 m² de área. Qual a diferença entre as áreas das duas salas?

Horas
– A Joaquina fez uma viagem de avião que demorou 3 horas. No regresso, porque havia uma tempestade, demorou 8 horas. Quanto tempo viajou a mais por causa da tempestade?

Rosas
– Um ramo tem 16 rosas e outro tem 20. Quantas rosas tem um a mais que o outro?

Livros
– A Tita tem 30 livros e a Manuela 37. Quantos livros tem a Tita a menos?

Bichos-da-seda
– O João tem 18 bichos-da-seda e o Pedro tem 8. Quantos bichos-da--seda tem o João a mais?

4º NÍVEL: Contagem decrescente

Apesar da criança ter algumas dificuldades em Efetuar contagens decrescentes, procurando quase sempre estratégias de contagem crescente, quando se apresentam números elevados aos quais há apenas que se subtrair uma ou duas unidades, recorre mais frequentemente ao *"contar para trás"* do que ao contar *"de ... para"*.

a) Subtrair 1
Contagem regressiva de 1 unidade.

Exemplos:
Lápis
- O Nuno tinha 10 lápis de cor, deu 1 ao Eduardo. Com quantos lápis de cor ficou?

Calendários
- O Francisco tem 20 calendários na sua coleção, perdeu 1. Com quantos calendários ficou?

Livros
- Na biblioteca havia 50 livros, o André requisitou 1. Quantos livros ficaram na biblioteca?

Posters
- A Joana tem 60 posters, deu 1 à Mariana. Com quantos posters ficou?

Maçãs
- A Inês tem 80 maçãs, deu 1 ao António. Com quantas maçãs ficou?

Berlindes
- O Bruno tem 90 berlindes, ofereceu 1 à Andreia. Com quantos berlindes ficou?

Gomas
- O Manuel tem 24 gomas, comeu 1. Com quantas gomas ficou?

Rebuçados
- Tinhas 54 rebuçados. Comeste 1. Quantos ficaram?

Bolachas
- A Rute tem 36 bolachas, deu 1 à Paula. Com quantas bolachas ficou?

Caricas
- O Gonçalo tem 57 caricas, ofereceu 1 ao Zé. Com quantas ficou?

Botões
- A avó do Joaquim tem 86 botões, perdeu 1. Com quantos botões ficou?

Pastilhas
- A Carolina tem 92 pastilhas elásticas, deu 1 ao Duarte. Com quantas pastilhas elásticas ficou?

b) Subtrair 2
Contagem regressiva de 2 unidades.

Exemplos:
Cromos
– Tinhas 96 cromos. Rasgaram-se 2. Quantos restaram?
Anéis
– A Anabela tinha 2 anéis, deu-os à Patrícia. Com quantos anéis ficou?
Óculos
– O Henrique tinha 3 óculos de sol, perdeu 2. Com quantos óculos ficou?
Dossiers
– O Roberto tinha 4 dossiers, perdeu 2. Com quantos dossiers ficou?
Pulseiras
– A Isabel tinha 5 pulseiras, ofereceu 2. Com quantas pulseiras ficou?
Canetas
– O Miguel tem 6 canetas, vendeu 2. Com quantas canetas ficou?
Camisas
– O Rodrigo tinha 7 camisas, estragou 2. Com quantas camisas ficou?
Cães
– A Zélia tinha 8 cães, deu 2 à Dulce. Com quantos cães ficou?
Livros
– A Rita tem 9 livros, emprestou 2 à Bela. Com quantos livros ficou?
Cadernos
– A Maria João tem 13 cadernos, deu 2 ao Jorge. Com quantos cadernos ficou?
Relógios
– O Helder tem uma coleção de 21 relógios, estragaram-se 2. Com quantos relógios ficou?
Amoras
– A Sónia tinha 46 amoras, deu 2 ao Hugo. Com quantas amoras ficou?
Rifas
– A Marisa tinha 64 rifas, vendeu 2. Com quantas rifas ficou?
Calendários
– Bruno comprou 72 calendários, deu 2 à Cristina. Com quantos calendários ficou?
Canetas
– O Ivo tem 87 canetas, deu 2 ao Nelson. Com quantas canetas ficou?
Fitas
– A Carolina tem 89 fitas de cabelo; perdeu 2. Com quantas fitas ficou?

Brincos
- A Teresa tem 83 brincos; perdeu 2. Com quantos ficou?

Velas
- A Cláudia tinha 91 velas, ofereceu 2 à Raquel. Com quantas velas ficou?

Lápis
- A Laura tinha 98 lápis de cera, deu 2 ao Ricardo. Com quantos lápis de cera ficou?

5º NÍVEL: Subtração com múltiplos de 10

Quando a criança se vê confrontada a subtrair 10 a um número múltiplo de 10 (um *"enta"*) recorre, de um modo geral, à eliminação mental dos zeros, contando depois *"de ... para"*.

a) Subtrair dezenas a múltiplos de 10.

Por exemplo, no caso de 50 – 10, a criança pensa no 10 e no 50 sem os zeros (*"enta"*). A seguir efetua a contagem de 1 para 5 e no resultado recoloca os *"enta"*: 1 ... 5 = 4 *Enta* = Qua*renta*.

Exemplos:

Bolachas
- Comeram-se 10 bolachas de uma caixa de 50. Quantas ficaram?

Guardas-chuva
- O Tiago tem 40 guardas-chuva, vendeu 10. Com quantos ficou?

Lápis
- A Andreia tem 50 lápis, deu 10 ao Duarte. Com quantos ficou?

Bonecas
- A Susana tem uma coleção de 60 bonecas de porcelana, deu 10 à Rita. Com quantas ficou?

Soldadinhos
- O Hugo tem 70 soldadinhos de chumbo, deu 10 à Helena. Com quantos ficou?

Sacos
- A Célia tem 80 sacos de plástico, emprestou 10 à Rute. Com quantos ficou?

Calendários
- O Henrique tem 90 calendários, deu 10 à Marina. Com quantos ficou?

Conchas
- O Eduardo foi à praia e apanhou 40 conchas, deu 10 à Inês. Com quantas ficou?

Berlindes
- O Carlos tem 50 berlindes, perdeu 10. Com quantos ficou?

Canetas
- A Maria tem 60 canetas, deu 10 à Matilde. Com quantas ficou?

Carrinhos
- O João tem uma coleção de 70 carrinhos, deu 20 ao Daniel. Com quantos ficou?

Lápis
- O Luís comprou 80 lápis de cor, vendeu 20. Com quantos ficou?

Cromos
- O Zé tem 90 cromos do Benfica, vendeu 50. Com quantos ficou?

Botões
- O Tomás comprou 80 botões. Deu 60 à Lúcia. Com quantos ficou?

Quadros
- O João tem 40 quadros, vendeu 30. Com quantos ficou?

Bolinhos
- A Joana fez 70 bolinhos de coco, vendeu 0. Com quantos ficou?

Peças
- O Rodrigo tem um puzzle com 90 peças, perdeu 30. Com quantas ficou?

Leggo
- A Beatriz tem 80 peças de leggo, deu 40 ao Adriano. Com quantas ficou?

b) Subtrair 10

Embora haja alguma dificuldade no início, até que a criança crie as suas estratégias para solucionar problemas em que tem que subtrair 10, logo que o consegue, passa a resolvê-los sem quaisquer problemas.

A estratégia mental que mais frequentemente emprega consiste na eliminação das unidades, considerando apenas os *"enta"*. Por exemplo, em 62 menos 10, a criança efetua mentalmente uma contagem de 1 para 6, o que dá 5, a que recoloca o *"enta"* e o 2 (cinqu*enta* e dois)

Exemplos:
Lâmpadas
– Uma árvore de Natal tinha 57 lâmpadas. Fundiram-se 10. Quantas ficaram?
Cadernos
– A Daniela tem 14 cadernos, deu 10 à Joana. Com quantos ficou?
Chaves
– O António tem 23 chaves, deu 10 ao Nuno. Com quantas ficou?
Bonecas
– A Ana tem 36 bonecas, deu 10 à irmã. Com quantas ficou?
Borrachas
– A Susana tem 42 borrachas, deu 10 à Rita. Com quantas ficou?
Lápis
– A Rute tem 57 lápis, deu 10 ao Zé. Com quantos ficou?
Colares
– A Ana tem 64 colares, vendeu 10 à Dulce. Com quantos ficou?
Anéis
– A Sílvia comprou 78 anéis, vendeu 10 à Mariana. Com quantos ficou?
Pintarolas
– A Catarina tem 89 pintarolas, deu 10 ao Miguel. Com quantas ficou?
Botões
– A Cristina tem 94 botões, deu 10 ao João. Com quantos ficou?
Livros
– A Rita tem 120 livros de Banda Desenhada, deu 10 à Maria. Com quantos ficou?
Bolas
– O João tem 240 bolas, deu 10 ao Eduardo. Com quantas ficou?
Cromos
– O João tem 350 cromos, deu 10 ao Abel. Com quantos ficou?
Laranjas
– Uma laranjeira deu 432 laranjas. Caíram 10. Quantas ficaram?
Cenouras
– Um agricultor semeou 567 cenouras, mas 10 não nasceram. Com quantas ficou?
Carrinhos
– O Carlos tem 621 carrinhos na sua coleção. Deu 10 ao Nuno. Com quantos ficou?

Chocolates
- O Paulo tem 772 chocolates, deu 10 à Bela. Com quantos ficou?

Alunos
- Na escola há 834 alunos, 10 faltaram. Quantos alunos estavam na escola?

Calendários
- O Luís tem 927 calendários, vendeu 10 à Dulce. Com quantos ficou?

Cromos
- O Bruno tem 932 cromos, deu 10 à Margarida. Com quantos ficou?

Moedas
- A Cristina tem 976 moedas, deu 10 à Ana. Com quantas ficou?

RESUMO DA ESTRATÉGIA PROGRAMÁTICA DA SUBTRAÇÃO

Evolução Programática	Exemplos
1º NÍVEL: Compensação	– Tenho 3 velas. Preciso de ter 5 no bolo de anos. Quantas tenho que comprar?
2º NÍVEL: Partição	– Tens 5 rebuçados. Dás-me 3. Com quantos ficas?
3º NÍVEL: Comparação	– Tens 6 flores. Eu tenho 3. Quantas tens a mais do que eu?
4º NÍVEL: Contagem decrescente	
a) Subtrair 1	– Tinhas 54 rebuçados. Comeste 1. Quantos ficaram?
b) Subtrair 2	– Tinhas 96 cromos. Rasgaram-se 2. Quantos restaram?
5º NÍVEL: Subtração com múltiplos de 10	
a) Subtrair dezenas a um múltiplo de 10	– Comeram-se 10 bolachas de uma caixa de 50. Quantas ficaram?
b) Subtrair 10	– Uma árvore de Natal tinha 57 lâmpadas. Fundiram-se 10. Quantas ficaram?

O Cálculo Multiplicativo

A multiplicação é apenas uma estratégia criada para simplificar um caso particular da adição, que é a soma de quantidades iguais.

Num problema como: *"– A tua mãe deu-te 2 maçãs, o teu pai deu-te 2 maçãs e a tua irmã deu-te outras 2 maçãs. Quantas maçãs tens ao todo?"*, ao inquirir-se da forma como a criança pensou para resolver o problema, verifica-se que, muito lógica e naturalmente, ela efetuou um raciocínio de 2 + 2 + 2 = 6.

A memorização da tabuada da multiplicação é apenas uma estratégia para simplificar e tornar mais rápido este raciocínio de adição de parcelas iguais. Por exemplo, contar mentalmente as flores de 9 vasos, cada um com 9 flores, demora muito tempo, pelo que se na memória existir um registo de que 9x9 são 81, pode-se logo utilizar este conteúdo mnésico e avançar no raciocínio.

Esta forma de operacionalização mental, extremamente complexa, – a inclusão no raciocínio, de uma tabuada previamente memorizada -, só é, porém, geralmente conseguida a meio do estádio das operações concretas e por vezes muito dificilmente compreendida.

Trata-se de uma estratégia mental baseada num automatismo adquirido (a tabuada) e não propriamente de um raciocínio lógico, pelo que antes da sua memorização a criança deverá ser capaz de Efetuar mentalmente operações de adição de quantidades iguais.

Exemplos:
Pés
– Se um menino tem 2 pés, quantos pés têm 2 meninos?
Rebuçados
– Temos 2 pires, cada um deles com 2 rebuçados. Quantos rebuçados temos ao todo?
Borrachas
– Temos 3 filas, cada uma com 2 borrachas. Quantas borrachas temos?
Jardim Zoológico
– A Joana foi ver os macacos ao jardim zoológico. Na jaula havia 3 macacos e ela deu a cada um deles 2 amendoins. Quantos amendoins deu a Joana aos macacos?
Feijões
– O Ricardo guardou 2 feijões nos bolsos das calças. Como cada calça tem 3 bolsos, quantos feijões guardou o Ricardo?
Berlindes
– O João tem 3 sacos de berlindes, cada saco tem 3 berlindes. Quantos berlindes tem o João ao todo?

Chupa-chupas
- Temos 3 boiões, cada um deles com 3 chupa-chupas. Quantos chupa--chupas temos?

Jogo da Macaca
- A Raquel foi jogar ao *jogo da macaca* com as amigas, formando-se 3 grupos, cada um com 3 meninas. Quantas meninas estavam a jogar ao jogo da macaca?

1. Desenvolvimento

Comparada com a multiplicação efetuada com papel-e-lápis e mesmo com recurso à memorização da tabuada, a operacionalização mental da adição de grupos com as mesmas quantidades é, para a criança, extremamente fácil.

A estratégia básica continua a ser a contagem. Na adição a criança conta *"esta mais aquela quantidade"*, na subtração conta *"desta para aquela quantidade"* e na multiplicação efetua uma contagem igual à adição, mas contando *"este grupo, mais aquele e mais aquele, que são iguais"*.

Trata-se, portanto, apenas de uma contagem aditiva, mas especial, em que os grupos possuem a mesma quantidade de unidades.

Numa situação como, por exemplo, *"4 pires, cada um com 3 rebuçados, quantos rebuçados são?"* a criança *"vê"* os 4 pires, cada um com 3 rebuçados e conta-os mentalmente:

Enquanto se tratam de poucos grupos (2 a 5) a criança efetua com relativa facilidade as respetivas contagens, mesmo quando se trata de 5 grupos de 9 ou 10 unidades, só começando a apresentar dificuldades quando se depara com 6, 7 ou mais grupos.

Se, porém, se indicar à criança que poderá recorrer a uma *inversão* e, em vez de, por exemplo, pensar em 8 grupos de 3 unidades, considerar 3 grupos de 8 unidades (8x3=3x8), verificamos que a dificuldade desaparece por a contagem ser mais fácil. Por exemplo, *"8 pires com 3 rebuçados cada um"* é o mesmo que *"3 pires com 8 rebuçados cada":*

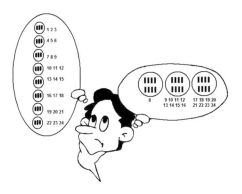

1º NÍVEL: 2 grupos:
Adição das unidades de 2 grupos iguais.

Exemplos:
Maçãs
- A Joana tinha 2 cestos, em cada cesto colocou 1 maçã. Quantas maçãs tinha a Joana?

Canários
- A Rita comprou 2 canários e a mãe ofereceu-lhe outros 2. Com quantos canários ficou a Rita?

Berlindes
- O Daniel tem 2 caixas, em cada caixa tem 3 berlindes. Quantos berlindes tem o Daniel ao todo?

Canetas
- A Anabela tem 2 estojos e cada estojo tem 4 canetas. Quantas canetas tem a Anabela?

Rebuçados
- O Miguel comeu 2 pacotes de rebuçados, cada pacote tinha 5 rebuçados. Quantos rebuçados comeu o Miguel?

Gomas
- A Filipa recebeu de presente 2 sacos de gomas, cada saco tinha 6 gomas. Com quantas gomas ficou a Filipa?

Rissóis
– Se cada tabuleiro leva 7 rissóis. Quantos rissóis levam 2 tabuleiros?
Mesas
– Se cada sala tem 8 mesas, quantas mesas têm 2 salas?
Lâmpadas
– Num salão há 2 candeeiros. Cada um tem 9 lâmpadas. Quantas lâmpadas têm os dois candeeiros?
Velas
– 2 irmãos gémeos fazem 10 anos. Quantas velas tem que comprar a mãe para colocar nos bolos?

2ºNÍVEL: 3 grupos:
Adição das unidades de 3 grupos iguais.

Exemplos:
Cadeiras
– Quantas pessoas se sentam em 3 cadeiras de 1 pessoa?
Bananas
– Quanto custam 3 bananas se uma banana custar 2 euros?
Bananas
– A Andreia comprou 3 cachos de bananas, cada cacho tinha 4 bananas. Quantas bananas comprou a Andreia?
Caricas
– O Nuno tem 3 caixas e em cada caixa tem 5 caricas. Quantas caricas tem o Nuno?
Camisolas
– O Jorge levou para a viagem 3 malas, em cada mala tinha 6 camisolas. Quantas camisolas levou o Jorge?
Bolachas
– A Maria foi ao supermercado e comprou 3 embalagens de bolachas. Cada embalagem tem 7 bolachas. Quantas bolachas comprou a Maria?
Rosas
– A florista fez 3 ramos de rosas, tendo cada ramo 8 rosas. Quantas rosas usou a florista ?
Pregos
– Um carpinteiro tem 3 caixas de pregos. Em cada caixa há 9 pregos. Quantos pregos tem o carpinteiro?

Pessoas
- Em cada barco viajam 10 pessoas, quantas pessoas viajam em 3 barcos?

Meninos
- A professora dividiu a turma em 3 grupos. Cada grupo tinha 9 meninos. Quantos meninos tinha a turma?

3ºNÍVEL: 4 grupos:
Adição das unidades de 4 grupos iguais.

Exemplos:
Pastilhas
- Quanto custam 4 bolos, se um bolo custar 1 euro?

Camisolas
- A Carolina comprou 4 camisolas, cada uma custou 2 euros. Quanto pagou?

Lápis
- Quantos lápis têm 4 caixas se cada uma tiver 3 lápis?

Selos
- O João tem 4 coleções de selos raros. Tem 4 selos em cada coleção. Quantos selos raros tem ao todo?

Leite
- Quantos litros de leite têm 4 depósitos, se cada um tiver 5 litros?

Bilhetes
- Uma família de 4 pessoas foi fazer uma viagem de comboio, tendo pago 6 ☐ por cada bilhete. Quanto pagaram?

Áreas
- O Raul tem 4 terrenos no Alentejo. Cada terreno tem 7 metros quadrados. Qual é a área dos 4 terrenos?

Tinta
- Para pintar 1 casa o pintor gastou 8 litros de tinta. Quantos litros tem de comprar para pintar 4 casas iguais?

Missangas
- Se um colar leva 9 missangas. Quantas missangas levam 4 colares?

Laranjas
- A Joaquina vendeu 4 caixas de laranjas por 10 euros cada uma. Quanto ganhou?

4º NÍVEL: 5 grupos:
Adição das unidades de 5 grupos iguais.

Exemplos:
Mesas
– Quantas mesas terão 5 salas se em cada uma houver apenas 1?

Bolos
– Um pasteleiro recebeu 5 encomendas. Cada encomenda pedia 2 bolos. Quantos bolos precisa o pasteleiro de fazer?

Tecido
– Se um metro de tecido custa 3 euros, quanto custam 5 metros?

Fermento
– A Maria utilizou 4 gramas de fermento para fazer um bolo. Quanto fermento precisa para fazer 5 bolos?

Chocolates
– O João compra 5 chocolates por dia. Quantos chocolates compra em 5 dias?

Maçãs
– O Manuel tem 5 macieiras e cada uma tem 6 maçãs. Quantas maçãs tem?

Frascos
– Um supermercado vende 7 frascos de compota por dia. Quantos frascos vende em 5 dias?

Carrinho
– Se um carrinho custa 8 euros, quanto custam 5 carrinhos?

Recebimento
– A Carolina trabalhou 5 dias. Por cada dia recebeu 10 euros. Quanto recebeu ao todo a Carolina?

5º NÍVEL: 6 grupos:
Adição das unidades de 6 grupos iguais.

Exemplos:
Canetas
– A professora encomendou 6 caixas de canetas. Cada caixa tem 6 canetas. Com quantas canetas ficou a professora?

Livros
- Uma estante tem 6 prateleiras, cada uma leva 7 livros. Quantos livros leva a estante?

Água
- Se para regar um jardim se gastam 8 litros de água. Quanta água se gasta para regar 6 jardins?

Bolachas
- Se um pacote de bolachas custa 9 euros, quanto custam 6 pacotes?

Água
- O Pedro tem de encher 6 depósitos de água. Cada depósito leva 10 litros. De quanta água precisa o Pedro para encher os depósitos?

6º NÍVEL: 7 grupos:
Adição das unidades de 7 grupos iguais.

Exemplos:
Tijolos
- Para fazer uma parede, um pedreiro usa 6 tijolos. De quantos tijolos precisa para fazer 7 paredes iguais?

Idade
- O Miguel tem 7 anos. O seu pai tem 7 vezes a sua idade. Qual é a idade do pai do Miguel?

Cães
- Um criador de cães tem 7 canis. Em cada canil tem 8 cães. Quantos cães tem ao todo?

Operários
- Uma fábrica tem 7 salas, em cada sala trabalham 9 operários. Quantos operários trabalham na fabrica?

Botões
- Na retrosaria vendem-se 10 botões por dia. Quantos botões se vendem em 7 dias?

7º NÍVEL: 8 grupos:
Adição das unidades de 8 grupos iguais.

Exemplos:
Bombons
- O Rui comprou 8 caixas com 6 bombons cada. Quantos bombons tem?

Cerveja
– Se um barril leva 7 litros de cerveja, quanto levam 8 barris iguais?
Armários
– A Maria comprou 8 armários. Cada armário custou 8 euros. Quanto gastou a Maria?
Terrenos
– Se um terreno mede 9 metros quadrados, quanto medem 8 terrenos iguais?
Caramelos
– A Ana comprou 9 pacotes de caramelos. Cada pacote contém 10 caramelos. Quantos caramelos tem?

8ºNÍVEL: 9 grupos:
Adição das unidades de 9 grupos iguais.

Exemplos:
Vestido
– Se um vestido custar 6 euros, quanto custarão 9 vestidos iguais?
Berlindes
– O João tem 9 sacos de berlindes. Cada saco tem 7 berlindes. Quantos berlindes tem ao todo?
Páginas
– Se um livro tem 8 páginas, quantas páginas têm 9 livros iguais?
Guardanapos
– A Rita comprou 9 maços de guardanapos. Cada maço tem 9 guardanapos. Quantos guardanapos comprou ao todo?
Laranjas
– Se um caixote leva 10 laranjas, quantas laranjas levam 9 caixotes?

9ºNÍVEL: 10 grupos:
Adição das unidades de 10 grupos iguais.

Exemplos:
Chocolates
– Temos 10 caixas, cada uma delas com 6 chocolates. Quantos chocolates temos ao todo?

Ovos
- A Ana foi á mercearia e comprou 10 caixas de ovos para fazer bolos. Sabendo que cada caixa tem 7 de ovos. Quantos ovos comprou a mãe do Francisco?

Cerejas
- Temos 10 caixas. Cada uma delas tem 8 cerejas. Quantas cerejas temos?

Lápis
- A professora tem no seu armário 10 caixas de lápis. Cada caixa tem 9 lápis. Quantos lápis tem a professora no seu armário?

Peras
- Temos 10 caixas de peras, cada uma delas tem 10 peras. Quantas peras temos?

10º NÍVEL: Inversões:
Adição após inversão (2 x 8 em vez de 8 x 2).

Exemplos:
Pratos
- Temos 10 prateleiras, cada uma delas tem 2 pratos. Quantos pratos temos?

Maçãs
- No pomar havia 8 árvores tendo cada uma delas 4 maçãs. Quantas maçãs havia ao todo?

Copos
- Temos 9 prateleiras, cada uma delas tem 3 copos. Quantos copos temos?

Gravatas
- Na família da Joana existem 7 pessoas contando com ela, tendo cada uma delas 3 gravatas. Quantos gravatas há na família da Joana?

Bombons
- Temos 10 caixas de bombons, cada uma delas tem 4 bombons. Quantas bombons temos?

Cebolas
- Temos 7 sacos de cebolas, cada um deles tem 3 cebolas. Quantas cebolas temos?

Pastilhas
- Temos 9 boiões e cada um deles tem 5 pastilhas. Quantas pastilhas temos?

RESUMO DA ESTRATÉGIA PROGRAMÁTICA DA MULTIPLICAÇÃO

Evolução Programática	Exemplos
1ºNÍVEL: Adição das unidades de dois grupos iguais (2 x ...).	– A Joana tinha 2 cestos, em cada cesto colocou 3 maçãs. Quantas maçãs tinha a Joana?
2ºNÍVEL: Adição das unidades de três grupos iguais (3 x ...).	– Quantas pessoas se sentam em 3 cadeiras de 2 pessoas?
3ºNÍVEL: Adição das unidades de quatro grupos iguais (4 x ...).	– Quanto custam 4 bolos, se um bolo custar 6 euros?
4ºNÍVEL: Adição das unidades de cinco grupos iguais (5 x ...).	– Quantas mesas terão 5 salas se em cada uma houver apenas 4?
5ºNÍVEL: Adição das unidades de seis grupos iguais (6 x ...).	– A professora encomendou 6 caixas de canetas. Cada caixa tem 7 canetas. Com quantas canetas ficou a professora?
6ºNÍVEL: Adição das unidades de sete grupos iguais (7 x ...).	– Para fazer uma parede, um pedreiro usa 6 tijolos. De quantos tijolos precisa para fazer 7 paredes iguais?
7ºNÍVEL: Adição das unidades de oito grupos iguais (8 x ...).	– O Rui comprou 8 caixas com 6 bombons cada. Quantos bombons tem?
8ºNÍVEL: Adição das unidades de nove grupos iguais (9 x ...).	– Se um vestido custar 6 euros, quanto custarão 9 vestidos iguais?
9ºNÍVEL: Adição das unidades de dez grupos iguais (10 x ...).	– Temos 10 caixas, cada uma delas com 6 chocolates. Quantos chocolates temos ao todo?
10º NÍVEL: Adição após inversão (2 x 8 em vez de 8 x 2).	– Temos 10 prateleiras, cada uma delas tem 2 pratos. Quantos pratos temos?

O Cálculo Divisivo

Exige em simultâneo todas as noções precedentes e mais uma: a de simples relação entre duas quantidades, donde decorre a possibilidade ou impossibilidade de uma repartição igual das unidades de um número inteiro ou de uma parte desse número inteiro.

Na sua essência o raciocínio é, porém, muito simples, fácil de compreender e de efetuar pela criança. Basta-lhe estar a *"ver"* mentalmente uma dada quantidade a ser distribuída, unidade por unidade, por um determinado número de pessoas (caixas, gavetas, pratos, ou outros elementos divisores). Por exemplo 4 rebuçados a serem distribuídos por 2 meninos:

O CÁLCULO MENTAL

"– 1 para este e 1 para outro; mais 1 para este e 1 para o outro. Se fizemos 2 distribuições, logo, são 2 rebuçados para cada menino".

Deve-se compreender que a criança, dotada de todas as suas faculdades de memorização e de generalização, pode chegar, por puro mecanismo, ao manuseamento dos sinais numéricos escritos, fazendo com certa facilidade divisões com papel e lápis, sem se servir do raciocínio e sem compreender o que está a fazer. O objetivo do professor deverá, porém, ser o da compreensão e não o da mecanização.

A divisão implica, por parte da criança, uma *"visualização"* mental em que distribui várias unidades, uma a uma, por vários agrupamentos de igual quantidade.

Nesta operacionalização efetua simultaneamente uma *distribuição* e uma *contagem*, sendo o resultado o número de distribuições efetuadas, ou seja, o número de unidades que ficaram num agrupamento.

Perante um problema como *"– Se distribuirmos 12 rebuçados por 4 pires, quantos rebuçados ficam em cada pires?"*, a criança *"vê"* mentalmente os rebuçados e os pires e começa por distribuir 1 rebuçado por cada pires, depois outro e assim sucessivamente, guardando na memória o número de distribuições que vai completando, ou seja, efetuando uma contagem de 4 em 4 e considerando o número de contagens que efetuou.

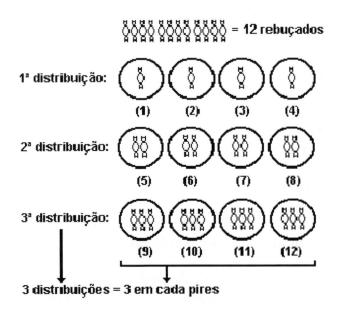

Exemplos:

1º NÍVEL: Dividir por 2:

Bolos
- A Joana tem 4 bolos e 2 pratos. Quantas bolos põe a Joana em cada prato, de forma a que todos os pratos tenham a mesma quantidade?

Berlindes
- O João tinha 6 berlindes e repartiu-os por 2 amigos. Com quantos berlindes ficou cada um deles?

Rosas
- A mãe comprou 8 rosas para distribuir igualmente por 2 jarras. Quantas rosas ficaram em cada jarra?

Rebuçados
- A Marta repartiu igualmente 10 rebuçados pelos seus 2 irmãos. Com quantos rebuçados ficou cada um?

Cromos
- O Miguel tem 12 cromos para repartir igualmente por 2 amigos. Quantos cromos vai dar a cada um?

Bombons
- A avó da Rita comprou 14 bombons para distribuir igualmente pelos 2 netos. Quantos bombons deu a cada neto?

Divisão
- Uma turma tem 16 alunos. A professora disse-lhes para de dividirem em dois grupos iguais. Com quantos alunos ficará cada grupo?

Pombos
- De um bando de 18 pombos formaram-se 2 grupos iguais. Quantos pombos ficaram em cada grupo?

Lápis
- Repartiu-se igualmente 20 lápis por 2 caixas. Quantos lápis ficaram em cada caixa?

2º NÍVEL: Dividir por 3:

Pastilhas
- A Sónia tem 6 pastilhas e repartiu-as igualmente pelas suas 3 primas. Quantas pastilhas deu a cada uma?

Livros
- A Carolina comprou 9 livros de banda desenhada para oferecer aos seus 3 sobrinhos. Com quantos livros ficou cada sobrinho?

O CÁLCULO MENTAL

Garrafas
- A Luísa recebeu 12 garrafas de azeite. Para as arrumar só tem 3 prateleiras. Quantas garrafas poderá colocar, igualmente, em cada prateleira?

Galinhas
- Na quinta há 15 galinhas e 3 capoeiras. Sabendo que as galinhas estão igualmente distribuídas pelas capoeiras. Quantas galinhas tem cada capoeira?

Ovos
- A avó comprou 18 ovos. Repartiu-os igualmente por 3 sacos. Quantos ovos tem cada saco?

Papel
- O Duarte comprou 21 folhas de papel quadriculado e 3 dossiers. Ao colocar as folhas nos dossiers, repartiu-as igualmente. Quantas folhas de papel quadriculado ficaram em cada dossier?

Convidados
- Numa festa de anos, foram convidadas 24 pessoas. Quando chegou a hora do lanche só havia 3 mesas. Quantos convidados ficaram em cada mesa?

Alunos
- Numa turma de 27 alunos, o professor pediu que formassem 3 grupos. Quantos alunos ficaram em cada grupo?

Pérolas:
- O João tem 30 pérolas e quer fazer 3 colares iguais. Quantas pérolas terá que colocar em cada colar?

3º NÍVEL: Dividir por 4:

Canetas
- O Jorge repartiu 8 canetas por 4 meninos. Com quantas canetas ficou cada menino?

Chocolates
- A Sofia comprou 12 chocolates para repartir pelos seus 4 sobrinhos. Com quantos chocolates ficou cada sobrinho?

Rebuçados
- A Susana tem 16 rebuçados e quer reparti-los com 4 amigos. Com quantos rebuçados ficará cada um?

Caramelos
- A Catarina recebeu 20 bombons, que repartiu por 4 amigos. Com quantos caramelos ficou cada um?

Bananas
- A Patrícia comprou 24 bananas para distribuir igualmente por 4 macacos do Jardim Zoológico. Quantas bananas deu a cada macaco?

CDs
- Repartiram-se igualmente 28 CDs por 4 caixas. Quantos CDs ficaram em cada caixa?

Gaivotas
- De um bando de 32 gaivotas, formaram-se 4 grupos iguais. Quantas gaivotas ficaram em cada grupo?

4º NÍVEL: Dividir por 5:

Alunos
- Durante uma visita de estudo os 10 alunos de uma turma foram divididos, igualmente, por 5 professores. Com quantos alunos ficou cada professor?

Papel
- Numa aula de desenho a professora distribuiu 15 folhas de papel por 5 alunos. Com quantas folhas de papel ficou cada aluno?

Amêndoas
- O Filipe tem 20 amêndoas para distribuir 5 amigos. Quantas amêndoas dará a cada amigo?

Bombons
- Eu tinha 25 bombons. Distribui-os por 5 sacos. Quantos bombons tenho em cada saco?

Moedas
- Tenho 30 moedas e distribui-as pelas minhas 5 carteiras. Quantas moedas tenho em cada carteira?

5º NÍVEL: Dividir por 6:

Pássaros
- Numa gaiola estão 12 pássaros. Como a gaiola era muito pequena, distribui esses pássaros por 6 gaiolas. Quantos pássaros existem em cada gaiola?

Vasos
- Uma florista tem 18 vasos numa prateleira. Decidiu colocá-los em 6 prateleiras, de modo a que cada uma fique com o mesmo número de vasos. Quantos vasos colocará em cada prateleira?

Livros
- Para arrumar os meus 24 livros comprei um armário com 6 prateleiras. Quantos livros coloco em cada uma, para que fiquem igualmente distribuídos?

Euros
- A tia tem 30 euros. Para os distribuir igualmente pelos seus 6 sobrinhos, quantos euros terá que dar a cada um?

6º NÍVEL: Dividir por 7:

Pargos
- Numa peixaria há 14 pargos. A peixeira colocou-os em 7 caixas diferentes. Quantos pargos há em cada caixa?

Berlindes
- Eu tenho 21 berlindes. Quanto cheguei à escola dividi-os pelos meus 7 melhores amigos. Quantos berlindes dei a cada um?

Bonecas
- Tenho 28 bonecas. Decidi distribuir as bonecas por 7 meninas. Quantas bonecas darei a cada uma?

Moedas
- Temos 35 moedas e queremos colocar 7 em cada caixa. De quantas caixas precisamos?

7º NÍVEL: Dividir por 8:

Maçãs
- Se dividirmos 16 maçãs por 8 meninos, quantas recebe cada um?

Chocolates
- Como poderão 8 amigos partilhar 24 chocolates, de modo que todos fiquem com igual número de chocolates?

Leite
- Para quantas semanas chegam 32 litros de leite, se a Joana beber 8 litros de leite por semana?

Lápis
- Se tiveres 40 lápis e os quiseres distribuir igualmente por 8 estojos, com quantos lápis fica cada estojo?

8º NÍVEL: Dividir por 9:
Melões
- Se tiveres 18 melões e as quiseres distribuir por 9 caixas, com quantos melões fica cada caixa?

Rebuçados
- Se quiseres distribuir 27 rebuçados por 9 amigos, com quantos rebuçados fica cada amigo?

Ossos
- Se um cão e quisesse guardar 36 ossos em 9 buracos, quantos ossos enterrava em cada buraco, ficando em cada um igual número de ossos?

9º NÍVEL: Dividir por 10:
E.T.
- Se um E.T. tivesse que enviar 20 mensagens espaciais para 10 planetas, quantas mensagens mandava para cada planeta?

Folhas
- Se uma lagarta tivesse uma couve com 30 folhas e quisesses dar o mesmo número de folhas aos seus 10 filhotes, com quantas folhas ficava cada filhote?

Rosas
- Num canteiro estavam 40 rosas, que foram transplantadas para 10 vasos. Quantas rosas ficaram em cada vaso?

Pastilhas
- O Miguel tem 50 pastilhas elásticas. Distribuiu-as por 10 amigos. Com quantas pastilhas ficou cada amigo?

RESUMO DA ESTRATÉGIA PROGRAMÁTICA DA DIVISÃO

Evolução Programática	Exemplos
1º Nível: Dividir por 2	– O João tinha 6 berlindes e repartiu-os por 2 amigos. Com quantos berlindes ficou cada menino?
2º Nível: Dividir por 3	– A Sónia tem 6 pastilhas e repartiu-as igualmente pelas suas 3 primas. Quantas pastilhas deu a cada uma?

3º Nível: Dividir por 4	– O Jorge repartiu 8 canetas por 4 meninos. Com quantas canetas ficou cada menino?
4º Nível: Dividir por 5	– O Filipe tem 20 amêndoas para distribuir 5 amigos. Quantas amêndoas dará cada amigo?
5º Nível: Dividir por 6	– A tia tem 30 euros. Para os distribuir igualmente pelos seus 6 sobrinhos, quantos euros dará a cada um?
6º Nível: Dividir por 7	– Temos 35 moedas e queremos colocar 7 em cada caixa. De quantas caixas precisamos?
7º Nível: Dividir por 8	– Para quantas semanas chegam 32 litros de leite, se a Joana beber 8 litros de leite por semana?
8º Nível: Dividir por 9	– Se quiseres distribuir 27 rebuçados por 9 amigos, com quantos rebuçados fica cada amigo?
9º Nível: Dividir por 10	– Num canteiro estavam 40 rosas. Transplantadas para 10 vasos, quantas rosas ficarão em cada vaso?

Espacialidade

A minha casa
- Descreve como é a tua casa, o seu quarto ou sala de estar ou, como gostarias que fosse cada uma destas divisões.

Direcção Porto
- Se estou em Coimbra e me dirijo para o Porto, vou em que direção (Norte, Sul, Este, Oeste)?

Direção Algarve
- Se estou no Porto e quero ir para o Algarve, em que direção irei (Norte, Sul, Este, Oeste)?

Sentido do Vento
- Se o vento soprar do Norte, qual é o seu sentido? E se soprar do Oeste?

Perto
- Qual é a cidade que fica mais perto de Lisboa?

Longe
- E a que fica mais longe?

Porto ou Coimbra
- Qual é a cidade que fica mais perto de Lisboa: Porto ou Coimbra?

Porto ou Lisboa
- Qual é a cidade que fica mais longe do Algarve: Porto ou Lisboa?

Trajeto
- Se andares 5 passos para a frente, 5 passos para a direita, 5 passos para a retaguarda e 5 passos para a esquerda, que trajeto efetuaste: triangular, quadrangular, retangular?

Segundo Trajeto
- Se andares 3 passos para a frente, 5 para a direita, 3 para a retaguarda e 5 para a esquerda, que trajeto efetuaste: triangular, quadrangular, retangular?

Nível
- Um avião voa a 1.000 pés de altitude e outro a 10.000 pés. Qual o que voa num nível mais elevado?

Corredor
- O comprimento de um corredor mede 12 passos. Se cada passo medir meio metro, qual é o comprimento em metros?

Mesa
- Uma mesa mede 20 palmos de comprimento. Cada palmo mede 10 cm. Qual é o comprimento em centímetros?

Parede
- O comprimento de uma parede corresponde aproximadamente à altura de 5 portas. Se cada porta medir 2 m, quantos metros mede a parede?

Canteiro
- Um canteiro quadrado mede 10 passos de lado. Qual é o comprimento necessário (em passos) de uma rede para fazer uma cerca a toda a volta do canteiro?

Outro canteiro
- Um outro canteiro mede 40 passos de comprimento e 18 de largura. Qual é o comprimento de uma rede para cobrir todo o seu perímetro?

Lago
- Tenho no jardim um pequeno lago de peixes, triangular, cujos lados medem 20, 30 e 12 passos. Cada passo mede 1m. Quantos metros de fio elétrico devo comprar para colocar lâmpadas em todo o seu perímetro?

Fita métrica
- Medi o comprimento de uma mesa com uma fita métrica, tendo obtido 8 comprimentos de decímetro, mais 6 de centímetro e mais 2 de milímetro. Qual é o comprimento em decímetros? E em centímetros? E em milímetros?

Superfície

Enquanto no espaço linear a unidade de medida é a *"linha"* (cordel, fio, arame, palmos, passos, etc., que mede segmentos de reta), no espaço plano a unidade de medida é o "quadrado" (mosaico, azulejo, livro, folha de papel). Uma superfície não se mede linearmente (com uma linha), mas em áreas. Quantos quadrados (ou mosaicos) mede o tampo de uma mesa?

A multiplicação do comprimento pela largura (medidas lineares), não é uma operação de medida de superfícies, mas uma estratégia matemática que dá um resultado igual. Quando se refere que uma superfície tem 3 cm x 4 cm estão a usar-se medidas lineares. 3 x 4 significa na realidade que a superfície tem 3 "comboios" (filas) de 4 "quadrados":

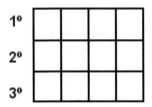

São 3 comboios (1º, 2º e 3º) de 4 quadrados – as superfícies medem-se em *"quadrados"* e não com medidas lineares.

Figuras planas
– Dá exemplo de uma superfície retangular, quadrada, circular, hexagonal, triangular, etc.

Lados
– Quantos lados tem uma superfície retangular, quadrada, circular, hexagonal, triangular, etc.

Papel
– Calcula mentalmente quantas folhas de papel (A4) seriam necessárias para cobrir o tampo da mesa.

Livros
– E se em vez de folhas de papel se cobrisse com livros iguais?

Portas
– Quantas portas seriam necessárias para cobrir toda a parede?

Janelas
– E quantas janelas seriam necessárias para o mesmo?

Mosaicos
- Quantos mosaicos serão necessários para cobrir o chão de um corredor que tem 20 mosaicos de comprimento e 10 de largura?

Maior quadrado (raiz quadrada)
- Tenho 9 mosaicos. Qual é o maior quadrado que posso formar justapondo estes mosaicos? E com 16 mosaicos?

Maior quadrado (raiz quadrada)
- Tenho 27 mosaicos. Qual é o maior quadrado que posso formar justapondo estes mosaicos? E quantos sobram?

Número de quadrados (elevação ao quadrado)
- O tampo de uma mesa quadrada tem 6 mosaicos de largura. Quantos mosaicos preciso para cobrir toda a mesa?

Comprimento
- Uma parede tem 48 mosaicos. A sua altura é de 6 mosaicos. Qual é o seu comprimento?

Superfície
- Se cada mosaico medir 1 m^2, qual é a superfície dessa parede?

Centímetros quadrados
- E se cada mosaico medir 1 cm^2?

Chão
- Um chão quadrado tem 64 mosaicos de 1 m^2. Qual é o comprimento de cada lado?

Volumes

A unidade de medida linear é a "linha" e nas áreas usa-se o "quadrado". A unidade de medida dos volumes é o "cubo".

Um dado volume é medido pelo número de cubos que nele cabem. Por exemplo, 5 metros cúbicos significa um volume correspondente a 5 cubos de 1 m.

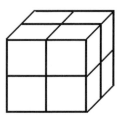

8 m^3 corresponde a 8 cubos de 1 m^3.

Se o que se medir não for sólido, como por exemplo água, leite, vinho, areia, feijão, etc., terá que se despejar essa matéria numa medida cúbica oca, designando-se por *"litro"* um cubo oco de 1 cm³. Por exemplo, 5 litros de leite, significa que caberá em cinco cubos ocos de 1 cm³.

Dado
- Um dado tem a forma de um cilindro, paralelepípedo, cubo ou pirâmide?

Tijolo
- Um tijolo tem a forma de um cilindro, paralelepípedo, cubo ou pirâmide?

Bola
- Uma bola tem a forma de um cilindro, paralelepípedo, esfera, cubo ou pirâmide?

Pirâmide
- Dá exemplo de uma pirâmide.

Cilindro
- Dá exemplo de um cilindro.

Moeda
- Uma moeda tem a forma de...

Caracterização
- Caracteriza (forma dos lados, número de faces, número de arestas, número de bicos):
  – um cubo;
  – um paralelepípedo;
  – um cilindro;
  – um prisma;
  – um cone;
  – uma pirâmide.

Caixas de lápis
- Calcula mentalmente quantas caixas de lápis caberiam dentro de uma caixa de sapatos.

Caixas de sapatos
- Quantas caixas de sapatos caberiam dentro de uma das prateleiras do armário? E em todas as prateleiras?

Caixas de camisas
- Quantas caixas de camisas caberiam dentro da gaveta da secretária? E caixas de lápis?

Areia
- Numa caixa de sapatos cabem 20 caixas de lápis. Cada caixa de lápis tem 1 cm³ de volume. Quantos litros de areia podem ser despejados dentro da caixa de sapatos?

Caixote (caixas ao cubo)
- Tenho um caixote cheio com 4 patamares de 4 comboios de 4 caixas cúbicas. Quantas caixas tem o caixote?

Caixote (raiz cúbica)
- Com 27 caixas cúbicas, qual é o maior caixote cúbico que as pode receber (patamares, comboios e caixas)?

Temporalidade

Avô
- Quem é mais velho: o teu pai ou o teu avô?

Dia
- A seguir à manhã, vem a ...
- A seguir à tarde, vem a ...
- A seguir à noite, surge a ...

Ontem e Amanhã
- Ao dia que esteve antes de hoje dá-se o nome de ...
- O dia que se segue a hoje é ....

Estações
- Quais são as quatro Estações?
- Qual é a Estação que vem a seguir à primavera?

Meses
- Qual é o primeiro mês do ano?
- E o último?

Acontecimentos
- Quando é o Natal?
- Quando começam as férias grandes?

Bíblia
- O que é mais antigo: o teu livro da escola ou a Bíblia?

Guerra
- Quanto tempo durou a Guerra dos Cem anos?

Dias
- Quantos dias tem uma semana?
- Quantas semanas tem um mês?
- Quantos dias tem um mês?

Horas
- Quantas horas tem um dia?
- 48 horas, quantos dias são?
- 4 dias, quantas horas são?

Anos
- Quantos anos são 48 meses?

Velocidade

Bicho veloz
- Qual é o animal mais rápido a percorrer um determinado percurso: um caracol, um cavalo ou um canguru?

Tráfego
- Ao dar uma volta à cidade, quem chega primeiro: Quem vai de bicicleta, quem vai de carro ou quem vai a pé? E se houver trânsito?

Túnel escuro
- Dois carros começam a atravessar o mesmo túnel ao mesmo tempo. O azul sai primeiro. Qual foi o mais rápido?

Túnel longo
- Imagina dois túneis, sendo um mais longo. Os carros saem e chegam ao mesmo tempo. Qual foi o mais lento?

Velho esperto
- É mais rápido um corredor profissional ou um velho de 85 anos? E se o velho for de mota?

Nevoeiro
- Dois cavalos, um branco e outro castanho, atravessam um denso nevoeiro. Partiram e chegaram ao mesmo tempo. Qual foi o mais rápido?

Perdido no nevoeiro
- Imagina que o cavalo branco andou mais quilómetros porque andou às voltas no nevoeiro. Mas mesmo assim chegaram ao mesmo tempo. Qual foi o mais veloz?

Corredores
- Quem corre mais depressa? Um cavalo, um mentiroso ou um coxo?

Bicharada
- Quem é o mais lento? O elefante, o caranguejo, o cavalo ou o homem? E o mais rápido? E se o homem for montado no cavalo?

Ditado
- Quem é mais rápido? O professor a ditar ou os alunos a escrever? E se o professor for gago?

Tempestade
- Imagine-se uma tempestade. Quem chega primeiro o relâmpago ou o trovão?

Pedalada
- O Zé e o Tó percorrem de bicicleta a mesma distância no mesmo espaço de tempo. Qual deles foi o mais rápido?

Bicicleta de montanha
- E se o Zé subiu a montanha e o Tó desceu? Qual foi o mais rápido?

Pedalar no túnel
- Imagina um túnel comprido e outro mais curto. Dois ciclistas começam a atravessar os túneis ao mesmo tempo e chegam ao fim também ao mesmo tempo. Qual foi o mais rápido?

Divisão
- Quem efectua primeiro uma difícil divisão? Um professor no papel ou um aluno na máquina de calcular?

Vivo ou morto
- O Robin dos Bosques atira uma seta ao Lucky Luke ao mesmo tempo que este dispara a sua pistola. Quem morre primeiro? E se o Lucky Luke falhar?

Rio Tejo
- Dois barcos descem o rio. Um a remos e outro à vela. Qual chega primeiro? E se houver muito vento? E se o vento soprar em sentido contrário?

Montanha de neve
- Dois esquiadores descem uma montanha. Um desce a direito e outro aos zig-zags. Partem e chegam ao mesmo tempo. Qual deles foi o mais veloz?

Para cima é pior
- Para subir de novo a montanha um dos esquiadores foi a pé e o outro de teleférico. Qual chega primeiro ao cimo? E se faltar a eletricidade?

Atalhos e trabalhos
- Num passeio no campo dois amigos apostam sobre quem chegaria primeiro ao cimo do monte. O Zé seguiu pela estrada e o Tó por um atalho mais curto. O Zé chegou primeiro. Porquê?

Autoclismo avariado
- Qual o autoclismo que enche mais depressa? Aquele em que uma torneira larga vai pingando sempre, ou o outro em que a torneira estreita corre a fio?

Último andar
- Dois irmãos saem de casa no 10º andar. O Rui desce pelas escadas e o Henrique de elevador. O Rui chega primeiro. Porquê?

Outra vez não
- De volta a casa o Henrique já não se deixou enganar e foi pelas escadas. O Rui foi de elevador. Quem chegou primeiro?

Esvazia depressa
- Imagina um garrafão e uma garrafa, ambos com 5 litros de capacidade. O garrafão tem o gargalo mais largo que o da garrafa. Qual esvazia mais depressa?

Instantâneo
- O que é que é mais rápido? O acender de um interruptor no Porto para acender uma luz em Lisboa ou um avião a jato a percorrer a mesma distância?

Ponte
- Um homem atravessa uma ponte a andar, outro homem atravessa a correr e um outro em cadeira de rodas. O de cadeira de rodas chegou primeiro. Porquê?

Bola ao chão
- Imagina uma bola de madeira e uma de chumbo, do mesmo tamanho. Lançadas do alto de uma torre, qual é a que chega primeiro ao chão?

Torre alta
- E se do alto da torre lançares uma folha de papel e um martelo? Qual chega primeiro?

Gordura é formosura
- Um magro come dois pães ao mesmo tempo que um gordo come um. Quem come mais depressa? E se o pão do gordo for três vezes maior que o do magro?

VIII
O Raciocínio Duplo
(6-7 anos)

Designa-se por raciocínio duplo toda a capacidade de se realizar problemas mentalmente que exijam uma sequência de duas linhas de pensamento.

Para melhor se compreender esta designação nada melhor como um exemplo de um problema que pode surgir no quotidiano das crianças, (uma criança tem dois sacos de rebuçados, cada um deles tem oito rebuçados. Comeu cinco rebuçados. Com quantos rebuçados ficou?) A criança inicialmente começa por resolver o problema mentalmente, realizando uma primeira fase que é a adição dos dois sacos com oito rebuçados cada, dando no total dezasseis rebuçados, numa segunda fase a criança inicia o processo de subtração, tirando os cinco que comeu.

É um processo mental interno, efetuado através de imagens mentais que se sucedem e que só se vêm imaginariamente. Completamente diferente da escrita efetuada com os sinais e os algarismos, com papel e lápis. A criança está a *"ver"* mentalmente os rebuçados. Se procurar *"ver"* algarismos, não é capaz de efetuar o raciocínio de modo eficaz.

Este tipo de resolução de problemas tem uma elevada exigência intelectual, requerendo uma grande capacidade de concentração e de memorização.

Como é de se prever, nem todas as crianças são capazes de chegar a este nível de raciocínio duplo, pois cada criança tem o seu tipo de desenvolvimento, devendo-se respeitar o ritmo da sua evolução individual.

Segundo os estudos efetuados, só algumas crianças conseguiram resolver problemas de raciocínio duplo. Essas crianças para atingirem esta capacidade tiveram que começar desde os 3-4 anos, iniciando-se na resolução de problemas a partir de atividades de movimento corporal, passando aos 4-5 anos para as atividades de raciocínio a partir da manipulação de objetos e por fim, por volta dos 6-7 anos, começando a realizar atividades através do cálculo mental simples, só passando posteriormente para os problemas de raciocínio duplo. As crianças que não seguiram esta sequência ou que foram iniciadas precocemente à escrita de algarismos, não conseguiram efetuar eficazmente operações de raciocínio duplo.

Trata-se de uma operação mental muito mais árdua e complicada do que a noção de número, pois para além deste, supõe a abstração, a consciência simultânea de várias ideias e o discorrer de um encadeamento operacional de raciocínio lógico-associativo.

Adição e Subtração

Brinquedos
– O Luís recebeu no Natal 4 prendas dos pais e 5 dos avós. Depois resolveu dar 3 prendas aos primos. Com quantas prendas ficou?

Bonecas
– A Joana tinha 3 bonecas e comprou mais uma. O seu cachorrinho, porém roeu duas. Com quantas bonecas ficou a Joana?

Livros
– Comprei 3 livros de banda desenhada para juntar à minha coleção de 18, mas depois vendi 6. Com quantos fiquei?

Peso
– Eu pesava 70 kg antes do Natal. Com os doces engordei 7 kg. Depois fiz dieta e perdi 11 kg. Quanto peso eu agora?

Trator
– O peso máximo que aguenta o trator do meu tio é de 3 toneladas. Foi para a feira com 2.000 quilos de tomate e 250 de pepinos. Quantos quilos de legumes ainda poderia ter posto, sem ultrapassar o máximo permitido?

O RACIOCÍNIO DUPLO

Compras
– O Joaquim comprou 3 bananas, 2 laranjas e uma dúzia de kiwis, mas no caminho para casa comeu metade dos kiwis e uma banana. Com quantas peças de fruta chegou ele a casa?

CDs
– Comprei três CDs por 40€ e uma revista por 3€. Dei 100€ para pagar. Quanto é que recebi de troco?

Pesca
– Hoje de manhã, o meu avô pescou 2 robalos, um linguado e 5 fanecas. Deu 2 fanecas e um robalo a um amigo. Quantos peixes trouxe para casa?

Ardina
– Um ardina vendeu 23 jornais a porta do café, e 12 ao pé dos correios. Como tinha 40 quando começou a vender, quantos tem neste momento?

Cordel
– O Luís precisava de 20 metros de cordel para atar várias prendas. O avô deu-lhe 5 m e o tio deu-lhe 3 m. Quantos metros precisa ainda de comprar?

Corda
– O senhor Joaquim vendeu 38 metros de corda para a escola naval e 16 para o clube náutico, como o rolo tinha 100 metros. Quantos metros ainda lhe sobram para vender?

CDs
– Tenho 45 CDs de música, o Pedro tem 70 e o Luís tem 167. Quantos CDs é que o Luís tem a mais do que eu e o Pedro juntos?

Bananas
– Comprei 6 bananas a 2€ cada, dei 20€ para pagar. Quanto é que recebi de troco?

Compras
– Fui às compras, gastei 40€ em fruta, 25€ em pão, 20€ em manteiga e 15€ em fiambre. Dei 100€ para pagar, quanto é que receberei de troco?

Missangas
– Tinha três colares de missangas, dois com 100 missangas e outro com 200. Deixei cair no chão e partiram-se os fios, consegui apanhar 330 missangas. Quantas ainda tenho de procurar?

Compras
- A Joana comprou um casaco por 600€ e uma camisola por 300€. Deu 1.000€ para pagar. Quanto recebeu de troco?

Ciclistas
- Um grupo de ciclistas vai fazer uma corrida de 500 km em três etapas. Na primeira etapa percorreram 100 km e na segunda 200 km. Quanto terão de percorrer na terceira etapa?

Corda
- Um alpinista necessita de 100 m de corda. Tem já uma corda com 50 m e outra com 20 metros. De quantos metros precisa ainda?

Pastelaria
- O Pedro comprou um bolo-rei por 60€ e uma dúzia de pastéis de nata por 20€. Deu 100€ para pagar. Quanto recebeu de troco?

Mercearia
- Comprei na mercearia 10€ de batatas, 20€ de açúcar e 10€ de cebolas. Dei 50€ para pagar. Quanto recebo de troco?

Pérolas
- Tinha três colares de pérolas, dois com 150 pérolas e outro com 200. Caíram ao chão, partirem-se e as pérolas espalharam-se todas. Consegui apanhar 400. Quantas tenho ainda que procurar?

Troco
- Comprei uma bola por 20€, uma camisola por 30€ e um apito por 2€. Dei 100€ para pagar. Quanto recebo de troco?

Negócio
- Um vendedor de automóveis vendeu um por 8.000€, outro por 10.000€ e outro por 17.000€. Comprou em seguida um novo por 20.700€. Com quanto dinheiro ficou?

Peixe
- A capacidade máxima de um barco de pesca é de 5 toneladas. Quando regressou à lota, trazia 500 kg de pescada, 1.000 kg de carapau e 1.000 kg de sardinha. Quantos quilos faltavam para completar a carga?

Berlindes
- O João tem 10 berlindes, o Pedro tem 15 e o António tem 50. Quantos berlindes tem o António a mais que o João e o Pedro juntos?

Adição e Multiplicação

Distância
- O Luís correu ontem 6 km e hoje 7 km. O Pedro correu o triplo dos dois. Quantos km correu o Pedro?

Autocarro
- Um autocarro de carreira faz uma volta de 12 km na parte da manhã e de 10 km na parte da tarde. Quantos km ele faz em 5 dias?

Mesada
- O Joaquim recebe da avó 30€ por mês e da tia 40€. Se todos os meses guardar este dinheiro, quanto terá no fim do semestre?

Campo de ténis
- O Rui quer vedar o seu campo de ténis que tem 40 metros de largura por 50 de comprimento. Quanto terá ele de gastar sabendo que cada metro de rede custa 20€?

Fruta
- A Carla comprou 2 sacos de maçãs com 2 quilos cada um. Sabendo que cada quilo custa 3€, quanto gastou?

Roupa
- Um casaco custa 120€ e umas calças 90€. Quanto terá de gastar a D. Julieta se quiser vestir os seus três filhos de igual modo?

Cromos
- O Miguel comprou ontem 20 cromos e hoje 10. Quantos cromos terá o Luís sabendo que tem o dobro do número de cromos do Miguel?

Mecânico
- O meu tio pagou 230€ pela revisão de cada um dos seus 3 carros. O total dos seguros foi de 220€. Quanto é que gastou ao todo?

Cestos de Vime
- O Paulo comprou 12 cestos numa loja e 5 noutra. Cada cesto custou 20€. Quanto pagou?

Telemóvel
- De quatro em quatro meses, a Teresa tem pagar 25€ pelo recarregamento do seu telemóvel e 5€ pelo gravador de mensagens. Quanto gasta por ano?

Renda
- O António recebe mensalmente 600€ pelo aluguer de um andar e ainda 1.500€ pelo aluguer de uma loja. Quanto é que ele ganha por ano com estas rendas?

Despesas da casa
- Gasto por mês, 60€ em luz, 40€ em telefone e 25€ em água. Quanto pago por ano?

Restaurante
- Gasto diariamente 3€ no pequeno almoço, 8€ no almoço e 7€ no jantar. Quanto é que gasto por semana?

Diversão
- Sempre que vou à feira popular gasto 5€ nos carrinhos de choque, 3€ na montanha Russa e 2€ no comboio fantasma. Se eu for lá 4 vezes por mês, quanto é gastarei por mês?

Berlindes
- O Luís tinha 60 berlindes e comprou mais 30. O Manuel tem o triplo. Quantos berlindes tem o Manuel?

Morangos
- O Manuel comprou 3 sacos de morangos, pesando cada um 1 kg. A 20€ cada kg, quanto teve de pagar?

Renda
- A mãe da Joana tem uma toalha quadrada, com 1 metro de lado. Vai comprar uma renda para lhe aplicar a toda a volta. Se cada metro de renda custar 40€, quanto vai ter que pagar?

Flores
- Uma florista comprou 1 dúzia de rosas, 1 dúzia de cravos e meia dúzia de túlipas. Sabendo que cada flor custa 3€, quanto terá que pagar?

Percurso
- Anteontem andei 8 km, ontem andei 6 km e hoje andei 7 km. O João terá que fazer, na próxima semana, um percurso com o quíntuplo da distância que eu percorri. Quantos quilómetros terá que fazer o João?

Vedação
- O José tem um terreno retangular, com 50 metros de largura e 100 metros de comprimento. Quanto terá que gastar para comprar uma vedação de rede para colocar a toda a volta do terreno, se cada metro custar 30€?

Atletismo
- Quantos quilómetros percorreu um corredor durante uma semana, tendo corrido 6 km de manhã e 4 km de tarde?

Adição e divisão

Pessoas
- Foram de férias para Espanha 100 pessoas de Lisboa mas, ao aeroporto chegaram mais 50 pessoas do Porto. Foram 2 aviões, e cada um levou o mesmo número de pessoas. Quantas pessoas foram em cada avião?

Dinheiro
- O pai deu 100€ ao filho mais velho, a mãe deu 50€ e a avó deu outros 50€, mas resolveram que teria que dividir igualmente com os seus outros 3 irmãos. Quanto recebeu cada um?

Quintal
- Num quintal existem 25 rosas, 30 cravos, 10 tulipas e 5 malmequeres mas, devido a obras, vão ter que arrancar metade. Com quantas flores fica o quintal?

Canetas
- O João tem 25 canetas, o Pedro tem 10 canetas e o Alfredo tem 7, decidiram juntar tudo de modo a que todos eles ficassem com o mesmo número de canetas. Com quantas canetas ficou cada um deles?

Cerejas
- Há cerca de 150 cerejas na taça do João, o Pedro têm 100 e o Luís tem só 50. Decidiram distribuir igualmente entre eles cerejas até que ficassem com o mesmo número. Com quantas cerejas ficou cada um?

Bananas
- Se juntares 3 kg de bananas a 30€ o kg e 2 kg a 63€ o kg. Quanto será o preço a pagar pelos 5 kg?

Dinheiro
- O André tem várias contas no banco, uma com 1000€, outra com 500€ e uma outra com 177€. Ele decidiu levantar todo o dinheiro e depositar em cada conta uma quantia igual. Quanto depositou em cada conta?

Bonecas
- Três meninas encontraram uma caixa com 36 bonecas e ao lado um saco com 9 vestidos, elas decidiram que iriam ficar com igual quantidade para cada uma. Com quantas bonecas e vestidos ficou cada uma?

Eletrodomésticos
- O José tinha na sua loja 50 vídeos, 23 televisões e 3 computadores. Um dia uns ladrões roubaram-lhe uma terça parte do total, com quantos eletrodomésticos é que ficou na loja?

Guerra
- Durante uma guerra, um Capitão distribuiu 60 metralhadoras, 73 granadas e 17 pistolas. Como tinha 150 militares decidiu dividi-los em 2 grupos iguais. Quanto armamento calhou a cada grupo?

Fotografias
- Durante uma viagem um casal de namorados tirou um rolo de 70 fotografias na primeira semana, nos últimos dias tirou um outro com 30. Cada um tirou o mesmo número de fotografias. Quantas tirou cada um?

Supermercado
- Um Supermercado emprega 600 pessoas na Amora, 400 pessoas no Montijo e 200 na Moita.
  O Supermercado ofereceu a todos os seus empregados bilhetes para irem ao teatro, distribuindo-os por 3 dias. Quantas pessoas é que foram em cada dia?

Câmara Municipal
- A Câmara Municipal resolveu dar numa primeira fase 3500€ e numa segunda fase 6500€ a 20 corporações de bombeiros. Quanto é que calhou a cada um?

Jardim Zoológico
- O Jardim Zoológico de Lisboa têm 20 tigres, 20 cobras e 10 elefantes. Resolveu oferecer metade destes animais ao Jardim Zoológico de Madrid. Quantos animais ofereceu?

Carrinhos
- O João tinha 30 carrinhos e 27 jipes. Resolveu um dia dar ao seu irmão um terço. Quantos brinquedos lhe ofereceu?

Militares
- O Exército tinha 1500 militares no Quartel da Ajuda e mais 55 militares no Quartel do Lumiar. Decidiu-se então dividi-los por 15 novos quartéis. Com quantos militares ficou cada quartel?

Fotografias
- A Manuela e a irmã gastaram, nas férias, um rolo de 36 fotografias e outro de 12. Sabendo que ela e a irmã tiraram o mesmo número de fotografias, quantas fotografias tirou cada uma?

Autocarro
- Numa paragem de autocarro esperavam 75 pessoas. Chegou um autocarro com 25 pessoas. O fiscal mandou vir outro autocarro e cada um levou igual número de passageiros. Quantos passageiros levou cada um?

Lápis
- O Pedro tem 15 lápis, o Luís tem 62 e o Filipe tem 43. Trocaram os lápis entre si, até ficarem com o mesmo número de lápis. Com quantos lápis ficou cada um?

Cerca
- Para cercar com rede um campo quadrado, comprou-se, da primeira vez 45 metros e da segunda 45 metros de rede. Quanto mede cada lado do campo?

Irmãos
- O pai do André deu-lhe 500€, a mãe 300€ e o tio 400€. O pai disse ao André para repartir este dinheiro com os seus três irmãos. Com quantos euros ficou cada um?

Animais
- Numa quinta, há 20 patos, 35 gansos, 55 galinhas e 10 porcos. O dono vai vender metade. Com quantos animais fica?

Contas
- O António tinha 3 contas no banco, uma com 5.000€, outra com 1.000€ e outra com 2.000€. Resolveu levantar todo o dinheiro e depositar em cada conta uma quantia igual. Quanto depositou em cada conta?

Rebuçados
- A Mariana tem um pacote dom 50 rebuçados de laranja, outro com 100 rebuçados de limão e 3 pacotes, cada um com 150 rebuçados de mel. Tem que distribuir todos estes rebuçados por 3 pacotes de rebuçados sortidos. Com quantos rebuçados fica cada um destes pacotes?

Café
- Se juntares 2 kg de café, de 30€/kg, com 1 kg de café, de 63€/kg, a como ficará o preço desta mistura?

Morangos
- Há três taças com morangos: uma com dúzia e meia, outra com uma dúzia e outra com meia dúzia. Quantos morangos terá que tirar cada um de 3 meninos, para que fiquem com igual número de morangos?

Subtração e Adição

Bolas
- O Fernando tinha 5 bolas mas roubaram-lhe 3. No Natal, a mãe deu-lhe 4 bolas. Com quantas bolas ficou o Fernando?

Gasolina
- O meu pai pôs 30 litros de gasolina no carro mas no caminho o carro gastou 15 litros. O meu pai parou e pôs mais 30 litros. Quantos litros tem agora?

Compras
- O Pedro tinha 830€, foi ao supermercado e gastou 500€. O pai deu-lhe 350€. Com quanto dinheiro ficou agora o Pedro?

Bananas
- O Luís tinha um saco com 30 bananas. Ele comeu 10 bananas, ofereceu 5 bananas ao seu amigo João, e deu 8 ao amigo Fernando. Ao fim da tarde, a mãe deu-lhe mais 25 bananas. Com quantas ficou agora?

Botões
- O João tinha numa caixa 30 botões, mas perdeu 13 botões. No dia seguinte a mãe deu-lhe 52. Com quantos botões ficou agora o João?

Canil
- Havia 794 cães mas venderam-se 396. Entraram entretanto 277 cachorros. Quantos cães têm agora o canil?

Rebuçados
- O Nelson tinha 48 rebuçados. Deu 27 ao João e mais 13 á Luísa e recebeu 5 do Francisco. Com quantos rebuçados ficou?

Automóveis
- Numa corrida de automóveis, começaram 27 mas avariaram-se 9, entrando na corrida 12 novos carros. Quantos automóveis há neste momento na corrida?

Autocarro
- Um autocarro começou a fazer o seu percurso, com 71 pessoas; logo na primeira paragem saíram 17 pessoas, na segunda saíram mais 22 pessoas mas, na terceira paragem entraram 43 alunos de uma escola. Quantas pessoas tem agora o autocarro?

Café
- Numa loja havia 3Kg de café. Ao longo do dia vendeu-se 2kg. O dono mandou comprar 17,5kg de café. Quantos kg de café há agora na loja?

Rosas
– Uma menina, tinha 15 rosas. Deu 12 rosas à sua mãe e recebeu 23 rosas da sua tia. Com quantas rosas ficou?

Azulejos
– O Joaquim tinha 75 azulejos para a sua casa, mas partiram-se 29. Teve que comprar uma caixa com 45 azulejos. Com quantos azulejos ficou agora o Joaquim?

Casas
– Uma cidade tinha 500 casas. Com um terramoto ficaram 388 casas destruídas, reconstruíram-se 473. Quantas casas há agora?

Morangos
– O João tinha em sua casa uma taça com 33 morangos, comeu 22 morangos e o seu irmão comeu 7. Foi ao frigorífico e repôs 30 morangos na taça. Quantos morangos têm agora a taça?

Canetas
– O Alfredo tinha 156 canetas. Numa reunião ofereceu 73 canetas a amigos seus mas, também recebeu 89 canetas. Com quantas ficou?

Stand
– Num stand, havia 47 carros para venda e o seu vendedor vendeu 33 carros; como vendeu tantos, teve que ir ao armazém buscar outros carros, e trouxe mais 41 carros. Com quantos carros ficou o stand?

Chupa-chupas
– A D. Maria tinha, de manhã, 100 chupa-chupas e 79. Comprou uma nova caixa com 250 chupa-chupas. Quantos chupa-chupas tem agora?

Berlindes
– O João tinha 77 berlindes, deu 8 ao Pedro, 3 ao Nuno mas na volta, recebeu também 23. No fim com quantos ficou?

Casóleo
– De um bidon de gasóleo, com 200 litros, gastaram-se 50 litros. Em seguida deitaram-se-lhe 20 litros. Quantos litros tem agora?

Árvore
– Uma árvore media 20 metros de altura. Um lenhador cortou-lhe 2 metros da parte de cima. Ao fim de um ano ela cresceu 4 metros. Qual é a altura atual da árvore?

Pombos
– Havia 500 pombos no pombal. Fugiram 200 mas nasceram 125. Quantos pombos há atualmente?

Pedro
- O Pedro tinha 450€ mas gastou 50€ na compra de uma bola. A mãe deu-lhe 72€. Quantos euros tem agora o Pedro?

Pregos
- Uma caixa tinha 9.972 pregos. Gastei 972. Comprei mais 423. Quantos pregos tem agora a caixa?

Idade
- A Rita nasceu em 1990. Quantos anos terá daqui a 5 anos?

Cromos
- O Miguel tinha 100 cromos. Deu 95 ao Fernando e recebeu 5 do Francisco e 5 do João. Com quantos cromos ficou?

Amêndoas
- O Joaquim comprou um pacote com 50 amêndoas. Comeu metade. No dia seguinte, a mãe deu-lhe mais 25 e o tio outro pacote, com 50. Quantas amêndoas tem ele agora, ao todo?

Subtração e Multiplicação

Laranjas
- A Rita tinha 10 caixas de laranjas, deu 2 caixas à avó. Sabendo que cada caixa custa 250€, quanto recebeu das caixas que sobraram?

Lenços
- Um pacote de lenços custa 30€, mas o vendedor faz um desconto de 5€ em cada pacote. Quanto custam 10 pacotes?

Mesada
- A Joana ganha 30€ de mesada por mês, dá sempre 10€ à irmã. Com quanto fica a Joana ao fim de 3 meses?

Copos
- Uma loja recebeu 300 copos, no transporte partiram-se 80. Supondo que cada copo custa 30€, quanto pagou pelos restantes?

Idade
- A Ana tem 25 anos, o Pedro tem menos 10 anos e a Rita tem 2 vezes mais a idade do Pedro. Quantos anos tem a Rita?

Cromos
- A Maria tem 200 cromos, deu 50 e vendeu os restantes a 2€ cada um. Quanto ganhou com a venda dos cromos?

Bolos
- A Ana fez 450 bolos, deu 200 à irmã e vendeu os restantes a 6€ cada um. Quanto ganhou com a venda?

Desenhos
- A Beatriz faz 30 desenhos por dia e dá 7 à Paula. Com quantos desenhos fica a Beatriz ao fim de 3 dias?

Lápis
- A Mariana tem 24 lápis, perdeu 8 e vendeu os restantes a 3€ cada um. Quanto ganhou com a venda?

Maçãs
- Havia 15 caixas de maçãs, 8 estavam estragadas. Sabendo que cada caixa tinha 60 maçãs, quantas maçãs ficaram?

Carrinhos
- O Tomás tinha 40 carrinhos, deu 15 ao Rui e vendeu os restantes a 20€ cada. Quanto ganhou com a venda dos carrinhos?

Flores
- A Lúcia plantou 20 craveiros, secaram 8. Sabendo que cada craveiro dá 3 cravos, com quantos cravos ficou?

Vinho
- Uma pipa de vinho custa 250€ mas o produtor fez um desconto de 25€ por pipa. Quanto custam 20 pipas?

Ordenado
- O pai da Inês ganha 1.500€ por mês, mas descontam-lhe 300€ de taxas e impostos. Quanto ganha em 4 meses?

Bombons
- A Sara comprou bombons, cada caixa custa 50€, mas o dono da loja fez um desconto de 8€ por caixa. Quanto custam 8 caixas de bombons?

Bilhetes
- O Luís comprou 5 bilhetes de cinema, deu 2 e os restantes vendeu ao Ricardo. Sabendo que cada bilhete custou 20€, quanto pagou o Ricardo?

Refeição
- Uma refeição custa 35€, a empregada fez um desconto de 5€. Quanto custam 4 refeições?

Bonecas de Trapos
- A Carolina tem 30 bonecas de trapos, deu 6 à Vanessa e as restantes vendeu a um museu a 20€ cada. Quanto ganhou com a venda?

Caixa de pintura
- Uma caixa de pintura custa 150€, mas o vendedor faz um desconto de 10€ por caixa. Quanto pagará o professor de pintura para comprar 6 caixas?

Canetas
- Uma caneta custa 25€, mas estavam com uma promoção de menos 5€. Quanto custam 12 canetas?

Desconto
- Um livro custa 25€, mas o livreiro faz um desconto de 5€. Quanto custam 8 livros?

Idade do Avô
- O João tem 20 anos, a Maria tem menos 5 anos e o avô tem 4 vezes mais que a Maria. Quantos anos tem o avô?

Maçãs
- Havia 20 macieiras no pomar, mas secaram 12. Cada uma das que ficou deu 50 maçãs. Quantas maçãs puderam ser colhidas?

Ordenado
- O pai da Laura ganha 2.000€, mas sofre descontos no valor de 500€. Quanto é que ganha em 6 meses?

Potes
- Um operário faz 80 potes de barro por dia mas, quando vão ao forno, partem-se um quarto. Quantos potes se aproveitam em 10 dias?

Fruta
- Um vendedor de fruta recebeu 10 caixas de 60 laranjas. Em cada caixa havia, porém 10 laranjas podres. Quantas laranjas boas tinha para vender?

Subtração e Divisão

Flores
- Uma florista tinha 6 ramos de rosas, mas 2 ramos murcharam. Sabendo que com a venda dos ramos ganhou 500€, quanto custou cada ramo?

Ovelhas
- Um rebanho tem 300 ovelhas, 20 foram comidas pelo lobo. O pastor vendeu as restantes e ganhou 4.500€. Por quanto vendeu cada ovelha?

Chocolates
- A Rita tem 20 chocolates, deu 5 ao Ricardo e os restantes distribuiu pelos 3 primos. Com quantos chocolates ficou cada primo?

Tecido
- A Ana comprou 15 metros de tecido, usou 5 metros para fazer os cortinados, com o resto fez colchas de 2 metros. Quantas colchas fez?

Perfumes
- O João tinha 10 perfumes, deu 1 à Isabel e vendeu os restantes. Com a venda ganhou 45€. Qual é o preço de cada perfume?

Canetas
- A Catarina tinha 50 canetas, 10 perdeu e as restantes distribuiu por 4 amigas. Com quantas canetas ficou cada amiga?

Fotografias
- Um rolo tem 24 fotografias, 4 ficaram estragadas, pelas restantes o Rui pagou 24€. Quanto custa cada fotografia?

Quadros
- A Raquel pintou 6 quadros, ofereceu 1 ao Tiago e os restantes vendeu a uma galeria. Com a venda ganhou 650€. Por quanto vendeu cada quadro?

Bilhetes
- O Pedro tem 10 bilhetes para o teatro, vendeu 2 à Joana e os restantes distribuiu por 2 amigos. Com quantos bilhetes ficou cada amigo?

Bolas
- Numa caixa estavam 40 bolas, 10 foram colocadas num saco e as restantes foram distribuídas por 3 crianças. Com quantas bolas ficou cada criança?

Cromos
- O Ricardo tem 236 cromos, colou 6 na caderneta e os restantes deu a 5 amigas. Com quantos cromos ficou cada amiga?

CDs
- A Marisa tem 25 CDs, deu 5 ao Jorge e os restantes guardou em 4 caixas. Quantos CDs ficaram em cada caixa?

Laranjas
- A Rosa tem 30 laranjas, comeu 2 e as restantes distribuiu por 4 sacos de plástico. Quantas laranjas ficaram em cada saco?

Livros de Banda Desenhada
- A Ana tem 10 livros de B.D., deu 2 à Susana e os restantes foram distribuídos por 2 amigas. Com quantos livros ficou cada uma?

Rifas
- A Bela tinha 100 rifas, a Cristina comprou-lhe 4 e as restantes foram compradas por 6 amigas. Quantas rifas comprou cada amiga?

Rebuçados
- A Ana tinha 50 rebuçados, deu 4 ao Carlos e os restantes distribuiu por 4 caixas. Quantos rebuçados ficou em cada caixa?

Lápis
- O André tinha 60 lápis, deu 10 ao Tiago e os restantes distribuiu pelos 20 colegas da turma. Com quantos lápis ficou cada colega?

Brincos
- A Rute tinha 10 pares de brincos, perdeu 1 par e os restantes deu a 3 amigas. Com quantos pares ficou cada amiga?

Calendários
- O Paulo tinha 23 calendários, deu 3 à Rita e os restantes distribuiu por 10 amigos. Com quantos calendários ficou cada amigo?

Vinho
- De uma pipa de 30 litros de vinho, encheram-se 5 garrafões de 3 litros e distribuiu-se o resto por garrafas de 1 litro. Quantas garrafas se encheram?

Tecido
- A Mariana comprou 15 metros de tecido. Usou 8 metros para fazer uns cortinados e do resto fez toalhas de 1 metro. Quantas toalhas fez?

Comboio
- Um comboio partiu com 750 passageiros. Na paragem seguinte saíram 250 passageiros. Na terceira paragem, os passageiros tiveram que passar para outro comboio, com 5 carruagens. Quantos teriam que entrar para cada carruagem, para que ficasse igual número em cada uma?

Rebanho
- Um rebanho tem 300 ovinos, mas 1 terço são borregos. Ficando os borregos num curral e dividindo as ovelhas por 20 currais, quantas ovelhas ficarão em cada um?

Ordenado
- O ordenado mensal de um operário é de 790€, mas descontam-lhe 190€. Do dinheiro com que fica, quanto poderá gastar por dia?

Chocolates
- A avó comprou uma caixa com 160 chocolates. Tirou 10 para fazer um bolo e distribuiu os restantes pelos seus 5 netos. Com quantos chocolates ficou cada neto?

Batatas
- A Alice comprou 5 kg de batatas. Deu 50€ para pagar e recebeu 25€ de troco. Quanto custa cada quilo de batatas?

Multiplicação e Adição

Canetas
- O Rui recebeu de presente 2 estojos e 6 canetas. Cada estojo tem 8 canetas. Quantas canetas recebeu ao todo?

Laranjas
- A avó do João comprou 2 quilos de laranjas e 6 laranjas. Se cada quilo tiver 10 laranjas, quantas laranjas comprou ao todo?

Lápis
- A Ana comprou 2 caixas de lápis e 2 lápis. Cada caixa tem 12 lápis. Quantos lápis comprou a Ana?

Rosas
- Num jardim existem 2 roseirais e 3 rosas. Cada roseiral tem 20 rosas, quantas rosas tem ao todo o jardim?

Berlindes
- O Pedro tem 2 caixas de berlindes e 7 berlindes. Se cada caixa tiver 25 berlindes, quantos berlindes tem ao todo?

Biscoitos
- Um pasteleiro fez 2 sacos de biscoitos e 20 biscoitos. Cada saco tem 20 biscoitos. Quantos biscoitos fez o pasteleiro?

Cromos
- A Ana tem 2 coleções de cromos e 10 cromos. Cada coleção tem 60 cromos. Quantos cromos tem ao todo a Ana?

Árvores
- Um agricultor tem 2 pomares e 4 árvores. Se cada pomar tiver 42 árvores, quantas árvores tem ao todo?

Palavras
- A Rita escreveu duas composições e 7 palavras. Cada composição tinha 52 palavras. Quantas palavras escreveu ao todo?

Gomas
- A Ana tem 3 sacos com gomas e 2 gomas no bolso. Sabendo que cada saco tem 6 gomas, quantas gomas tem ao todo?

Alunos
- Numa sala de aula existem 3 grupos e 3 alunos. Cada grupo tem 5 alunos. Quantos alunos estão na sala?

Cravos e Rosas
- A Rute comprou 3 ramos de cravos e 2 rosas. Se cada ramo tiver 5 cravos, quantas flores comprou ao todo?

Flores
- Uma florista vendeu 3 ramos de rosas e 9 túlipas. Cada ramo tinha 10 rosas. Quantas flores vendeu a florista?

Doces
- A Raquel comeu 3 pacotes de caramelos e 4 rebuçados. Cada pacote tinha 10 caramelos. Quantos doces comeu ao todo?

Mesas
- Numa escola existem 3 salas e 5 mesas. Cada sala tem 12 mesas. Quantas mesas existem ao todo?

Bolachas
- A Luísa comeu 3 pacotes de bolachas e 6 bolachas. Cada pacote tem 12 bolachas. Quantas bolachas comeu a Luísa?

Bananas
- O João comprou 3 cachos de bananas e 2 bananas. Cada cacho tinha 18 bananas. Quantas bananas comprou o João?

Alunos
- Na escola Jorge existem 3 turmas e 4 alunos individuais. Cada turma tem 23 alunos. Quantos alunos existem ao todo na escola?

Batatas
- A mãe da Maria comprou 3 sacas de batatas e 9 batatas. Cada saca contém 68 batatas. Quantas batatas comprou no total?

Selos
- O António tem 3 coleções de selos e 30 selos. Cada coleção tem 100 selos. Quantos selos tem o António?

Multiplicação e Subtração

Maçãs
- A Maria tem 2 cestos de maçãs. Cada cesto tem 10 maçãs. Comeu 4 maçãs, com quantas ficou?

Lápis
- O Mário tinha 2 caixas de lápis. Cada caixa tinha 12 lápis. Perdeu 2 lápis, com quantos lápis ficou?

Serpentinas
- No Carnaval, a Rita gastou 3 serpentinas de 2 pacotes que tinha. Cada pacote continha 12 serpentinas. Quantas serpentinas restaram?

Garrafas
- O Sr. João já bebeu 4 garrafas das 2 caixas de vinho que lhe deram. Cada caixa tinha 16 garrafas. Quantas garrafas faltam beber?

Cerejas
- Se o Daniel comer 8 cerejas de 2 caixas e cada caixa tiver 20 cerejas, quantas cerejas sobram?

Folhas
- A Raquel arrancou 7 folhas de 2 cadernos. Cada caderno tem 30 folhas. Com quantas folhas ficou?

Lápis
- Na papelaria venderam 20 lápis de 2 caixas. Cada caixa tinha 30 lápis. Quantos lápis faltam vender?

Água
- O Pedro encheu 2 depósitos de água. Cada depósito leva 42 litros. Retiraram 42 litros de água. Quanta água tem o Pedro de gastar para encher outra vez os depósitos?

Dinheiro
- O Carlos recebeu 2 notas de 50 € e gastou 30 € na compra de uma camisola. Com quanto dinheiro ficou?

Garrafas
- No supermercado venderam 10 garrafas de 3 caixas que tinham. Cada caixa tinha 5 garrafas. Quantas garrafas faltam vender?

Pétalas
- A Maria arrancou 8 pétalas estragadas de três flores. Cada flor tinha 10 pétalas. Quantas pétalas boas ficaram?

Copos
- O João partiu 3 copos das 3 dúzias que a mãe tinha. Com quantos copos ficou a mãe do João?

Ovos
- A Joana partiu 8 ovos das 3 dúzias que comprou. Quantos ovos sobraram?

Bombons
- O Rui comeu 4 bombons de 3 caixas que comprou. Sabendo que cada caixa tem 16 bombons. Com quantos bombons ficou o Rui?

Berlindes
- O Nuno deu 6 berlindes das 3 caixas que tinha. Cada caixa tinha 20 berlindes. Com quantos berlindes ficou o Nuno?

Pessoas
- Numa excursão faltam chegar às camionetas 7 pessoas. Quantas estavam à espera sabendo que havia 3 camionetas e cada camioneta leva 32 pessoas?

Caramelos
- A Ana comeu 9 caramelos dos 3 sacos que recebeu no Natal. Cada saco continha 47 caramelos. Quantos caramelos lhe restam?

Guardanapos
- A Rosa gastou 60 guardanapos de 3 maços que tinha. Sabendo que cada maço tinha 95 guardanapos, com quantos guardanapos ficou?

Dinheiro
- A Ana trabalhou 3 dias, por cada dia recebeu 50€. Gastou 60€ na compra de um casaco. Com quanto dinheiro ficou?

Multiplicação e Divisão

Caramelos
- A Joana comprou 2 pacotes com 15 de caramelos. Dividiu depois os caramelos por 3 sacos. Quantos caramelos colocou em cada saco?

Rissóis
- Rute fez para o jantar 2 dúzias de rissóis. Distribuiu estes por três pratos. Com quantos rissóis ficou cada prato?

Rosas
- A florista fez 3 ramos de rosas. Cada ramo era composto por 8 rosas. Vendeu metade. Qual o número de rosas vendido?

Cravos
- O jardineiro tem de tratar de 2 canteiros de cravos. Cada canteiro tem 20 cravos. Colheu 1 quarto das rosas. Quantas rosas colheu o jardineiro?

Rebuçados
- Ofereceram à Ana 2 pacotes de rebuçados. Cada pacote continha 18 rebuçados. A Ana comeu a sexta parte dos rebuçados todos. Quantos rebuçados comeu a Ana?

Laranjas
- A Maria vendeu a terça parte de 2 caixas de laranjas que tinha. Quantas laranjas vendeu, sabendo que cada caixa tinha 24 laranjas?

Sardinhas
- A peixeira tinha 2 caixas de sardinhas. Vendeu a quinta parte. Quantas sardinhas vendeu sabendo que cada caixa tinha 25?

Cães
- Um criador de cães tem 2 canis, em cada canil tem 52 cães. Vendeu 50 cães. Com quantos cães ficou?

Peso
– A cozinheira fez 2 bolos e cada bolo pesa 500 gramas. Se dividirmos em 10 fatias iguais, quanto pesa cada fatia?

Dinheiro
– A Joana tinha 2 notas de 10 €. Gastou um quarto do dinheiro. Quanto dinheiro gastou a Joana?

Euros
– O João tinha duas notas de 50 €. Gastou a quinta parte. Quanto dinheiro gastou?

Peras
– Um agricultor colheu 30 peras de cada uma das suas 30 pereiras. Para as distribuir igualmente por 3 caixas. Quantas peras deve colocar em cada uma?

Berlindes
– O Mário comprou 3 sacos de berlindes para distribuir pelos seus 2 amigos. Cada saco tinha 12 berlindes. Com quantos berlindes ficou cada um?

Tecido
– Uma costureira tem 3 rolos de tecido e cada rolo mede 15 metros. Quantos vestidos poderá fazer, se cada um gastar 9 metros de tecido?

Bombons
– A Catarina comprou 3 caixas de bombons para distribuir pelos seus 2 irmãos. Cada caixa tinha 18 rebuçados. Com quantos rebuçados ficou cada irmão?

Cadernos
– A professora comprou 3 caixas de cadernos para distribuir pelos seus 10 alunos. Cada caixa tinha 20 cadernos. Com quantos cadernos ficou cada aluno?

Cebolas
– A avó da Laura comprou 3 sacos de cebolas. Cada saco contém 37 cebolas. Sabendo que já gastou a terça parte, qual o número de cebolas que utilizou?

Cromos
– A Lena tem 3 coleções de cromos. Ofereceu a um amigo metade das suas coleções. Quantos cromos ofereceu sabendo que cada coleção tem 30 cromos?

Parafusos
- Um carpinteiro tem 2 caixas de parafusos. Cada caixa tem 44 parafusos. Vai gastá-los todos em 4 portas. Quantos parafusos vai usar em cada porta?

Maçãs
- O Manuel tem 3 pomares. Vendeu metade das maçãs que colheu. Sabendo que em cada pomar colhe 1000 maçãs, quantas maçãs vendeu o Manuel?

Divisão e Adição

Livros
- A Laura distribuiu pelos seus 4 primos, Rui, Sara, Catarina e Andreia, 16 livros de fábulas. Mas como a Sara já tinha esses livros deu-os ao Rui. Com quantos livros ficou o Rui?

Elásticos
- A senhora Maria distribuiu 20 elásticos pelas suas colegas, Rute, Carla, Paula e Lurdes. Mas como a Rute não utiliza elásticos decidiu dá-los à Carla. Com quantos elásticos ficou a Carla?

Peras
- O avô colheu de uma pereira 15 peras e distribuiu-as pelas suas 3 netas: a Marta, a Teresa e a Patrícia. Mas a Marta não gosta de peras e resolveu dá-las à Patrícia. Com quantas peras ficou a Patrícia?

Afia-lápis
- O Raul comprou uma caixa com 30 afias e dividiu-os pelos 5 amigos, o Hugo, o Rodrigo, o Vítor, a Anabela e a Cristina. Mas a Cristina não precisa de afia pois não utiliza lápis e deu os seus ao Rodrigo. Com quantos afias ficou o Rodrigo?

Lotaria
- O Carlos ganhou na lotaria 40€ e decidiu distribui-los pelos seus 4 irmãos, a Susana, a Fátima, o Luís e o Aníbal. A Susana não aceitou a sua parte doando-a ao seu irmão Aníbal. Com quanto dinheiro ficou o Aníbal?

CDs
- A Filipa tem muitos CD's e decidiu distribuir 20 pelos seus 4 primos, o Rafael, o Diogo, o Gonçalo e a Tânia. Como o Rafael não tem leitor de CD deu os seus ao Gonçalo. Com quantos CD's ficou o Gonçalo?

Postais
- A Cláudia faz coleção de postais e como tem muitos repetidos distribuiu 10 pelos seus 5 amigos, o Zé, o Joaquim, a Ana, a Ilda e o Luís. Como a Ilda já tinha muitos postais, decidiu dá-los ao Luís. Com quantos postais ficou o Luís?

Fitas
- A Luísa tem 9 fitas e resolveu distribui-las pelas suas 3 amigas, a Inês, a Sofia e a Mariana. Como a Sofia não usa deu as fitas à Mariana. Com quantas fitas ficou a Mariana?

Maçãs
- A minha mãe comprou 12 maçãs e distribui-as por mim e pela minha irmã. Sabendo que eu comprei mais duas maças, com quantas fiquei ao todo?

Bombons
- Na escola a professora distribuiu 16 bombons por oito meninos. E deu mais quatro bombons a um desses meninos. Com quantos bombons ficou ele?

Iogurtes
- Dentro do frigorífico estão 12 iogurtes de banana. Dividi-os pela Margarida e pelo Tiago. Mas o Tiago ainda foi buscar mais três. Com quantos iogurtes ficou o Tiago?

Lápis
- A minha mãe deu-me 6 lápis. Ao chegar à escola distribui-os pela Teresa, pela Carla e pela Joana. Mas a mãe da Carla ainda lhe deu mais oito lápis. Quantos lápis tem a Carla ao todo?

Berlindes
- Distribui os meus 54 berlindes pelos meus seis primos. Mas um deles ainda tinha 4 berlindes. Quantos berlindes tem agora?

Cadeiras
- Na cantina da escola há 124 cadeiras. A minha professora dividiu-as por quatro salas. Numa dessas salas já lá estavam 12 cadeiras. Quantas cadeiras tem agora essa sala?

Roseiras
- No meu jardim há 36 roseiras. Distribui-as por 6 canteiros diferentes. Num desses canteiros ainda coloquei mais 3 roseiras. Quantas roseiras tem ao todo?

Canetas
- As canetas de feltro do Tiago são 42. Como não cabiam num só estojo ele distribui-as por 3 estojos diferentes. Mas num deles já existiam 6 canetas. Quantas canetas tem agora esse estojo?

Camisas
- Dentro do meu armário estão 12 camisas. Decidi coloca-las em 4 gavetas. Numa dessas gavetas coloquei mais 5 calças. Quantas peças de vestuário estão nessa gaveta?

Fruta
- Na fruteira há 32 peças de fruta. Distribui-as por 4 caixas diferentes. Numa dessas caixas ainda coloquei mais 2 laranjas. Quantas peças de fruta tem essa caixa?

Rebuçados
- Dividi pelos meus cinco melhores amigos os meus 40 rebuçados. Mas um deles ainda comprou mais 4. Quantos rebuçados tem ao todo?

Divisão e Subtração

Rebuçados
- O José distribuiu 35 rebuçados por 7 taças. Tirou 3 taças para oferecer ao seu filho Rui, que fazia anos. Com quantos rebuçados ficou?

Maçãs
- A Ana distribuiu 40 maçãs por 4 cestos para vender na praça. Ao final do dia tinha vendido 3 cestos. Com quantas maçãs ficou?

Berlindes
- Na festa de anos, o Ricardo distribuiu 42 berlindes por 7 sacos, para os seus amigos que estavam a chegar. Mas, dois dos amigos faltaram. Com quantos berlindes ficou?

Cromos
- O Pedro tem 105 cromos de futebol que distribuiu em 5 montinhos. Ofereceu ao seu amigo Tiago 3 montinhos com cromos. Com quantos cromos ficou?

Camisolas
- A Mariana entrou numa loja de roupa onde existiam 81 camisolas. A empregada distribuiu-as por 9 caixas. Ao fim de duas horas já tinham sido vendidas 5 caixas. Com quantas camisolas ficou?

Carrinhos
- O Afonso tem 36 carrinhos que decidiu distribuir por 8 sacos, oferecendo 3 sacos ao seu amigo Bruno. Com quantos carrinhos ficou?

Revistas
- O senhor João tem uma papelaria onde possui 81 revistas distribuídas por 9 prateleiras. No final do dia vendeu 3 prateleiras cheias de revistas. Com quantas revistas ficou ao fim do dia?

Bonecas
- A Sofia arrumou o seu quarto e como tinha 28 bonecas, distribuiu-as por 7 caixas. Quando foi para a escola, levou 3 dessas caixas com bonecas para partilhar com as colegas. Com quantas bonecas ficou em casa?

Pneus
- O senhor Francisco tem uma oficina de automóveis com 56 pneus que os distribuiu por 8 caixotes. No final do dia o seu empregado levou 6 desses caixotes. Com quantos pneus ficou?

Canetas
- O Artur distribuiu 125 canetas por 5 copos. Quando os seus filhos chegaram a casa deu-lhes 3 copos com canetas. Com quantas canetas ficou?

Frascos
- No meu quarto tenho vinte frascos de perfume. Distribui-os pelas minhas duas irmãs. Mas uma delas já partiu 4. Quantos frascos ainda tem?

Peixes
- O António foi à pesca e trouxe para casa 48 peixes. Distribui-os pelas suas 6 vizinhas. Uma dessas vizinhas já comeu 5 peixes. Quantos ainda lhe restam?

Camisas amarelas
- Eu tenho 12 camisas de cores diferentes, azuis, verdes e amarelas. Rompi 2 amarelas. Quantas camisas amarelas ainda tenho?

Lápis
- Distribui os meus 60 lápis, pela Joana, Teresa e Catarina. A Joana no caminho para casa perdeu 5 lápis. Quantos lápis ainda lhe restam?

Bolos
- O pai do Ricardo, do Zé e da Marisa comprou 12 bolos. Distribui-os pelos seus filhos. O Ricardo já comeu 3 bolos. Quantos bolos ainda tem?

Rosas
- Dividi 140 rosas por 10 jarras. Com estava muito calor, 7 rosas de uma jarra murcharam. Quantas rosas ainda tem essa jarra?

Moedas
- No meu mealheiro estão 35 moedas. Distribui-as por cinco sacos. Um desses sacos rompeu-se e eu perdi 5 moedas. Quantas moedas ainda ficaram no saco?

Cartas
- Tenho 18 cartas numa gaveta. Distribui-as por 6 envelopes diferentes. O meu pai rasgou 2 cartas de um envelope. Quantas cartas ficaram dentro do envelope?

Pratos
- No armário da cozinha estão 24 pratos. A minha mãe distribui-os por 4 caixas. Ao mexer numa das caixas partiu 2 pratos. Quantos pratos inteiros tem ainda essa caixa?

Bombons
- Uma caixa tem 45 bombons. Eu distribui-os por 9 embalagens. No caminho abri uma das embalagens e comi 3 bombons. Quantos bombons ainda ficaram nessa embalagem?

Divisão e Multiplicação

Berlindes
- O Luís tem 28 berlindes e distribui--os pelos seus 4 amigos, o Fábio, o Carlos, o Diogo e o Pedro. Mas, o Fábio, o Pedro e o Diogo juntaram os seus berlindes. Com quantos berlindes ficaram?

Canetas
- A Ana tem 15 canetas, distribuiu-as pelos seus 3 filhos, a Rute, a Liliana e o José. Mas o José e a Rute juntaram as suas canetas. Com quantas canetas ficaram?

Jornais
- O Sérgio tem 21 jornais, distribui-os pelos seus 7 amigos, o Paulo, o Bruno, o Tiago, a Laura, a Andreia, a Fátima e a Lurdes. A Andreia, o Tiago e o Paulo juntaram os seus jornais. Com quantos jornais ficaram?

Borrachas
- A Helena tem 36 borrachas que distribuiu pelas suas 4 amigas, a Teresa, a Rita, a Manuela e a Carolina. A Teresa e a Manuela juntaram as suas borrachas. Com quantas borrachas ficaram?

Puzzles
- A Vanessa tem 20 puzzles que distribuiu pelos 4 primos, o Pedro, o Afonso, a Mariana e a Susana. Mas a Susana, o Pedro e o Afonso resolveram juntar os seus puzzles. Com quantos ficaram?

Bolas
- O Jorge tem 12 bolas e distribuiu-as pelos 3 amigos, o Henrique, o João e o Raul. O João e o Raul juntaram as suas bolas. Com quantas ficaram?

Chocolates
- O Vasco tem 24 chocolates que dividiu pelos seus 4 filhos, a Carolina, a Maria, o Bernardo e o Ricardo. O Ricardo, a Maria e a Carolina juntaram os seus chocolates. Com quantos ficaram?

Caixas de amêndoas
- A Maria tem 12 caixas de amêndoas que distribuiu pelos 3 amigos, a Paula, a Cristina e o José. A Paula e o José juntaram as suas caixas de amêndoas. Com quantas ficaram?

Cartolinas
- A Vera tem 24 cartolinas que distribuiu pelos seus 4 amigos, o Joaquim, o Francisco, o Tomás e a Sandra. A Sandra e o Tomás decidiram juntar as suas cartolinas. Com quantas ficaram?

Pacotes
- A Carolina tem 30 pacotes de açúcar que distribuiu pelos seus 3 amigos, o Leonel, a Carla e a Rita. A Rita e o Leonel juntaram os seus pacotes de açúcar. Com quantos ficaram?

IX
Atividades de Representação Escrita
(6-7 anos)

O Homem teve uma evolução na escrita de representação de quantidades, que demorou milénios de Pré-História, passando pela contagem pelos dedos (usando o corpo), pela disposição de pedrinhas na ranhura de um pau (objetos: os primeiros ábacos) e pela representação direta das coisas de que queria guardar a quantidade (desenhos, gravuras e hieróglifos). Foi só muito recentemente, no tempo da Grécia Clássica (600 anos A.C.), que se criaram os símbolos gráficos que representam semioticamente quantidades independentemente dos objetos – os algarismos.

A evolução da criança na sua conquista do algarismo, deverá passar primeiro por uma evolução em tudo semelhante à da sua ontogénese. Começando a contar quantidades utilizando o seu corpo, depois manipulando objetos e depois utilizando as suas capacidades de memorização, evocação e criação de imagens mentais. Somente quando as quantidades envolvidas forem superiores às suas capacidades mnésicas é que se começará a sentir necessidade para procurar guardar essas quantidades, desenhando-as num papel e só muito depois se poderá chegar finalmente ao algarismo.

Um erro que infelizmente muito se comete nos jardins-de-infância é o de iniciar precocemente a criança aos algarismos, apresentando-lhes fichas com algarismos escritos a cinzento ou a pontilhado, para que ela passa por cima com a caneta ou pedindo-lhe para ligar com um traço quantidades a algarismos.

ATIVIDADES PARA O DESENVOLVIMENTO DO RACIOCÍNIO LÓGICO-MATEMÁTICO

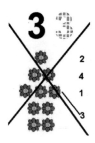

Muitas das discalculias e das dificuldades que aparecem mais tarde na Matemática têm a sua origem no saltar daquelas etapas evolutivas para se começar a pedir logo à criança para escrever algarismos. Seria o mesmo que pedir a um Neandertal para escrever algarismos gregos. A mão até pode conseguir escrever, mas a mente não compreende o que está a fazer nem o que aquele rabisco representa.

A mente é que raciocina, que opera com quantidades. O desenho ou a escrita são apenas formas de guardar de modo mais permanente o que a mente pensou mas não consegue ou não deseja guardar na memória.

Nestas circunstâncias, depois da utilização das metodologias de movimento, manipulação de objetos e pensamento, antes de se tentar a iniciação da criança aos algarismos, deverá haver uma outra intervenção metodológica intermédia, que consistirá em desenhar quantidades.

Desenhar Quantidades

Deveremos estar conscientes que o desenvolvimento das capacidades de raciocínio lógico passa por uma evolução que atinge o seu máximo no raciocínio duplo. O desenho de quantidades e a escrita dos algarismos não são mais duas etapas de desenvolvimento intelectual, mas apenas formas de registar o que o pensamento efetuou.

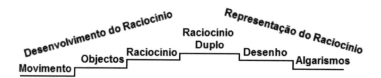

Uma pessoa poderá mentalmente resolver o seguinte problema: "– Quantos animais são cinco carneiros, mais duas cabras, mais dois coelhos e três pombas?"

ATIVIDADES DE REPRESENTAÇÃO ESCRITA

Se, porém, o problema envolver mais grupos ou quantidades maiores (*"cinco carneiros, mais duas cabras, mais três coelhos, mais seis galinhas, um galo, quatro pombas, cinco rolas e dois gatos"* ou *"Quinhentas e trinta e oito laranjas, mais seiscentos e quatro limões e mais nove mil seiscentos e vinte e três tangerinas"*) a memória tem muita dificuldade para manter mentalmente presentes estas quantidades, não conseguindo operar com elas porque as esquece.

Se, porém, recorrer ao papel para nele desenhar as quantidades, tudo se torna mais fácil. O desenho permite operar no papel com quantidades que a mente não consegue suportar.

Por exemplo, no último problema acima apresentado, para se saber a quantidade total de citrinos, uma criança poderá desenhar o seguinte:

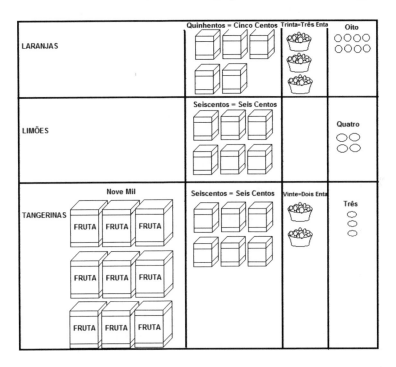

Os cubos grandes representam caixotes de mil, os médios, caixas de cem, os cestos contém dez (*"enta"*) e o resto são as laranjas, limões e tangerinas avulsos.

Para saber a quantidade total de citrinos, basta contar verticalmente a quantidade de cada um dos grupos (mil-centos-enta-avulsos), começando pelos maiores.

Quando num dos grupos a quantidade é maior que o seu limite, dever-se-á transferir para o grupo maior imediato as quantidades iguais ao limite. Por exemplo:

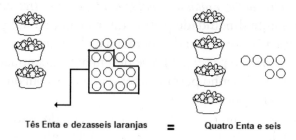

Tês Enta e dezasseis laranjas = Quatro Enta e seis

Assim, o modo de proceder para a contagem dos citrinos será a seguinte:

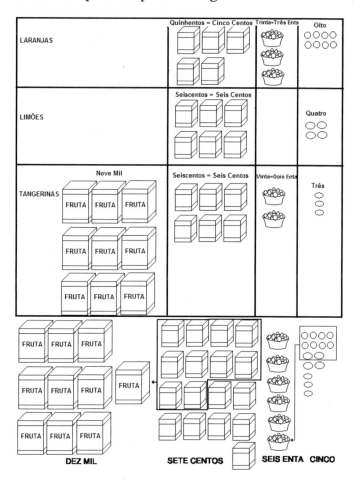

Só depois do professor ter a certeza de que a criança consegue efetuar mentalmente, sem quaisquer dificuldades, todos os problemas de que se deu exemplo nos capítulos referentes ao Cálculo Mental e ao Raciocínio Duplo, é que poderá iniciar as atividades de Desenho de Quantidades, apresentando-lhe problemas iguais ou semelhantes aos descritos naqueles capítulos.

Se a criança os consegue resolver normalmente e sem problemas, pede-se-lhe então para desenhar o que *"viu"* e explicar como procedeu mentalmente.

Se mostrar alguma dificuldade na resolução mental de alguns problemas, não se insiste e muito menos se lhe pede para efetuar qualquer desenho. Volta-se à manipulação de objetos, para que a criança resolva o problema e o compreenda.

> A criança só representará em desenho aqueles problemas que primeiro efetuar mentalmente.

Alguns exemplos de problemas e de modos como as crianças os resolveram:

Cálculo Aditivo

Carrinhos
Pergunta: – O José tem 3 carrinhos e tio ofereceu-lhe 4. Com quantos carrinhos ficou o José?
Resposta: – Ficou com sete carrinhos.
Pergunta: – Desenha e explica o pensamento que te levou a essa resposta.
Desenho:

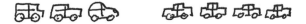

Explicação (apontando com o dedo no desenho): – Tinha um, dois, três carrinhos; com mais aqueles, são quatro, cinco, seis e sete.

Laranjas
P: – O Hugo tem 12 laranjas e o Bruno deu-lhe 4. Com quantas laranjas ficou?

R: – Ficou com 16.
P: – Desenha e explica como pensaste.
D:

Expl.: – Doze são 1 Enta mais duas. Uma caixa de dez laranjas mais duas de fora. Com mais quatro, são: três, quatro, cinco e seis. Ele ficou com 1 Enta e seis laranjas, dezasseis laranjas.

Canetas
P: – A Bela tem 2.000 canetas e deram-lhe 5.000. Com quantas canetas ficou?
R: – Ficou com sete mil.
P: – Desenha e explica.
D:

Expl.: – Duas mil canetas são duas caixas, cada uma com mil canetas. E temos mais cinco caixas com mil canetas. Duas, três, quatro, cinco, seis e sete (apontando). São sete caixas. Sete mil canetas.

Flores
P: – O António tem no seu jardim 50 tulipas e 61 rosas. Quantas flores tem o António?
R: – Tem 111 flores.
P: – Desenha e explica.
D:

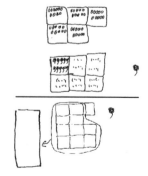

Expl.: – Tem cinco canteiros de Enta túlipas, seis canteiros de Enta rosas e mais uma rosa na mão. Cinco Enta mais seis Enta, são onze Enta. Passam dez para Centos e fica um Cento, um Enta e uma. São cento e onze flores.

Maçãs
P: – O pomar do João produziu 3.345 maçãs e o do irmão 4.832 maçãs. Quantas maçãs produziram ao todo?
R: – Produziram 8.177 maçãs.
P: – Desenha e explica.
D:

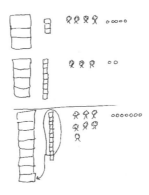

Expl.: – O João tem 3 pomares de mil, 3 canteiros de Centos, 4 macieiras de Enta e 5 maçãs no chão. O irmão tem 4 pomares, 8 canteiros, 3 macieiras e 2 maçãs no chão. Três mais quatro pomares, são 7 pomares. Três mais oito canteiros são 11 canteiros. Como dez canteiros são um pomar, acrescenta-se um pomar, ficando 8 pomares e 1 canteiro. Quatro mais três árvores, são 7 macieiras. E cinco mais duas, são 7 maçãs no chão. Ao todo são 8 mil, 1 cento, 7 enta e 7 maçãs: oito mil, cento e setenta e sete maçãs.

Cálculo Subtrativo

Pássaros
P: – Num ninho estavam 5 pássaros. Voaram 2. Quantos pássaros ficaram no ninho?
R: – Ficaram 3.
P: – Desenha e explica como pensaste.
D:

Expl.: – (Apontando e contando) Um, dois, voaram. Ficaram um, dois, três. Ficaram três.

Pães
P: – Um padeiro já fez 5 de uma encomenda de 10 pães. Quantos pães lhe falta ainda fazer?
R: – Falta fazer cinco pães.
P: – Desenha e explica como pensaste.
D:

Expl.: – (Apontando e contando) Fez um, dois, três, quatro e cinco. Falta fazer um, dois, três, quatro e cinco. Falta-lhe fazer cinco pães.

Euros
P: – O António comprou uma bola por 85€. Pagou com um nota de 100€. Quanto recebeu de troco?
R: – Recebeu de troco 15 euros.
P: – Desenha e explica como pensaste.
D:

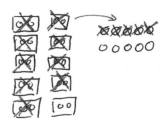

Expl.: – Cem euros são dez notas de dez euros. Troca-se uma nota por dez moedas de euro. Uma, duas, três, quatro, cinco, seis, sete e oito notas foram dadas para pagar a bola. Ficando-se com uma nota de dez para receber. Pagou-se também uma, duas, três, quatro e cinco moedas de um euro, ficando para receber uma, duas, três, quatro e cinco. Terá que receber uma nota de dez e cinco moedas de um euro. Quinze euros.

Rebuçados
P: – O João tem 16 rebuçados e o Manuel tem 20. Quantos rebuçados tem um a mais que o outro?
R: – O Manuel tem mais 4 rebuçados.
P: – Desenha e explica.
D:

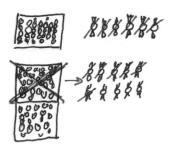

Expl.: – O João tem um pacote de dez rebuçados e mais seis no bolso. O Manuel tem dois pacotes de dez rebuçados. Abre um e mete os rebuçados nos bolsos. Fica cada um com seu pacote na mão. Seis rebuçados do Manuel, nos bolsos, são tantos como os que o João tem. O Manuel tem a mais um, dois, três, quatro. Tem 4 rebuçados a mais.

Lâmpadas
P: – Uma árvore de Natal tinha 57 lâmpadas. Fundiram-se 10. Quantas ficaram?
R: – Ficaram 47 lâmpadas boas.
P: – Desenha e explica como pensaste.
D:

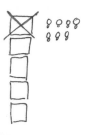

Expl.: – Cinquenta e sete lâmpadas são cinco caixas de Enta e mais sete lâmpadas sozinhas. Fundiram-se dez, portanto uma caixa está estragada. Ficaram uma, duas, três, quatro caixas de Enta lâmpadas e mais sete lâmpadas sozinhas. Quatro Enta e sete: quarenta e sete.

Contagem Multiplicativa

Maçãs
P: – A Joana tem 2 cestos, cada um com 3 maçãs. Quantas maçãs tem a Joana?
R: – Tem 6 maçãs.
P: – Desenha e explica como pensaste.
D:

Expl.: – Uma, duas, três. Quatro, cinco, seis. Tem seis maçãs.

Bolos
P: – Quanto custam 4 bolos, se um bolo custar 6€?
R: – Custam 24€.
P: – Desenha e explica.
D:

Expl.: – Seis (apontando as seis moedas do primeiro bolo).
(Contando a seguir cada uma das moedas restantes) Sete, oito, nove, dez, onze, doze.
Treze, catorze, quinze, dezasseis, dezassete, dezoito.
Dezanove, vinte, vinte e um, vinte e dois, vinte e três, vinte e quatro.
Custam 24 euros.

Canetas
P: – A professora encomendou 6 caixas de canetas. Cada caixa tem 7 canetas. Com quantas canetas ficou a professora?
R: – Ficou com 42 canetas.

P: – Desenha e explica como pensaste.
D:

Expl.: – Sete.
Oito, nove, dez, onze, doze, treze, catorze.
Quinze, dezasseis, dezassete, dezoito, dezanove, vinte, vinte e um.
(Continua a contar as canetas, uma por uma, com uma pequena pausa quando passa de caixa para caixa, até chegar à contagem total) Ficou com 42 canetas.

Tijolos
P: – Para fazer uma parede, um pedreiro usa 8 tijolos. De quantos tijolos precisa para fazer 7 paredes iguais?
R: – Precisa de 56 tijolos.
P: – Desenha e explica como pensaste.
D:

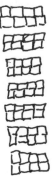

Expl.: – Oito.
Nove, dez, onze, doze, treze, catorze, quinze, dezasseis...
(Continua a contar os tijolos, um por um, até chegar à contagem total).
Precisa de 56 tijolos..

Chocolates

P: – Temos 5 caixas, cada uma delas com 6 chocolates. Quantos chocolates são ao todo?

R: – São 30 chocolates.

P: – Desenha e explica.

D:

Expl.: – Seis. (Contando a seguir os chocolates, um por um) Sete, oito, nove, dez, onze, doze.
Treze, catorze, quinze, dezasseis, dezassete, dezoito.
Dezanove, vinte, vinte e um, vinte e dois, vinte e três, vinte e quatro.
Vinte e cinco, vinte e seis, vinte e sete, vinte e oito, vinte e nove, trinta.
São 30 chocolates.

Contagem Divisiva

Berlindes

P: – O João tinha 6 berlindes e repartiu-os por 2 amigos. Com quantos berlindes ficou cada menino?

R: – Ficou com 3 berlindes.

P: – Desenha e explica como pensaste.

D:

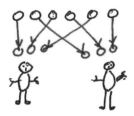

Expl.: – Um berlinde a um; um berlinde ao outro. Um berlinde a um; um berlinde ao outro. Um berlinde a um; um berlinde ao outro.
Um, dois, três (contando os berlindes de cada um). Cada um ficou com 3 berlindes.

Canetas

P: – A Ana repartiu 8 canetas por 4 meninas. Com quantas canetas ficou cada menina?

R: – Ficou com 2 canetas.

P: – Desenha e explica.

D:

Expl.: – Uma caneta para uma; outra caneta para a outra; outra para a terceira; e outra para a seguinte.

Uma caneta para uma; outra caneta para a outra; outra para a terceira; e outra para a seguinte.

Cada menina ficou com uma, duas. Cada menina ficou com 2 canetas.

Euros

P: – A tia tem 30€. Para os distribuir igualmente pelos seus 6 sobrinhos, quantos euros dará a cada um?

R: – Dará 5€ a cada um.

P: – Desenha e explica como pensaste.

D:

Expl.: – Trinta euros são três notas de dez. Cada nota de dez, são duas notas de cinco euros.

Temos uma, duas, três, quatro, cinco, seis notas de cinco. Dá-se uma a cada sobrinho. Cada um ficou com 5 euros.

Leite
P: – Para quantas semanas chegam 32 litros de leite, se a Joana beber 8 litros de leite por semana?
R: – Chegam para 4 semanas.
P: – Desenha e explica como pensaste.
D:

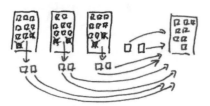

Exl.: – São três caixas com dez pacotinhos. Um, dois, três, quatro, cinco, seis, sete, oito, ficam dentro da caixa. Tira-se para fora um, dois pacotinhos.
(Faz o mesmo às outras duas caixas).
Temos de fora um, dois, três, quatro, cinco, seis, sete, oito. Oito é uma caixa. Temos mais uma caixa. São quatro caixas, cada uma com oito pacotinhos. Bebe uma caixa por semana, são quatro caixas, quatro semanas. Chegam para 4 semanas.

Rosas
P: – Num canteiro estavam 20 rosas. Transplantadas para 3 vasos, quantas rosas ficarão em cada vaso?
R: – Ficam 6 rosas e sobram 2.
P: – Desenha e explica como pensaste.
D:

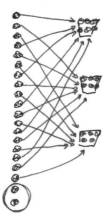

Expl.: – Temos vinte rosas e três vasos. Distribui-se uma rosa para o primeiro vaso, outra para o seguinte e outra para o outro. (Continua a distribuição até final).
Ficaram duas rosas de fora, porque têm que ser três porque são três vasos.
Em cada vaso ficou uma, duas, três, quatro, cinco, seis, rosas.
Ficaram 6 rosas em cada vaso e sobraram 2 rosas.

Introdução aos Algarismos e Números
Pelos 5-6 anos, a criança já sabe contar bem quantidades, denominando-as verbalmente. Conta objetos sem grandes dificuldades pois compreende o que são *"enta", "centos"* e *"mil"*.

Depois do professor ter a certeza de que a criança consegue efetuar mentalmente problemas envolvendo as quatro operações básicas e de as conseguir reproduzir em desenho, poderá começar a pensar em iniciar a criança ao conhecimento e escrita dos algarismos e a seguir à representação em número (sequência de algarismos) de quantidades.

> Isto só sucede, em média, pelos 6-8 anos de idade.

Segundo Piaget (1959), o conceito de número é construído pela criança com base numa síntese entre as noções de ordem e de *inclusão hierárquica*. Estas noções são elaboradas pela criança a partir da *abstração reflexiva*, não se referindo, pois, a particularidades que existam na realidade exterior, mas a particularidades que são criadas pela criança a nível interno, mental, ao colocar os objetos em relação.

"– A natureza do número não é empírica. A criança procede à sua construção através da abstração reflexiva a partir da sua própria actividade mental de estabelecer relações.

Não se podem ensinar os conceitos de número. Os professores perdoarão por esta má nova; há contudo uma boa nova: não há necessidade de ensinar o número porque a criança o constrói no seu interior, a partir da sua própria atitude natural de pensar.

... o número é qualquer coisa que cada ser humano constrói no seu interior e não qualquer coisa que se transmite socialmente... (sendo) muito difícil para os professores admitirem que cada criança constrói por si sem qualquer instrução a ideia de número" (Kamii, 1990: 68).

O que é suscetível de ensino, não é a noção de número enquanto quantidade, mas a sua semiologia, verbal e escrita e as *"operações matemáticas"* que se efetuam, no papel, com esta simbologia.

Não se deve, pois, confundir o conceito de número com as palavras faladas *"um"*, *"dois"*, *"três"*, etc. ou com os algarismos *"1"*, *"2"*, *"3"*, etc., que não passam de sinais que variam consoante o código convencional usado (português, inglês, francês, árabe, chinês, etc.).

Na pré-escolaridade não haverá, por isso, o objetivo de *"ensinar"* a criança a escrever números, mas o de proporcionar condições que levem a criança a desenvolver as capacidades cognitivas de base que posteriormente lhe permitam a compreensão da matemática escolar (ou seja, o manuseamento dos símbolos).

A construção do número é uma construção cognitiva que a criança faz por si, conjugando vários fatores: maturação, experiência, interações, etc.

Só no estádio operatório (7-8 anos em diante) é que a criança é capaz de pensar simultaneamente em relações de ordem, de inclusão hierárquica e da sua correspondente representação simbólica através dos algarismos.

C. Kamii (1990) e outros autores, em investigações em que mostravam às crianças pequenas grupos de objetos, solicitando-lhes que dissessem quantos objetos tinha cada um, verificaram que há umas quantidades que são mais fáceis de apreender do que outras, sendo a seguinte a sua ordem de dificuldade:

- 0 e 1
- 2 e 3
- 10, 9 e 8
- 7
- 4, 5 e 6

A sequência numérica de 1 a 10, habitualmente ensinada, só deverá ser efetuada depois da criança ter a noção correta de todas as quantidades de 1 a 10 e de todos os algarismos correspondentes a essas quantidades.

Pode-se treinar então a seguir a leitura rápida dos algarismos de 1 a 10.

Nas quantidades, os grupos de 4, 5 e 6 são os de mais difícil reconhecimento, pelo que se deverá insistir mais neles, até que não haja confusões na sua apreciação.

Nunca será conveniente avançar para o cálculo enquanto não tiverem sido bem adquiridos a *noção de quantidade, a denominação quantitativa e os automatismos da leitura.*

A Simbologia Gráfica do Número

Como já atrás foi referido, uma dada quantidade numérica é designada por um *som verbal que é o seu sinal* (a palavra *"dois"* é o sinal sonoro de uma quantidade de dois objetos). O *algarismo* é o *sinal escrito desse sinal verbal* (o algarismo *"2"* é o sinal escrito do sinal sonoro *"dois"* que designa a quantidade dois).

Dado que as formas gráficas são menos numerosas (0 a 9), há menos dificuldade na sua aprendizagem do que na aquisição da noção de número, ou seja, é mais difícil a aquisição da noção de número do que a aprendizagem da sua semiótica verbal e gráfica (que *"um"* se escreve *"1"*), sobretudo porque todas estas combinações gráficas numéricas são lógicas e realizam-se segundo princípios que se aprendem com rapidez.

Ninguém aprende a contar e a escrever a numeração que se prolonga até ao infinito, o que se aprende é a sua lógica. Conhecendo esta e aplicando-a, pode-se escrever um número na ordem dos milhões ou biliões, que nunca antes se aprendeu a escrever.

Há, porém, por vezes algumas dificuldades nesta aprendizagem, para as quais é conveniente que o professor do 2º ano de escolaridade (altura em que a criança passa para o estádio das Operações Concretas: 7-8 anos; organização final da Função Simbólica)) esteja atento:

A Leitura-Escrita dos Algarismos

Na iniciação da criança à leitura-escrita de algarismos, o professor deverá ter presente que o algarismo é a escrita de uma *palavra* que representa uma *quantidade.*

> O algarismo é a escrita abreviada de uma palavra.
> Não é a escrita de uma quantidade.
> A palavra, falada, é que representa a quantidade.

É errado, portanto, apresentar à criança situações para que ela ligue diretamente imagens a algarismos.

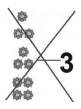

Há um grande caminho entre a visão de imagem e a associação ao algarismo.

Ao ver-se, por exemplo, um conjunto de flores (imagem visual), o pensamento (imagem mental) compreende-as como uma dada quantidade de flores e o raciocínio (contagem) define esse conjunto como sendo quatro.

Poderá depois dizer verbalmente (fala) essa palavra [kuatru].

O que escrever a seguir no papel, não representa as flores nem o pensamento, mas esta palavra verbal, cumprindo as regras ortográficas (quatro).

Permitindo a Matemática que em vez de um alfabeto de 26 letras se use 9 algarismos, poder-se-á escrever a palavra *"quatro"*, desenhando-se o algarismo **4**.

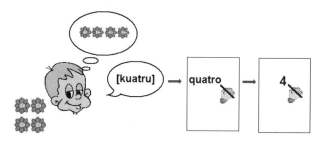

Perante uma imagem visual, há primeiro um processo intelectual e depois a sua designação verbal (sonora, fala). O algarismo representa este som e não a imagem visual ou a imagem mental.

> Ao iniciar-se a criança aos algarismos,
> a designação verbal das quantidades deverá estar sempre presente.

Para facilitar a compreensão e aquisição dos algarismos poder-se-á levar a criança a estabelecer relações entre imagem visual – imagem mental – designação verbal – algarismo – imagem mnemónica do algarismo:

ATIVIDADES DE REPRESENTAÇÃO ESCRITA

Quantidade	Designação	Algarismo	Mnemónica	Imagem	Desenho
	Um botão	1	Pauzinho	1	1
	Dois botões	2	Patinho	2	2
	Três botões	3	Coração	3	3
	Quatro botões	4	Cadeirinha	4	4
	Cinco botões	5	Ganchinho	5	5
	Seis botões	6	Caracol	6	6
	Sete botões	7	Canadiana	7	7
	Oito botões	8	Bicicleta	8	8
	Nove botões	9	Caracol a fazer o pino	9	9
	Zero botões	0	Bolinha	0	0

Na leitura de algarismos, há alguns que se prestam à confusão, trocando-os ou baralhando-os a criança na sua perceção visual. São: 4 e 7, 6 e 9, 2 e 5 e às vezes 3 e 5 ou 3 e 8.

Para se evitar que isto suceda, recorre-se a *"mnemónicas"* como, por exemplo:

1 – pauzinho
2 – patinho
3 – coração
4 – cadeirinha
– etc.

341

Atividades para a Leitura de Algarismos

Leitura Coletiva
- O professor escreve algarismos no quadro e as crianças em coro, dizem o seu nome.

Aos pares
- Tendo previamente recortado quadrados de cartolina e escrito um algarismo em cada um, as crianças organizam-se em pares, ficando frente a frente. Uma coloca sobre a mesa um cartão e a outra diz o nome do respetivo algarismo.
- Uma diz um algarismo e a outra coloca sobre a mesa o cartão com o algarismo escrito.

Atividades para a Escrita de Algarismos

Seja qual for a associação lógica, há que a esquematizar o gesto manual (ou corporal) simbólico, invariavelmente ligado ao sinal escrito e ao mesmo tempo ao sinal oral.

A escrita (desenho do traçado) correta de cada algarismo, deve também ser cuidadosamente apreendida.

- Pode-se começar por traçá-lo (imaginariamente) no ar, com o dedo;
- Segue-se o desenho do algarismo com giz, no quadro, em tamanhos muito grandes e sob a cuidadosa atenção do professor, para evitar incorreções no traçado;
- Depois pintando-o num papel grande, com pincéis de pontas chatas;
- Numa folha de papel A4, com marcadores;
- Passando finalmente para o lápis e o caderno quadriculado, quando o professor tiver a certeza de que a criança sabe desenhar corretamente todos os algarismos, sem se enganar na sequência dos movimentos de cada traçado e respeitando todas as dimensões e proporções.

A Leitura-Escrita de Números:

O senso de leitura de números estabelece-se com facilidade, embora durante a sua aprendizagem se possam manifestar algumas hesitações, que depressa desaparecem.

Nas crianças disléxicas, estas dificuldades de leitura dos números são mais duráveis e difíceis de resolver, pelo que se deverá seguir uma rigorosa metodologia de aprendizagem.

Na maioria dos casos há uma tendência para ler os sinais em qualquer sentido. Por exemplo, 341 é lido como 143, 314 ou 134. Quando escrevem, estas crianças cometem o mesmo erro, chegando mesmo a erros de inversão como: Ɩ ᘔ Ɛ Ƹ Ɛ .

Nestas situações, há alguns procedimentos que ajudam:

- Escrever no quadro um número, pedindo à criança para indicar o lado do seu corpo e qual o algarismo por onde deve começar a desenhar;
- Copiar números com algarismos móveis (recortados em cartolina);
- Ditado de números;

O apartar dos números em associações de três algarismos, da direita para a esquerda, só deverá ser aprendido muito mais tarde, depois da criança saber ler as dezenas e as centenas.

Ditado de Números

- O professor escreve no quadro vários números e desenha as imagens de que eles designam a quantidade, que depois aponta individualmente, para as crianças os lerem em coro.

Por exemplo: 45✏ (canetas) – 46✏ – 47✏ – 58✏ – 64✏ – 78✏ – 88✏ – 96✏;

11✂ (tesouras) – 12✂ – 13✂ – 14✂ – 15✂ – 19✂;

22☎ (telefones) – 25☎ – 22☎ – 34☎ – 35☎ – 38☎;

123✎ (lápis) – 126✎ – 148✎ – 213✎ – 346✎ – 789✎ – 998✎;

1.000❀ (flores) – 1.001❀ – 1.045❀ – 2.213❀ – 7.652❀ – 45.563❀.

Interessa que se diga sempre os objetos que os números designam. Se disser apenas o número, há uma mecanização, mas não uma compreensão. "532" será apenas uma simples descodificação, sem a intervenção de qualquer processo intelectual, enquanto que "532 bananas" permite "ver" mentalmente os caixotes e os cachos de bananas.

- O professor diz verbalmente números, sempre designando qualquer coisa, como por exemplo "3.721 cerejas", para que as crianças escrevam o número e desenhem a seguir uma cereja.

Os Sinais

Mentalmente efetuamos comparações de quantidades, associações de conjuntos, diferenças ou distribuições e verbalmente traduzimos essas operações intelectuais por palavras como maior ou menor, igual, adicionar, subtrair, multiplicar ou dividir.

Na escrita Matemática existem sinais que representam estas operações mentais e designações verbais:

Sinal	Nome	Representação	
<	Menor	5 < 8 ●	– Um saco com 5 berlindes é menor que um com 8 berlindes.
>	Maior	9 > 3 ●	– Um saco com 9 berlindes é maior que um com 6.
=	Igual	6 = 6 ✏	– Uma caixa com 6 lápis é igual a outra caixa com 6 lápis.
≠	Diferente	8 ✏ ≠ 8 ✿	– 8 lápis é diferente de 8 flores.
+	Mais	6 + 1 = 7 ✂	– 6 tesouras mais 1, são 7 tesouras.
-	Menos	8 – 2 = 6 ✿	– 8 flores menos 2, ficam 6 flores.
x	Multiplicar	2 x 4 = 4 + 4 = 8 ✏	– 2 caixas com 4 lápis, são 8 lápis ao todo.
:	Dividir	8 : 2 = 4 ●	– Distribuindo 8 berlindes por 2 meninos, dá 4 berlindes para cada um.

Interessa explicar à criança que se podem comparar (< > =) objetos diferentes (uma torre de cubos é maior que uma torre de caricas), mas não se podem adicionar, subtrair, multiplicar ou dividir objetos diferentes. 5 laranjas mais 3 batatas, continuam a ser 5 laranjas e três batatas, não sendo possível fazer 5 + 3 (é mais um motivo porque associado a um número deverá vir sempre a designação verbal dos objetos que representa, nunca se apresentando um número em abstrato).

Do Desenho para os Números

Tendo conhecimento da leitura e escrita dos algarismos e da utilização dos sinais matemáticos, interessa começar a iniciação da passagem da resolução mental de problemas para a sua representação matemática, usando a fase intermédia, do desenho, para evitar enganos que posteriormente podem evoluir para discalculias.

Há que ter sempre presente que

> Só se desenham os problemas que se conseguiu
> primeiro resolver mentalmente.
> Só se passa para a representação matemática, depois de se ter resolvido
> bem o problema, mentalmente e em desenho.

Alguns exemplos (interessa fazer todos os problemas descritos no capítulo VII):

Carrinhos
P: – O José tem 3 carrinhos e tio ofereceu-lhe 4. Com quantos carrinhos ficou o José?
R: – Ficou com 7 carrinhos.
Desenho:

 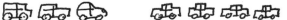

Representação (escrita sob o desenho): **3 + 4 = 7**

Pássaros
P: – Num ninho estavam 5 pássaros. Voaram 2. Quantos pássaros ficaram no ninho?
R: – Ficaram 3.
D:

Representação (escrita sob o desenho): 5 – 2 = 3

Maçãs
P: – A Joana tem 2 cestos, cada um com 3 maçãs. Quantas maçãs tem a Joana?
R: – Tem 6 maçãs.
D:

Representação: 2 x 3 = 6

Berlindes
P: – O João tinha 6 berlindes e repartiu-os por 2 amigos. Com quantos berlindes ficou cada menino?
R: – Ficou com 3 berlindes.
D:

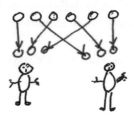

Representação: 6 : 2 = 3

A Matemática
A Matemática é a ciência dos números, o modo criado pelo homem para manusear os números a fim de poder descrever no papel todo o encadeamento do raciocínio que opera com quantidades, utilizando apenas dez símbolos (algarismos).

O homem já pensava há muitos milhares de anos antes de inventar os algarismos. A criança deverá resolver primeiro mentalmente cada problema, só passando depois para a sua representação em números.

É importante que o professor tenha presente estes princípios, para evitar a tentação de levar a criança a fazer contas em abstrato, de modo mecânico, sem compreender o que está a fazer.

Kamii (1990b), já tinha chamado a atenção para esta questão, quando verificou que os cadernos de exercícios de Matemática tinham imensas contas para a criança fazer e, em relação, muito poucos problemas para resolver.

5 + 3 = ? não representa nada, não é qualquer problema, não exige nenhum procedimento intelectual. *"Se a 5 rebuçados juntares mais 2, com quantos rebuçados ficas?"*, já é um problema, já se procura saber que quantidade fica ao juntar duas quantidades, requerendo um procedimento cognitivo em que *"vê"* mentalmente 5 rebuçados, mais 3 rebuçados e se contam todos. É um raciocínio lógico associativo.

Os problemas levam a colocar em ação mecanismos intelectuais de resolução mental de problemas, de criação de imagens mentais, de comparações, de associações, de raciocínio lógico e de visualização da resolução.

ATIVIDADES DE REPRESENTAÇÃO ESCRITA

> É a mente que resolve os problemas e não a Matemática
> A Matemática apenas permite a representação escrita
> dos procedimentos intelectuais.
> A Matemática está ao serviço da mente e não o contrário.

Tendo desenvolvido a capacidade de resolver mentalmente problemas, sempre enunciados verbalmente pelo professor, a criança pode passar então à representação matemática do seu raciocínio, sem passar pelo desenho.

Se a resposta verbal dada ao professor não estiver certa, a criança não deverá tentar a sua representação com números, devendo voltar ao desenho para procurar uma melhor compreensão do problema.

Na passagem para o papel, representando com números um problema que é ditado pelo professor, a criança deverá escrever:

1º – Os *Dados*, as quantidades que a memória por vezes tem dificuldade em fixar;
2º – O *Resultado* que se espera (= ≠ > <);
3º – Os *Sinais* que representam as operações mentais (+ – x :);
4º – O *Enunciado* do raciocínio;
5º – A *Resposta*.

Por exemplo, no seguinte problema: *"Havia cinco flores num vaso, mas murcharam três. Quantas flores se mantém viçosas?"*.

Dados	5 3 flores	Enunciado
Resultado Esperado	R < 5	5 - 3 = 2
Sinal	-	
Resposta	R: 2 flores	

Existe uma enorme profusão de manuais e de cadernos de exercícios de Matemática a que o professor poderá recorrer para levar a criança a saber efetuar as contas (em pé) para a resolução do enunciado.

O presente livro dedica-se apenas ao campo do raciocínio, procurando o seu desenvolvimento para que, quando a criança chegar aos 7-8 anos de idade, possa enveredar sem problemas pelo vasto campo da Matemática sem problemas.

BIBLIOGRAFIA

Aiken, L.R. (1972). Language factors in learning mathematics. *Review of Educational Research*, 42, 359-385

Aiken, L.R. e Williams, E.N. (1973). Response times in adding and multiplying single-digit numbers. *Perceptual and Motor Skills*, 37, 3-13

Audi, R. (1990). *Practical reasoning.* New York: Nelson

Baroody, A.J. e Ginsburg, H.P. (1986). The relationship between initial meaningful and mechanical knowledge of arithmetic. In J. Hiebert (Ed.), *Conceptual and procedural knowledge: tha case of mathematics.* Hillsdale: Erlbaum

Barros, M.ª G., Palhares, P. (1997); *Emergência da Matemática no Jardim de Infância*, Colecção Infância, Porto, Porto Editora

Bear, Connors e Paradiso (2002). *Neurociências.* S. Paulo: Artmed

Beckwith, M. e Restle, F. (1996). Process of enumeration. *Psychology Review*, 73 (5), 437-444

Bourbaki (1957). *Elements de mathématiques.* Paris: Ed. Herman

Bourges, M. (1964). *Jeux Dramatiques;* Paris, Ed. de L'Arc Tendu

Brown, R. (1985). How shall a thing be called? *Psych. Rev.*, 65, 14-21

Bruner, J. S. (1968). *Processes of cognitive growth.* Mass.: Clark Univ. Press

Buheler, C. (1965). *The social behaviourof children.* London: Harrap

Burgess, A. e Barlow, H.B. (1983). *The precision of numerosity discrimination in arrays of random dots.* Vision Research, 23 (8), 811-820

Campbell, J.I.D. (1987). Network interference and mental multiplication. *Journal of Experimental Psychology: Learning, Memory and Cognition*, 13, 102-123

Cattell, R. B. (1971). *Abilities– Structure, growth and action.* Boston: Houghtoh Mifflin

Chancerel, L. (1936). *Jeux Dramatiques dans L'Éducation;* Paris, Lib. Théatrale

Chateau, J. (1956). *Le Jeu de l'Enfant;* Paris, Vrin.

Chateau, J. (1961). *A Criança e o Jogo;* Coimbra, Atlântida Ed.

Chinck, Sanchez, Ferrin e Morrice (2003). *Simulation models as an aid for the teaching and learning.* Proceedings of the 2003 Winter Simulation Conference

Churchland, P. S. e Jnowski, T. J. (1992). *The computational brain: Models and methods on the frontiers of computational neurocience.* Cambridge: MIT Press

Corbett, E. (1991). *Elements of reasoning*. New York: Nelson

Damásio, A. R. (1989a). The brain binds entities and events by multiregional activation from convergence zones. *Neural Computatiom*, 1: 123-32

Damásio, A. R. (1989b). Time-locked multiregional retroactivation: A system level proposal for the neural substracts of recall and recognition. *Cognition*, 33: 25-62

Damásio, A. R. (1993). Cortical systems underlyng knowledge retrival: Evidenca from human lesion studies. In *Explain Barin Function*. New York: Wiley and Sons.

Damásio, A. R. (1994). Cortical systems for retrival of concrete knowledge. In Koch (org.) *Large-Scale Neuronial Theories of the Brain*. Cambridge: MIT Press

Damásio, A. R. (1995). *O erro de Descartes*. Lisboa: Publ. Eruropa-América

De Bono, E. (1989). *Lateral thinking*. http://www.ppt.com

Descoeudre, A. (1921). *Le development de l'enfant de deux à sept ans*. Neuchatel: Delachaux et Niestlé

Dienes, Z.P. (1972). *La mathématique vivant*. Paris: O.C.D.C.

Dienes, Z.P. (1973). *O poder da matemática*. S. Paulo: E.P.U.

Durkin, K. e col. (1986). The social and linguistic context of early number word use. *British Journal of Developmental Psychology*, 4, 269-288

Fantz, R. L. (1961). The origin of form perception. *Sci. Am.*, 204, 66-72

Fayol, M. (1990). *L'enfant et le nombre*. Neuchatel: Delachaux et Niestlé

Figueiredo, R. S. et al. (2001). *A Introdução da Simulação como Ferramenta de Ensino e Aprendizagem*, Enegep (Encontro Nacional de Engenharia de Produção), Salvador, Bahia.

Fisher, J. P. (1981) Dévelopment et fonctions du comptage chez l'enfant de 3 a 6 ans. *Recherches en Didactique des Mathématiques*, 2 (3), 277-302

Fisher, J.P. (1984). L'appréhension du nombre par le jeune enfant. *Enfance*, 2, 167-187

Fisher, J.P. e Meljac, C. (1987). Pour une réhabilitation du dénombrement: le role du comptage dans les tout premiers aprentissaes., 16 (19, 31-47

Fonseca, V. (1989). *Desenvolvimento humano*. Lisboa: Ed. Notícias

Fonseca, V. (1976, 1991). *Contributos para o estudo da génese da psicomotricidade*. Lisboa: Ed. Notícias

Fuson, K. e col (1982). Matching counting and conservation of numerical equivalence. Child Development, 54, 91-97

Fuson, Richard e Briars (1982). The acquisition and elaboration of the number word sequence. In C. Brainerd (Ed.), Progress in *Cognition Development (vol.1) ;children's logical and mathematical cognition*. New York: Spinger-Verlag

Galvão, J. R. et. al, (2000). Modeling Reality with Simulation Games for Cooperative Learning", In *Proceedings of the 2000 Winter Simulation Conference*, 1692 œ 1698, Ed. J.A Joines,, R.R Barton, K. Kang and P.A Fishwick

Gardner, H. (1985). *Frames of mind – the theory of multiple intelligences*. New York: Basic Books

Gelmam, R. e Gallistell, C. R. (1978). *The child's understanding of number*. Cambridge: Harvard University Press

Gelman, R. e Meck, E. (1983). Preschooler's counting: Principles before skills. *Cognition*, 13, 343-359

Gelman, R. (1983). Les bebés et le calcul. *La Recherche*, 14 (149), 1382-1389

Ginsburg, H. P. e Russel, R. L. (1981). Social class and racial influences on early mathematical thinking. *Monographs of the society for research in child development*, 46, serial number 193

Greco, P. (1962). Quantité et quotité. In P. Greco e A. Morf, *Structures Numériques Élementaires*. Paris: PUF

Greene, J. (1972). *Psycholinguistics: Chomsky and psychology*. Harmondsworth: Penguin

Groen, G.J. e Parkman, J.M. (1972). A chronometric analysis of simple addition. *Psychological Review*, 79 (4), 329-343

Guchs, C. e Le Goffic, P. (1975). *Linguistiques contemporaines*. Paris: Hachette

Guilford, J. P. (1950). Creativity. *Am. Psich.*, 5, 444-454

Guilford, J. P. (1960). Frontiers of thinking. *Reading Teacher*, 13, 176-182

Guyton, A. C. (1974). *Estrutura e função do sistema nervoso*. Rio de Janeiro: Ed. Guanabara Koogan S. A.

Hadamard, J. (1945). *The psychology of invention in the mathematical field*. Princeton: Princeton Univ. Press

Hochberg, J. (1964). *Perception*. New York: Prentice-Hall

Hofataetter, P. R. (1966). *Psicologia*. Lisboa: Ed. Meridien

Huges, M. (1985). *Children and number: difficulties in learning mathematics*. New York: Basic Blackwells.

Jensen e col. (1950). The subitizing and counting of visually presented fields of dots. *The Journal of Psychology*, 30, 363-392

Kamii, C. (1981). Aplication of Piaget's theory to education: the pre-operational level. In *New directions in piagetian theory and practice*. Ed. I.E. Sigel. Hillsdale: Erlbaum

Kamii, C. (1982). *Number in Preschool and Kindergarten*. Washington (D.C.); Nat. Ass. for the Ed. of Young Children

Kamii, C. (1990). *Les Jeunes Enfants Réinventent l'Aritmétique*. Berne; P. Lang

Kamii, C. (1990b). *A teoria de Piaget e a educação pré-escolar*. Lisboa: Inst. Piaget

Kamii, C. (1995). *A criança e o número*. Campinas: Papirus

Kamii, C. e DeVries (1976). *Piaget, children and number*. Washington DC: National Association for the Education of Young Children

Kamii, C. e DeVries (1977). *Piaget for early education* (artigo enviado pela autora, por e-mail)

Kamii, C. e DeVries (1978). *Physical knowledge in preschool education*. Washington DC: National Association for the Education of Young Children

Kamii, C. e DeVries (1980). *Group games in early education*. Washington DC: National Association for the Education of Young Children

Kaufman, E.L. e col. (1949). The discrimination of visual number. *American Journal of Psychology*, 62, 489-525

Kendel E., Schwartz, J. e Jessel, T. (1991). *Principles of neuroscience*. Amsterdam: Elsevier

Klahr, D. e Wallace, J.G. (1976). *Cognitive development*. Hillsdale: Erlbaum

Kosslyn, S. M. (1980). *Image and mind*. Cambridge: Harvard Univ. Press

Lafon, R. (1973). *Vocabulaire de psychopedagogie*. Paris: P.U.F.

Lee, K. e Karmiloff-Smith, A. (1996). The development of external symbol systems. The child as notator. In R. Gelman & T. An (Eds.). *Perceptual and Cognitive Development: Handbook of Cognitive Development* (2nd edn.). San Diego CA: Academic Press

Lindvall, C.M. e Ibarra, C.G. (1980). Incorrect procedures used by primary grade pupils in solving open addition and subtraction sentences. *Journal or Research in Mathematics Education*, January, 50-62

Lovell e col. (1962). An experimental study of the growth of some logical structures. *Brit. J. Psychol.*, 53, 175-188

Lovell, K. (1988). *O desenvolvimento dos conceitos matemáticos e científicos na criança.* Porto Alegre: Artes Médicas

Matamala, F. M. (1980). *Psicologia geral.* Barcelona: CEAC

Meljac, C. (1979). *Décrir, agir et compter.* Paris: PUF

Mialaret, G. (1975). *A aprendizagem da matemática.* Coimbra: Liv. Almedina

Millis, B. J. (2005). *Microteaching.*CEE Adds New Service, Center for Educational Excellence http://www.usafa.af.mil/dfe/educator/Summer99/cee0899.htm

Moore, D. e col. (1987). Effect of auditory numerical information on infant's looking behaviour: contradictory evidence. *Developmental psychology*, 23 (5), 665-670

Moraes, A. M. (1961). *Recherche psychopédagogique sur la solution des problèmes d'arithmétique.* Louvain: Nouwelaerts

Mueller, M. (1887) *The science of thought*

Newman, R.S. e col. (1987). Children's use of multiple counting skills: adaptation to task factors. *Journal of Experimental Child Psychology*, 44, 267-282

Oeffelen, M.P. e Vos, P.G. (1984). The young child's processing of dot patterns: a chronometric and eye-movement analysis. *International Journal of Behavioral Development*, 7, 53-66

Piaget, J. (1925). La Notion d'Ordre des Événements et le Test des Images en Désorder. *Arch. de Psych.*, XIX, pg. 306-349

Piaget, J. (1963). *La Construction du Réel Chez l'Enfant.* Neuchâtel, Delachaux et Niestlé

Piaget, J. (1966). *Biologia e conhecimento.* Petrópolis: Vozes

Piaget, J. (1967). *La Psychologie de l'Inteligence.* Paris; A.Colin

Piaget, J. (1971). *La naissance de l'inteligence chez l'enfant.* Neuchâtel, Delachaux et Niestlé

Piaget, J. (1971). *A formação do símbolo na criança.* R. Janeiro: Zahar Ed.

Piaget, J. (1972). *Les Notions de Mouvement et de Vitesse Chez l'Enfant*; Paris, P.U.F.

Piaget, J. (1972). *Problèmes de Psychologie e Génétique.* Paris, Gonthier Ed.

Piaget, J. (1973). *Le Dèvelopment de la Notion de Temps Chez l'Enfant.* Paris, P.U.F.

Piaget, J. (1974). *La Prise de Conscience.* Paris; P.U.F.

Piaget, J. (1979). *O estruturalismo.* S. Paulo: Difel

Piaget, J. e Inhelder, B. (1959). *La Genèse des Structures Logiques Elèmentaires Chez l'Enfant.* Neuchatel; Delachaux et Niestlé

Piaget, J. e Inhelder, B. (1968). *Memoire et Inteligence.* Paris; P.U.F.

Piaget, J. e Inhelder, B. (1974 a)). *A Psicologia da Criança.* S. Paulo; DIFEL

Piaget, J. e Szeminska, A. (1941). *La Genèse do Nombre Chez l'Enfant.* Neuchatel; Delachaux et Niestlé (trad. 1964)

Price-Williamams, D. R. (1962). Abstract and concrete modes of classification in a primitive society. *Brit. J. Psychol.* 32, 50-61

Potter, M.C. e Levy, E.I. (1986). *Spatial enumeration without counting.* Child Development, 39, 265-272

Power, R.J.D. e Longuet-Higgins, H.S.(1978). Learning to count: a computational model of language acquisition. Proceedings of the Royal Society of London, B200, 391-417

Randel, J. B. Morris, C. Wetzel and B. Whitehill, (1992) – The Effectiveness of Games for Educational Purposes", Simulation & Gaming, 23.

Richard, R.. e Jones, L.(1993); *Primeiros passos na Matemática*, Lisboa, Editorial Verbo

Riis, J., Hohansen J. and H. Mikkelsen, (1999). Simulation Games and Learning in Production Management: an Introduction, University of Aalborg, Denmark, Chapman & Hall, England.

Santos, A. (1977). *Perspectivas Psicopedagógicas*; Lisboa, Liv. Horizonte

Santos, F. L. (2002). Os jogos e a criatividade em matemática. *Revista do Inst. Piaget*, Dezembro

Santos, F. L. (2003a). A matemática lúdica, os jogos e a criatividade. Revista *Educare/Educcere*, 14, Julho

Santos, F. L. (2003b). Uma abordagem à criatividade na sala de aula de matemática. *Revista do Inst. Piaget*, Dezembro

Santos, J. (1966). *Educação Estética e Ensino Escolar*. Mem Martins, Europa-América Ed.

Saxe, G.B. e Posner, J. (1983). The development of numerical cognition: cross-cultural perspectives. In Ginsburg (Ed.), *The development of mathematical thinking*, New York: Academic Press

Seron, X. e Deloche, G. (1987). *Mathematic disabilities*. Hillsdale: Erlbaum

Shepar, R. N. e Cooper (1982). *Mental images and this transformations*. Cambridge: MIT Press

Sinclair, A. e Sinclair, H. (1984). *Prescholl chindren's interpretation of written numbers*. Human Learning, 3, 173-184

Siquelend, E. R. (1968). *Conditioned sucking and visual reinforces with human infants*. Mass.: Society for Research in Child Development

Stavaux, M. L. (1960). *La division écrite des nombres entiers et ses difficultés*. Bruxelas: C.C.U.P.

Sternberg, R. (1986). *Intelligence applied*. New York: Harcourt Brace

Strauss, M.S. e Curtis, L.E. (1981). Infant perception of numerosity. *Child Development*, 52, 1146-1152

Svenson, O. e Sjoeberg, K. (1982). Solving simple subtractions during the first three scholl years. *Journal of Experimental Education*

Taba, H. (1962). *Curriculum development: theory and practice*. New York: Harcourt, Braca and World

Torrance, E. P. (1960). *Creativity*. Minneapolis: Univ. Minnesota Press

Torrance, E. P. (1976). *Criatividade: medidas, testes e avaliação*. S. Paulo: Ibraza

Toulmin, S. (1998). *An introduction to resoning computation approach*. New York: Nelson

Van Kuyk. J. J. (1991). *Does ordering lay the foundation of acquiring mathematics in young children?* Comunication in the First European Conference on the Quality of Early Chidhood Education, Univ. de Louvaina

Vergnaud, G. (1991). *L'enfant, la mathématique et la réalité*. Berne: Ed. Peter Lang

Wallon, H. (1968). A evolução psicológica da criança. Lisboa: Ed. 70

Wallon, H. (1969). *Do acto ao pensamento*. Lisboa: Portugália.

Watson, J. B. (1925). *Behaviorism*. New York: Norton

Wechsler, D. (1974). WISC revisited. New York: Psychological Corporation

Wheeler, L. R. (1939). A comparative study of the difficulty of the 100 addition combinations. *The Journal of Genetic Psychology*, 54, 295-312

Wiesel, T. (1982). Post natal development of the visual cortex and the nfluence of the environment. *Nature*, 299: 583-592

Wilkinson, A. C. (1984). *Children's partial knowledge of the cognitive skill of counting*. Cognitive Psychology, 16, 28-64

Woods, S.S., Resnick, L.B. e Groen, G.J. (1975). An experimental test of five process models for subtraction. *Journal of Educational Psychology*, 67, 17-21

Zeki, S. (1992). The visual image in mind and brain. *Scientific American*, 267, 68-76

ÍNDICE

INTRODUÇÃO		7
I.	CARACTERÍSTICAS DO RACIOCÍNIO LÓGICO	13
	– Raciocínio e Matemática	13
	– O Pensamento	17
	– As Imagens Mentais	20
	– A Posição Neurológica	22
	– A Perceção	27
	– A Formação de Conceitos	27
	– O Pensamento e as Ideias	29
	– Centros Neurológicos do Pensamento	29
	– A Comunicação	31
	– As Estruturas Neurológicas da Linguagem	33
	– A Função Simbólica e a Função Semiótica	35
	– A Representação	36
	– Os Símbolos	37
	– A Linguagem	46
	– A Dupla Codificação	46
II.	OS ESTUDOS PIAGETIANOS	49
	– A Teoria Piagetiana do Número	49
	– A Abstração Reflexiva	50
	– Ordenação e Seriação	51
	– A Inclusão Hierárquica	53
	– Agrupamentos	54
	– A Conservação da Quantidade	56
	– Número, Simbolização e Cálculo	61
	– A Memorização	66

III.	**AS ESTRUTURAS BÁSICAS DO RACIOCÍNIO LÓGICO**	71
	– A Abstração Empírica e Reflexiva	72
	– A Evolução do Raciocínio Lógico	73
	– Igual, Diferente, Semelhante, Maior e Menor	76
	– Coleções, Conjuntos e Classificações	84
	– Seriação e Ordem	87
	– Quantidade, Numeração e Contagem	92
	– A Quantidade	93
	– A Numeração	97
	– A Contagem	103
	– O Cálculo Mental	107
	– O Cálculo *"Aditivo"*	109
	– O Cálculo *"Subtrativo"*	113
	– O Cálculo *"Multiplicativo"*	116
	– O Cálculo de Dividir	120
	– O Raciocínio Espacial	120
	– O Raciocínio Temporal	131
	– O Raciocínio Espaço-Temporal	139
	– O Raciocínio Duplo	143
	– A Representação Gráfica: Algarismos e Números	144
IV.	**A ESTRATÉGIA METODOLÓGICA**	157
	– Análise da Situação	157
	– Os Objetivos	163
	– Os Conteúdos Curriculares	164
	– A Metodologia	165
	– A Metodologia de Ação-Objetos-Pensamento	167
V.	**ATIVIDADES DE MOVIMENTAÇÃO CORPORAL (3-4 anos)**	169
	– Igual, Diferente, Maior e Menor	170
	– Coleções, Conjuntos e Classificações	172
	– Seriação e Ordenação	173
	– Contagem	174
	– Cálculo *"Aditivo"*	175
	– Cálculo *"Subtrativo"*	176
	– O Cálculo *"Multiplicativo"*	176
	– Divisão	177
	– Espaço	178
	– Tempo	178
	– Velocidade	179

ÍNDICE

VI.	ATIVIDADES DE MANIPULAÇÃO DE OBJETOS (4-5 anos)	181
	– Igual, Diferente, Maior e Menor	186
	– Coleções, Conjuntos e Classificações	187
	– Seriação e Ordenação	188
	– Contagem	189
	– Cálculo *"Aditivo"*	191
	– Cálculo *"Subtrativo"*	192
	– O Cálculo *"Multiplicativo"*	193
	– Divisão	194
	– Espaço	196
	– Tempo	197
	– Velocidade	197
VII.	ATIVIDADES DE CÁLCULO MENTAL (5-6 anos)	199
	– A Resolução de Problemas	200
	– As perguntas	202
	– A Metacognição	204
	– O Pensamento Perfeccionista	205
	– O Treino para Perguntar	206
	– Como Perguntar	207
	– Exemplos de Problemas	212
	– O Cálculo Aditivo	219
	– O Cálculo Subtrativo	256
	– O Cálculo Multiplicativo	268
	– O Cálculo Divisivo	278
	– Espacialidade	285
	– Temporalidade	290
	– Velocidade	291
VIII.	ATIVIDADES DE RACIOCÍNIO DUPLO (6-7 anos)	295
	– Adição e Subtração	296
	– Adição e Multiplicação	299
	– Adição e Divisão	301
	– Subtração e Adição	304
	– Subtração e Multiplicação	306
	– Subtração e Divisão	308
	– Multiplicação e Adição	311
	– Multiplicação e Subtração	312
	– Multiplicação e Divisão	314
	– Divisão e Adição	316

- Divisão e Subtração ... 318
- Divisão e Multiplicação ... 320

IX. ATIVIDADES DE REPRESENTAÇÃO ESCRITA (6-7 anos) ... 323
- Desenhar Quantidades ... 324
- Cálculo Aditivo ... 327
- Cálculo Subtrativo ... 329
- Contagem Multiplicativa ... 332
- Contagem Divisiva ... 334
- Introdução aos Algarismos e Números ... 337
- A Simbologia Gráfica do Número ... 339
- A Leitura-Escrita dos Algarismos ... 339
- Atividades para a Leitura de Algarismos ... 342
- Atividades para a Escrita de Algarismos ... 342
- A Leitura-Escrita de Números ... 342
- Ditado de Números ... 343
- Os Sinais ... 344
- Do Desenho para os Números ... 344
- A Matemática ... 346

BIBLIOGRAFIA ... 349